KB015838

딥러닝을 위한 인공 신경망

_오창석 저

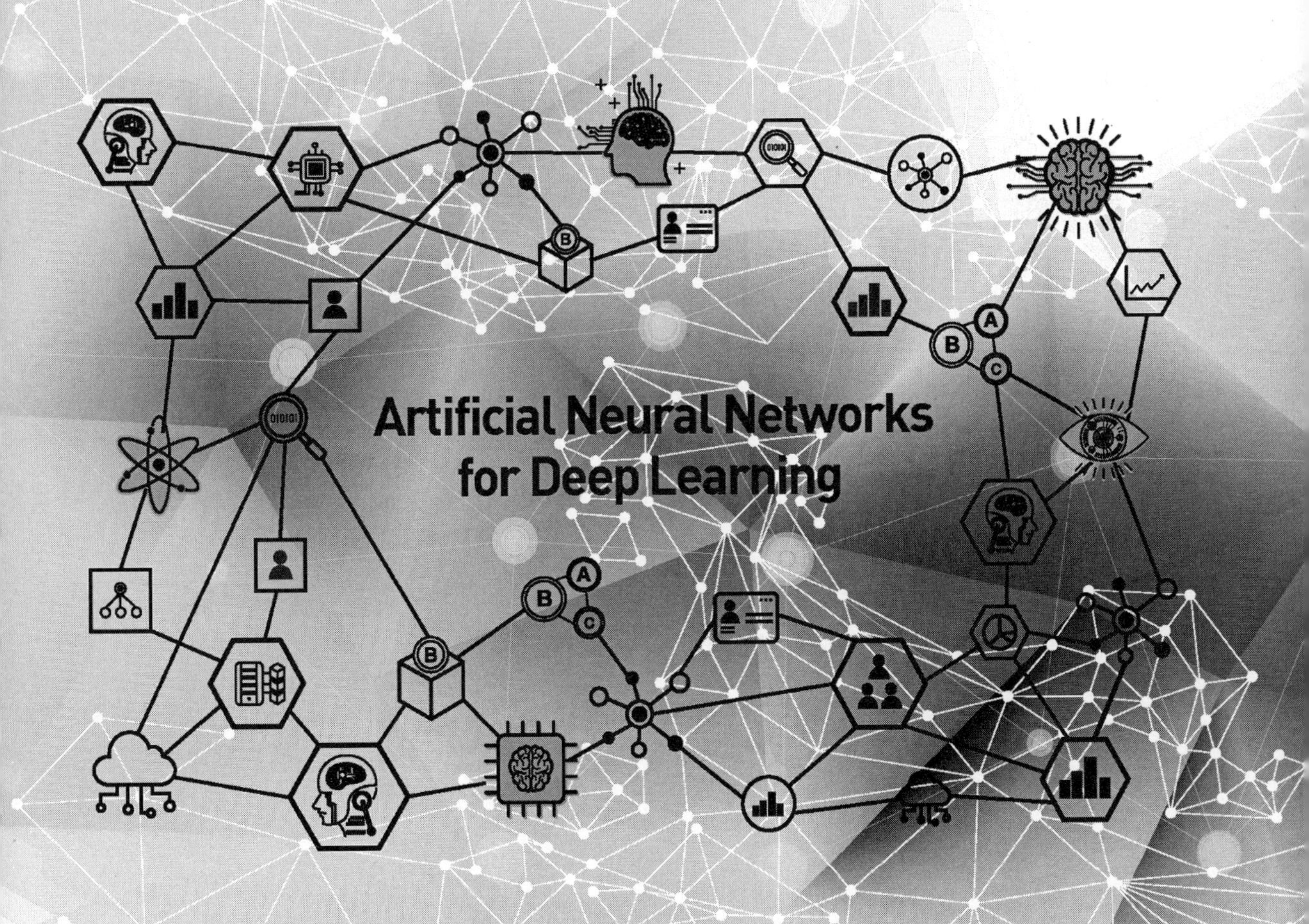

PREFACE

인간 뇌에서의 정보 처리를 모방한 인공 신경망은 영상 인식, 음성 인식, 자동 제어, 빅데이터, 경영, 의료진단, 추론, 연상 등 실로 매우 다양한 분야에서 활용되고 있다. 또한, 4차 산업혁명의 기반이 되는 인공지능의 핵심 기술로서 심층 신경망인 딥러닝에 대한 관심이 높아지고 있는 실정이다. 그렇지만, 인공 신경망 이론은 난해하기 때문에 그 내용을 이해하고 이를 원하는 분야에 활용하는 데 어려움이 있다. 이런 연유로 독자들이 흥미롭게 인공 신경망을 공부하여 딥러닝을 이해할 수 있도록 이 책을 집필하게 되었다.

이 책은 저자가 집필한 ≪뉴로 컴퓨터 개론≫(내하출판사, 2000년)을 기반으로 하여 딥러닝의 핵심인 심층 신경망까지 다양한 신경망 모델을 다루면서도 예제를 통해 공부한 내용의 개념이 쉽게 정립될 수 있도록 배려하였다.

이 책은 인공 신경망이 활용될 수 있는 다양한 학문 분야의 교재로 활용될 수 있으며, 머신 러닝이나 딥러닝에 관심이 있는 일반 독자들도 혼자서 학습할 수 있도록 구성하였다.

이 책에서 다루는 내용은 다음과 같다. 제 1장에서는 인공 신경망의 특징과 발전 과정을 소개하였고, 제 2장에서는 인간 뇌의 구조와 뉴런의 활성화 등 생물학적 신경망에 대하여 기술하였으며, 제 3장에서는 뉴런을 모델링하는 방법과 McCulloch-Pitts 모델에 대하여 기술하였다. 제 4장에서는 신경망의 구조와 학습 방법에 대하여 기술하였고, 제 5장에서는 계단 함수, ReLU 함수, 시그모이드 함수, softmax 함수 등 신경망의 출력을 얻는 데 사용되는 활성화 함수에 대하여 기술하였다. 제 6장에서는 신경망을 이용한 패턴 분류기에 대하여 기술하였고, 제 7장에서는 퍼셉트론의 구조와 학습 알고리즘에 대하여 기술하였으며, 제 8장에서는 Hopfield 모델, 양방향 연상 메모리에 대하여 기술하였다. 제 9장에서는 자율 학습 신경망인 SOM과 ART에 대하여 기술하였고, 제 10장에서는 경쟁식 신경망인 Hamming Net과 CP Net에 대하여 기술하였다. 제 11장에서는 일반적인 3계층 구조의 다층 신경망뿐만 아니라 심층 신경망을 학습하는 데에도 널리 사용되는 BP 알고리즘, 신경망의 학습에 영향을 미치는 다양한 학습 인자에 대하여 기술하였다. 제 12장에서는 심층 신경망인 컨볼루션 신경망과 순환 신경망의 구조와 응용에 대하여 기술하였다.

'처음같이'라는 마음가짐으로 각자의 위치에서 성실하게 정진하고 있는 모든 제자들의 앞날에 무궁한 발전과 행운이 가득하기를 바라며, 이 책이 출판될 수 있도록 협조해 주신 내하출판사 모흥숙 사장님을 비롯하여 박은성 씨와 직원 여러분들께도 감사드린다.

이 책을 집필하는 동안 많은 시간을 함께하지 못한 미안함을 '사랑해'라는 말로 대신하며, 자신의 건강까지 해치면서도 내가 건강을 회복할 수 있도록 곁에서 너무 고생하였고, 신혼 생활 30여 년 넘게 오직 나만을 바라보고 사랑하며, 항상 곁에서 격려를 아끼지 않은 영원히 사랑하는 아내 영란에게 고마움과 사랑의 마음을 듬뿍 담아 이 책을 바친다.

2018년 1월

오 창 석

CONTENTS

Chapter 01 개요

Chapter 02 생물학적 신경망

Chapter 03 인공 신경망 모델

Chapter 04 신경망의 구조와 학습

Chapter 05 활성화 함수

Chapter 06 패턴 분류

Chapter 07 퍼셉트론

Chapter 08 연상 메모리

Chapter 09 자율 신경망

Chapter 10 경쟁식 신경망

Chapter 11 오류 역전파 알고리즘

Chapter 12 심층 신경망

CHAPTER **01**

개요

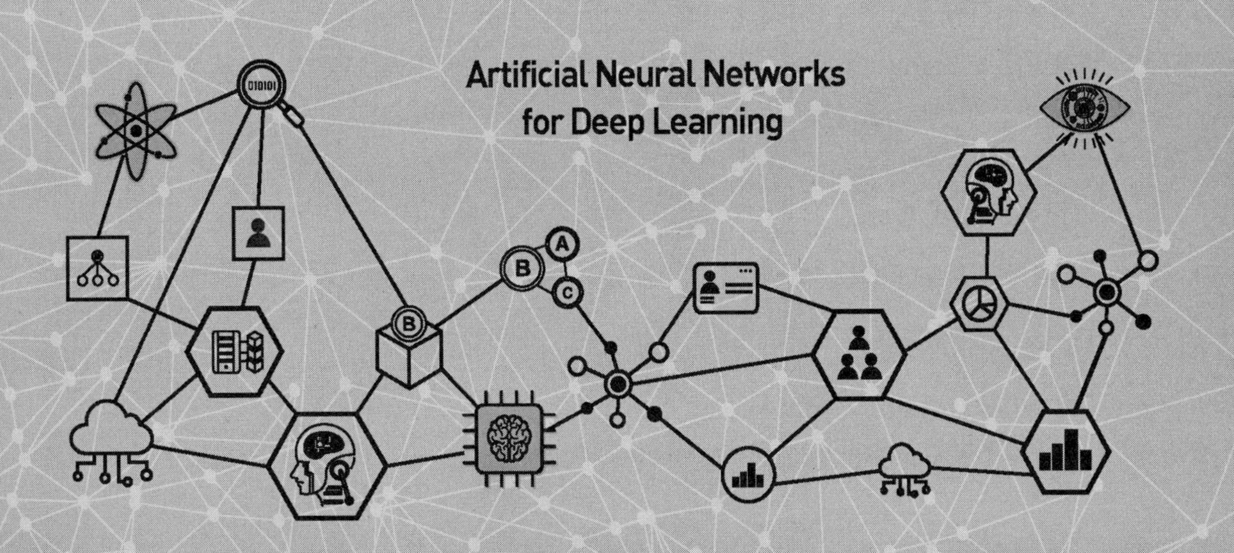

1.1 인간의 뇌를 모방한 인공 신경망

인간이 컴퓨터를 개발한 목적은 인간을 본떠 만든 기계에 복잡한 계산이나 반복되는 업무를 맡김으로써 사람들이 잡다한 일로부터 해방되어 좀 더 편안한 삶을 영위하기 위함이었다. 그러나 컴퓨터가 눈부시게 발전한 현 시점에서 볼 때 컴퓨터가 실제 인간과는 너무도 다른 형태임을 의심할 여지가 없다.

컴퓨터는 수치 계산 등 잘 정의된 업무 처리에 있어서는 상상을 초월할 정도로 발전하였지만 영상 인식, 음성 인식, 추론, 연상 등 인간이 수월하게 처리하는 특정 분야에 대해서는 아직도 많은 어려움이 남아 있다. 이러한 분야의 문제를 해결하기 위하여 인간 뇌에서의 정보 처리 방식을 모방한 것이 인공 신경망이다.

인간의 뇌는 뉴런이라고 하는 신경세포들이 거미줄처럼 연결되어 있는 신경망 구조를 이루고 있다. 이러한 인간 뇌의 신경망 구조를 모델링한 것이 신경망 모델이며, 일반적으로는 인공 신경망, 신경망, 뉴로 컴퓨팅 등의 용어로서 혼용되고 있다.

신경망 모델은 오래 전부터 연구되기 시작하였으나 디지털 컴퓨터의 급속한 발전으로 인해 관심을 끌지 못하다가 최근에 와서 디지털 컴퓨터의 약점을 보완하기 위해 다시 새로운 연구 분야로서 주목받고 있다. 특히, 주목할 점은 신경망에 관한 연구가 컴퓨터, 전자, 자동 제어, 의학 등 다양한 분야에서 진행되고 있다는 것이다.

현재 다양한 신경망 모델들이 존재하는 것도 여러 학문 분야에서 독자적으로 신경망에 대한 연구를 하였기 때문이며, 이로 인해 신경망이라는 학문을 새로 접하는 많은 사람들을 당황하게 만들기도 한다.

신경망의 특징

신경망을 이용한 정보 처리는 표 1.1과 같은 특징을 가지고 있다.

- 디지털 및 아날로그 데이터를 처리할 수 있다.
- 데이터를 병렬로 처리한다.
- 신경망을 구성하는 기본 소자는 뉴런이다.

| 표 1.1 | 신경망과 디지털 컴퓨터의 특징 비교

	신경망	디지털 컴퓨터
처리 자료	디지털, 아날로그	디지털
처리 방식	병렬 처리	순차 처리
기본 소자	뉴런	논리 소자
실행 근거	학습	프로그램
정보 저장	뉴런 간 연결 강도	기억 장치
정보 검색	내용	주소 지정
응용 분야	인식, 추론, 연상	복잡한 계산

- 학습에 의해 업무가 실행된다.
- 뉴런들 간의 연결 강도에 정보를 저장한다.
- 내용에 의해 정보를 검색한다.
- 인식, 추론, 연상 등 다양한 분야에 응용된다.

○ 인공지능과 신경망

이제 4차 산업혁명의 핵심 기술인 인공지능과 신경망의 관계에 대하여 살펴보자. 인공지능은 일반적으로 사고, 학습 등 인간의 지적 능력을 컴퓨터로 구현하는 기술의 포괄적인 개념이며, 강 인공지능과 약 인공지능으로 구분할 수 있다.

강 인공지능이란 아직 실현되지는 않았지만 공상과학 영화에서 보는 바와 같이 인간과 마찬가지로 자의식을 가지고 자유롭게 생각하고 여러 가지 일을 수행할 수 있는 인공지능을 말하며, 약 인공지능이란 바둑을 두는 구글 딥마인드의 알파고, 의료 분야에서 암환자 진료에 실제 사용되고 있는 IBM의 왓슨, 음성 개인 비서 역할을 수행하는 애플의 시리 등과 같이 특정 분야에 특화되도록 학습하여 특정 목적에 활용하는 자의식이 없는 오늘날의 인공지능을 말한다.

그렇다면 머신 러닝(기계 학습)이란 무엇인가? 머신 러닝이란 그림 1.1과 같이 인공지능의 한 분야이며, 일반적으로 데이터를 이용하여 컴퓨터를 학습하는 방법을 말한다. 머신 러닝이란 용어는 1959년 A. Samuel이 '명시적으로 프로그램하지 않고 컴퓨터에 학습 능력을 부여하는 분야'라고 정의하였다.

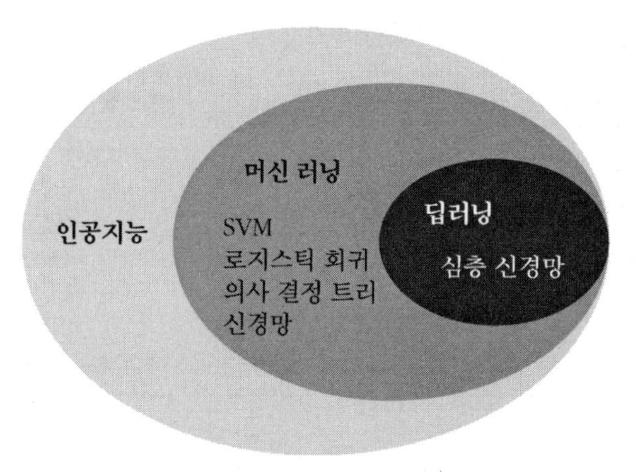

| 그림 1.1 | 인공지능과 머신 러닝 그리고 딥러닝

머신 러닝은 그림 1.2와 같이 학습 데이터를 입력하여 원하는 결과를 얻을 수 있도록 가설이라고 하는 학습 모델을 생성하는 학습 과정이 선행되고, 학습에 의해 생성된 학습 모델에 어떤 데이터를 실제로 입력하면 원하는 결과가 출력된다. 머신 러닝에는 서포트 벡터 머신(SVM : Support Vector Machine)을 비롯하여 로지스틱 회귀, 의사 결정 트리, 베이지안 네트워크, 유전 알고리즘 등 다양한 알고리즘들이 사용되고 있으며, 신경망도 역시 머신 러닝을 구현하는 하나의 방법으로 사용되고 있다.

머신 러닝 기술은 스팸 메일의 차단, 검색 엔진의 연관 검색어 처리, 문자 인식, 쇼핑몰에서 사용자의 기호에 맞는 상품 추천 등 다양한 형태로 우리들의 실생활에 도움을 주고 있다. 이와 같이 현재의 머신 러닝 기술은 단순한 데이터의 분류뿐만 아니라 컴퓨터가 스스로 데이터를 수집하고 분석하여 예측하는 데까지 널리 활용되고 있다.

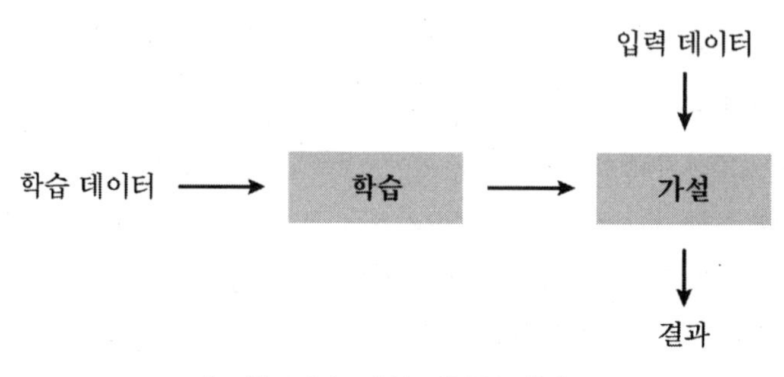

| 그림 1.2 | 머신 러닝의 개념도

한편, 머신 러닝의 한 분야인 딥러닝(심층 학습)이란 용어는 2006년 J. Hinton이 처음 사용하였으며, 오늘날에는 영상 인식, 음성 인식, 자연 언어 처리 등의 분야에서 딥러닝이 다른 방법에 비해 성능이 우수한 것으로 입증되면서 많은 사람들의 관심을 받고 있다. 딥러닝은 인간 뇌에서의 정보 처리와 유사하게 여러 층으로 구성된 신경망, 즉 심층 신경망(DNN : Deep Neural Network)을 이용하여 컴퓨터가 사물이나 데이터를 분류하도록 학습시키는 기술이다. 한동안 소외되었던 신경망은 딥러닝의 등장으로 인해 최고의 전성기를 맞이하게 되었다.

1.2 신경망의 응용 절차

만약 인간과 똑같은 뉴로(신경망) 컴퓨터가 완성된다고 가정해보자. 그렇다면 어떠한 현상이 일어나게 될 것인가? 뉴로 컴퓨터에 친구의 이름을 입력하면 그 친구의 얼굴을 연상할 수 있을 것이며, 잔뜩 구름이 끼어 있는 하늘을 입력하면 곧 소나기가 내릴 것 같다고 추론할 수 있을 것이다. 그렇지만 뉴로 컴퓨터가 987,654,321에 123,456,789을 곱하라는 명령을 받을 경우에는 사람처럼 계산상의 오류가 발생할 수도 있을 것이다.

이런 관점에서 복잡한 계산은 디지털 컴퓨터로 처리하고, 인식이나 추론과 같은 특정 분야의 응용은 신경망으로 보조 처리하는 것이 지극히 당연하다고 하겠다.

일반적으로 신경망을 특정 분야에 응용하는 절차(그림 1.3)는 다음과 같다.

- **단계 1** : 응용에 대한 분석
  신경망을 특정 분야에 응용하기 위해서는 우선 신경망에 입력되는 자료 및 원하는 출력을 비롯하여 응용에 대한 세부적인 분석이 선행되어야 한다. 예를 들어, 신경망을 이용하여 영상 인식을 하는 경우에 있어서 입력 자료라 함은 입력되는 영상의 화소 수를 말하며, 출력은 분류하려는 유형의 수를 말한다.
- **단계 2** : 신경망 모델 선택
  응용에 대한 분석을 수행한 다음에는 다양한 신경망 모델 중에서 응용 목적에 적합한

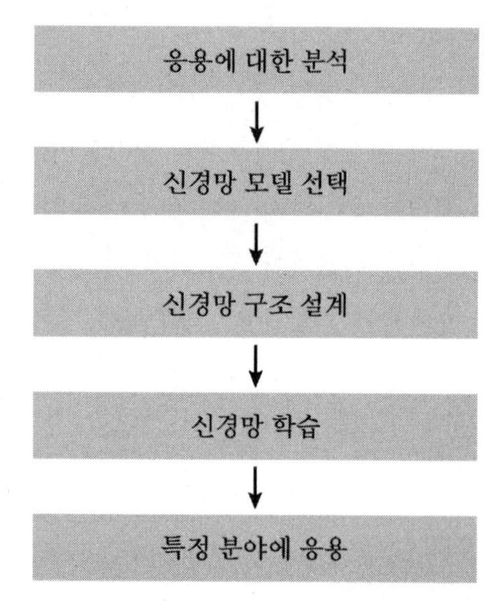

| 그림 1.3 | 신경망을 특정 분야에 응용하기 위한 절차

신경망 모델을 선택하여야 한다. 신경망 모델의 선택이 잘못되면 원하는 결과를 얻지 못할 수도 있다.

■ **단계** 3 : 신경망 구조 설계

신경망 모델을 선택한 다음에는 신경망의 구조를 설계하여야 한다. 구조 설계라 함은 신경망을 몇 개의 층으로 구성하고 뉴런의 수는 몇 개로 할 것인지, 뉴런들을 어떤 형태로 배치하고 어떻게 연결시킬 것인지, 입력과 출력은 어떻게 할 것인지 등을 결정하는 것을 말한다.

■ **단계** 4 : 신경망 학습

신경망의 구성이 완료되면 원하는 작업을 할 수 있도록 신경망을 학습시켜야 한다. 여기서, 학습이란 특정 응용 목적에 따라 뉴런들 간의 연결 강도(가중치)를 변경하는 과정을 말한다.

새로운 학문을 습득하는 방법에는 선생님께 배우거나 자습서를 이용하여 혼자 독학하는 방법이 있듯이 신경망의 학습 방법에도 지도 학습과 자율(비지도) 학습 방법이 있다. 일반적으로 신경망 모델에 따라 적합한 학습 방법을 선택하여야 한다.

학습 방법이 결정되면 신경망을 학습시킬 학습 패턴을 선정하여야 한다. 학습 패턴이란 지도 학습의 경우에는 입력 패턴과 원하는 출력 패턴의 쌍을 의미하며, 자율 학습의 경우에는 신경망이 자율적으로 결과를 출력하므로 입력 패턴만을 의미한다. 학습 패턴의 특징 추출이란 패턴 중 응용에 큰 영향을 미치는 중요한 부분만을 학습 패턴으로 사용하여 정보량 및 처리 시간을 줄이고 성능을 향상시키는 것이다.

- **단계** 5 : 특정 분야에 응용

  신경망의 학습이 완료되면 신경망을 원하는 특정 분야에 적용하여 실제로 활용할 수 있다.

신경망은 VLSI(Very Large Scale IC) 또는 광학적인 방법으로 구현할 수도 있으나 컴퓨터로 시뮬레이션 하는 방법이 가장 보편적으로 사용되고 있다.

1.3 새롭게 조명되는 신경망

이 절에서는 신경망의 모델과 학습 알고리즘, 딥러닝을 중심으로 신경망의 발전 과정을 살펴본다.

초창기

최초의 신경망 모델은 1943년에 W. McCulloch과 W. Pitts에 의하여 제시되었다. McCulloch-Pitts 모델은 뉴런에 입력되는 자극의 합이 임계치보다 크면 뉴런이 활성화되지만 임계치보다 작을 경우에는 뉴런이 활성화되지 않는 개념으로써 단순한 논리 연산이 가능하였다.

1949년에 D. Hebb은 ‘The Organization of Behavior’라는 저서에서 최초의 신경망 학습 방법인 Hebb 학습법을 제시하였다. Hebb 학습법은 상호 연결된 두 뉴런이 동시에 활성화되어 어떤 변화가 일어난다면 연결강도가 강화된다는 학습 이론이며, 이러한 개념이 확장되어 1988년에 T. McClelland와 D. Rumelhart에 의해 Hebb 학습법으로 발표되었다.

전성기

1950년대와 1960년대는 신경망에 대한 연구가 활발히 이루어진 전성기라 할 수 있다. 1958년에 F. Rosenblatt는 하드웨어적으로 구현된 최초의 신경망 MARK I 퍼셉트론을 발표하였다. 퍼셉트론은 인지가 가능하다는 관점에서 상당한 관심을 모았으나 AND나 OR 연산 등과 같은 선형 분리 가능한 문제의 해결에만 사용될 수 있었다. 최초의 신경망인 퍼셉트론은 신경망의 연구에 큰 영향을 미쳤기 때문에 일반적으로 신경망을 퍼셉트론이라고 칭하기도 한다.

1960년에 B. Widrow와 M. Hoff는 단층 신경망 모델인 ADALINE(ADAptive LINear Element)과 다층 신경망 모델인 MADALINE(Many ADALINE)을 발표하였고, 원하는 목표치와 실제 출력 간의 차이, 즉 오차를 이용하여 연결 강도를 변경시키는 LMS(Least Mean Square) 학습법을 사용하였다. 이러한 LMS 학습법은 오늘날 신경망의 학습에 사용되는 비용 함수로서 경사 하강법의 토대가 되었다.

암흑기

1969년에 M. Minsky와 S. Papert가 'Perceptron'이라는 저서를 통해 퍼셉트론이 XOR 연산과 같은 비선형 문제를 해결할 수 없다고 반박함에 따라 신경망에 대한 관심이 급속히 냉각되었다.

그럼에도 불구하고 여러 분야에서 신경망에 대한 연구가 꾸준히 진행되어 오늘날에 신경망이 발전할 수 있는 기반이 되었다. 1974년에 P. Werbos는 오늘날의 오류 역전파 학습법과 유사한 다층 신경망의 학습 방법을 제안하였지만 그 당시에는 별다른 관심을 끌지 못하였다. 한편, 1978년에 G. Carpenter와 S. Grossberg는 독특한 신경망 구조인 ART (Adaptive Resonance Theory) 모델을 개발하였다.

중흥기

퍼셉트론이 비선형 문제를 해결할 수 없다는 점 때문에 1970년부터 신경망에 관한 연구가 침체되었다가 1980년대에 이르러 다시 신경망에 대한 관심이 고조되었다.

1980년에 K. Fukushima는 시각 자극을 받아들이는 시각피질을 모방한 신경망으로 필기체 숫자를 인식하는 Neocognitron을 발표하였다. Neocognitron은 복잡한 신경망 구조로 인해 당시에는 별다른 관심을 받지 못하였지만 딥러닝의 아이디어를 제공하였다고 할 수 있다.

신경망에 관한 연구를 다시 활성화시킨 사람은 사실 J. Hopfield라 할 수 있다. 그는 1982년에 순환 신경망 구조의 연상 메모리인 Hopfield 모델을 개발하여 부분 입력으로도 완벽한 데이터의 복원이 가능함을 입증하였다. 이처럼 신경망과 디지털 컴퓨터와의 차이점을 제시함으로써 많은 사람들이 신경망에 관심을 갖게 하는 계기를 제공하였다.

1982년에 T. Kohonen은 자율 신경망인 SOM(Self Organizing Map)을 개발하여 음성 인식, 음성 합성 등의 분야에 응용하였다.

또한, 1982년에 D. Parker가 오류 역전파(BP : Back-Propagation) 알고리즘을 재발견하였고, 1986년에 D. Rumelhart, G. Hinton, R. Williams가 BP 알고리즘의 학습 효용성을 입증하였다. 오늘날 BP 알고리즘은 다층 신경망을 학습시키는 데 가장 보편적으로 사용되고 있다.

1985년에 B. Kosko는 양방향 연상 메모리(BAM : Bidirectional Associative Memory)를 개발하였고, 1986년에 R. Hecht-Nielsen은 CP(Counter-Propagation) Net을 개발하여 근사값 계산, 영상 압축 등의 분야에 응용하였다.

◎ 심층 신경망 시대의 도래

1989년에 Y. LeCun은 오늘날 딥러닝의 핵심이라고 할 수 있는 컨볼루션 신경망(CNN : Convolutional Neural Network)을 이용하여 우편번호를 인식하였고, 1998년에는 LeNet-5를 이용하여 문자 인식을 함으로써 CNN의 우수성을 입증하였다.

또한, 1997년에 S. Hochreiter, J. Schmidhuber는 이전의 정보를 이용하는 순환 신경망(RNN : Recurrent Neural Network)의 일종인 LSTM(Long Short Term Memory)을 개발하여 인간과 마찬가지로 장기 의존성 학습을 할 수 있는 방법을 제시하였다.

이후 2006년에 G. Hinton은 DBN(Deep Belief Network)이라는 심층 신경망을 발표하였다.

이러한 괄목할 만한 연구 성과들에도 불구하고 신경망이 머신 러닝 분야에서 크게 활용되지 못하다가 2012년 ILSVRC(ImageNet Large Scale Visual Recognition Challenge)에 출전한 캐나다 토론토대학 A. Krizhevsky, G. Hinton의 SuperVision팀이 심층 신경망(차

후 AlexNet이라고 명명)으로 영상 분류 분야에서 우승을 차지함으로써 커다란 반향을 일으켰다. 우승한 SuperVision팀의 오류율은 15.3%인 반면에 2위의 오류율은 무려 26.2%에 달했다.

ILSVRC는 ImageNet 영상을 기반으로 컴퓨터 비전 분야의 성능 우열을 가리는 대회로서 2010년부터 매년 개최되고 있다.

이 대회에서 2013년에도 클라리파이사 M. Zeiler의 Clarifai팀이 심층 신경망 ZFNet으로 우승(오류율 11.2%)하였고, 2014년에는 구글의 C. Szegedy를 비롯한 GoogLeNet팀이 22계층의 심층 신경망 GoogLeNet으로 우승(오류율 6.7%)하였다. 또한, 2015년에는 마이크로소프트의 K. He를 비롯한 MSRA팀이 152계층의 심층 신경망 ResNet으로 우승(오류율 3.6%)을 차지하였다. 그림 1.4에 ILSVRC 영상 분류 부문 역대 우승팀들의 오류율을 나타내었다.

또한, 구글의 알파고가 인간과의 바둑 대결(2016년 이세돌 9단, 2017년 커제 9단)에서 승리함으로써 CNN을 비롯한 딥러닝, 즉 심층 신경망에 대한 관심은 최고조에 달했다.

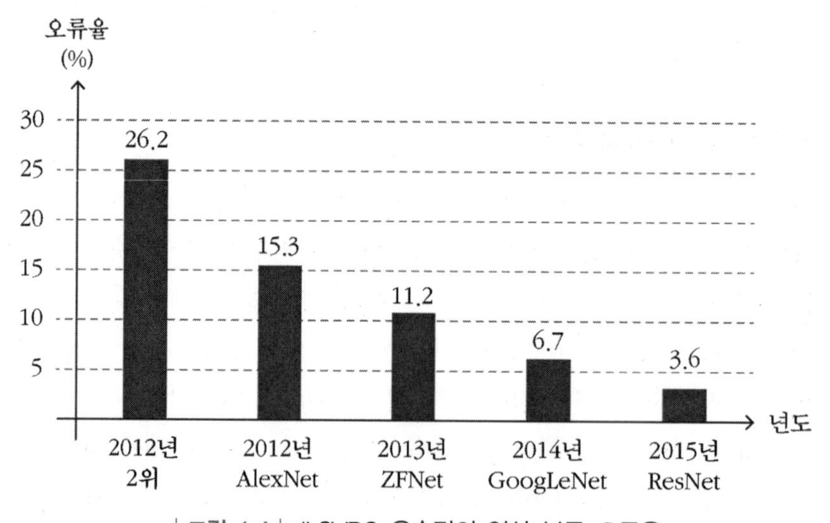

| 그림 1.4 | ILSVRC 우승팀의 영상 분류 오류율

Chapter 01 연습문제

1.1 신경망과 디지털 컴퓨터의 차이점에 대하여 기술하라.

1.2 다음은 신경망의 특징에 대한 설명이다. 잘못된 것은?

① 신경망을 구성하는 기본 소자는 뉴런이다.

② 데이터를 병렬로 처리한다.

③ 주소 지정에 의해 정보를 검색한다.

④ 학습에 의해 업무가 실행된다.

1.3 오늘날에는 인공지능, 머신 러닝, 딥러닝이란 용어들이 자주 사용되고 있다. 머신 러닝이란 무엇이고, 머신 러닝과 딥러닝의 근본적인 차이점은 무엇인가?

1.4 신경망이 디지털 컴퓨터를 보조하는 기능으로 사용되어야 하는 이유는 무엇이라고 생각하는가?

1.5 신경망을 특정 분야에 응용하기 위한 절차에 대하여 기술하라.

1.6 다음 중 신경망의 구조를 설계할 때 고려할 사항이 아닌 것은?

① 신경망을 구성하는 뉴런의 수　　② 뉴런들을 배치하는 형태

③ 신경망을 학습하는 방법　　④ 뉴런들을 연결하는 방법

1.7 신경망에 있어서 학습이란 무엇을 의미하는가?

1.8 신경망을 학습하는 방법에는 지도 학습과 자율 학습 방법이 있다. 이들의 차이점에 대하여 기술하라.

1.9 신경망을 학습할 때 학습 패턴의 특징을 추출하는 이유는 무엇인가?

1.10 1943년에 최초의 신경망 모델을 제시한 사람은 누구인가?

① W. McCulloch ② F. Rosenblatt ③ B. Widrow ④ T. Kohonen

1.11 1949년에 D. Hebb이 제안한 Hebb 학습법에 대하여 기술하라.

1.12 하드웨어적으로 구현된 최초의 신경망인 MARK I 퍼셉트론을 개발한 사람은 누구이며, 그 당시 퍼셉트론은 어떠한 기능을 수행할 수 있었는가?

1.13 원하는 출력과 실제 출력 간의 차이인 오차가 감소하도록 연결 강도를 적응식으로 조정하는 학습법을 무엇이라고 하는가?

1.14 단층 신경망 모델인 ADALINE을 개발한 사람은 누구인가?

① W. McCulloch ② G. Carpenter ③ B. Widrow ④ B. Kosko

1.15 순환 연상 메모리 모델을 개발하여 신경망에 관한 연구를 활성화시킨 사람은 누구인가?

① F. Rosenblatt ② J. Hopfield ③ S. Grossberg ④ M. Minsky

1.16 음성 인식, 음성 합성 등의 분야에 사용되는 자율 신경망으로서 T. Kohonen이 개발한 신경망 모델은 무엇인가?

① ART ② BAM ③ ADALINE ④ SOM

1.17 1982년에 D. Parker가 개발하였고, 이후 1986년에 D. Rumelhart, G. Hinton, R. Williams가 그 효용성을 입증하였으며, 오늘날까지 가장 보편적으로 사용되고 있는 학습 알고리즘은 무엇인가?

1.18 B. Kosko가 개발한 양방향 연상 메모리 모델은 무엇인가?

① ART ② BAM ③ ADALINE ④ SOM

1.19 R. Hecht-Nielsen이 개발하였으며, 근사값 계산 등에 응용되는 신경망 모델은 무엇인가?

① ART ② BP ③ MADALINE ④ CP Net

1.20 다음 중 오늘날 다층 신경망을 학습하는 데 가장 보편적으로 사용되는 학습 방법은 무엇인가?

① BP 알고리즘 ② 델타 학습법 ③ Hebb 학습법 ④ SOM

1.21 다음 중 신경망 모델이 개발된 연도가 잘못된 것은?

① 1958년 — 퍼셉트론 ② 1960년 — ADALINE

③ 1982년 — Hopfield 모델 ④ 2005년 — DBN

1.22 Y. LeCun이 문자 인식을 위해 개발하였으며, 딥러닝의 핵심이 된 신경망은 무엇인가?

① ART ② CNN ③ CP Net ④ SOM

1.23 장기 의존성 학습을 할 수 있도록 S. Hochreiter, J. Schmidhuber가 제안한 순환 신경망은 무엇인가?

① CNN ② DBN ③ LSTM ④ SOM

1.24 컴퓨터 비전 분야의 성능을 가리는 대회인 ILSVRC2012에서 우승함으로써 심층 신경망의 우수성을 널리 알린 사람은 누구인가?

① F. Rosenblatt ② A. Krizhevsky ③ M. Zeiler ④ M. Minsky

CHAPTER **02**

생물학적 신경망

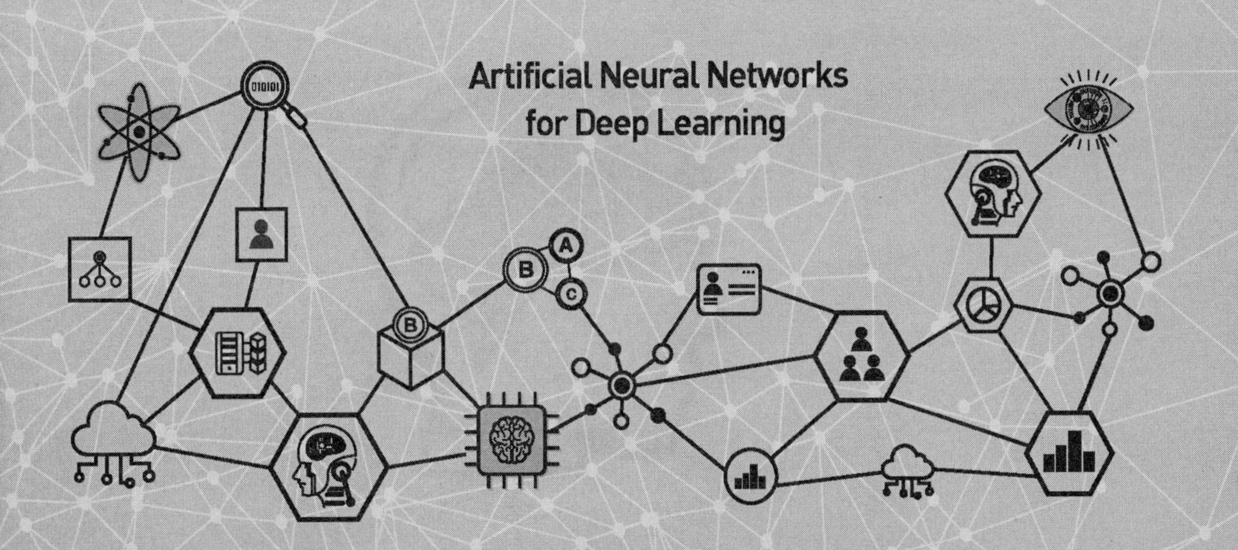

2.1 인간의 뇌

인공 신경망은 인간의 뇌를 모방한 것이지만 의학 분야에서도 아직까지 뇌에 대한 해석이 완벽하게 이루어지지 못하고 있는 실정이므로 현재 활용되고 있는 신경망 모델은 실제의 뇌와는 상당한 차이가 있을 수 있다. 그렇지만 신경망에서 사용하는 용어나 신경망의 개념을 이해하기 위해서는 뇌에 관한 약간의 기본 지식이 요구된다. 이 절에서는 인간 뇌의 구조와 각 부위의 기능에 대하여 알아본다.

뇌의 구조

인간의 뇌는 운동, 감각 등의 육체적 기능뿐만 아니라 기억, 연상, 추론, 판단 등의 정신적 기능을 담당하고 있는 매우 중요한 기관이다. 뇌는 사람에 따라 차이가 있지만 보통 1.5*kg* 정도의 무게이며, 그림 2.1과 같이 대뇌, 소뇌, 간뇌, 뇌간으로 구분된다. 뇌의 각 부위별 기능은 다음과 같다.

- **대뇌** : 두개강의 2/3 정도를 차지하며, 중앙 부위가 앞뒤로 길게 홈이 파져서 좌반구와 우반구로 나뉘어져 있다. 좌반구는 오른쪽 신체의 감각과 운동, 언어 구사나 논리적인 사고 등을 담당하고, 우반구는 왼쪽 신체의 감각과 운동, 인식이나 정서적인

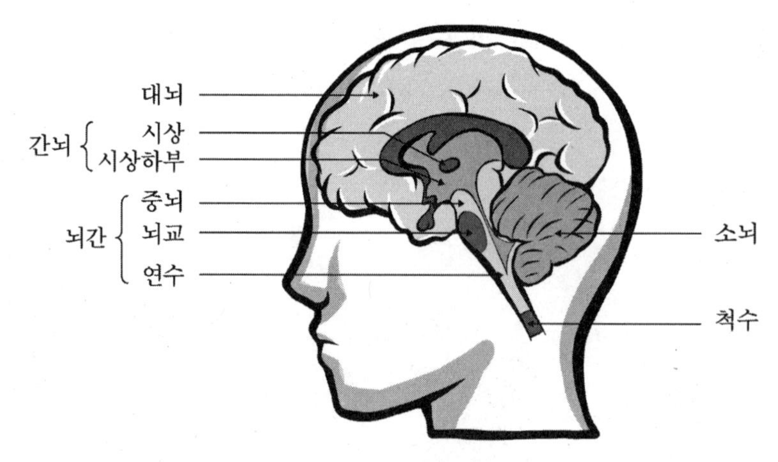

| 그림 2.1 | 뇌의 구조

면 등을 담당한다. 그렇지만 좌반구와 우반구가 완전히 독립적으로 기능을 수행하는 것이 아니라 뇌량으로 연결되어 있어서 상호 간에 협력이 이루어진다.

- **소뇌** : 몸의 자세와 균형 유지, 근육 이완 조절, 운동 등의 기능을 수행하며, 대뇌의 해당 영역과 연합하여 시각, 청각, 촉각의 조절에도 관여한다.
- **간뇌** : 대뇌와 소뇌 사이에 있으며, 시상, 시상하부, 뇌하수체로 나뉘어져 있다. 시상은 외부로부터 들어온 감각 정보를 대뇌로 전달하는 기능을 하며, 시상하부는 체온 조절, 삼투압 조절 등의 기능을 하여 항상성을 유지하는 기능을 한다. 뇌하수체는 호르몬 조절 등 내분비 기능을 담당한다.
- **뇌간** : 뇌의 가장 아래쪽에서 척수와 연결되어 있으며, 연수, 중뇌, 뇌교로 나뉘어져 있다. 연수는 호흡 조절, 심장 박동, 혈관 운동, 소화 운동 등 생명과 의식 유지에 직접 관련된 기능을 담당하고, 중뇌는 안구 운동, 홍채의 수축 이완 등 시각 및 청각 반사 활동을 담당한다. 뇌교는 중뇌와 연수 사이에 있으며, 연수와 함께 호흡 조절에 관여하고, 대뇌와 소뇌 간의 정보 전달을 중계하는 기능을 한다.

대뇌 피질의 기능 국재

대뇌 반구의 표층은 대뇌피질이라는 두께 *2mm* 정도의 회백질로 되어 있으며, 여기에 뉴런이라고 하는 신경 세포들이 거미줄처럼 연결되어 있다. 대뇌피질에 있는 뉴런들은 그림 2.2와 같이 영역별로 담당하는 기능이 다르다. 이를 대뇌피질의 기능국재라고 한다.

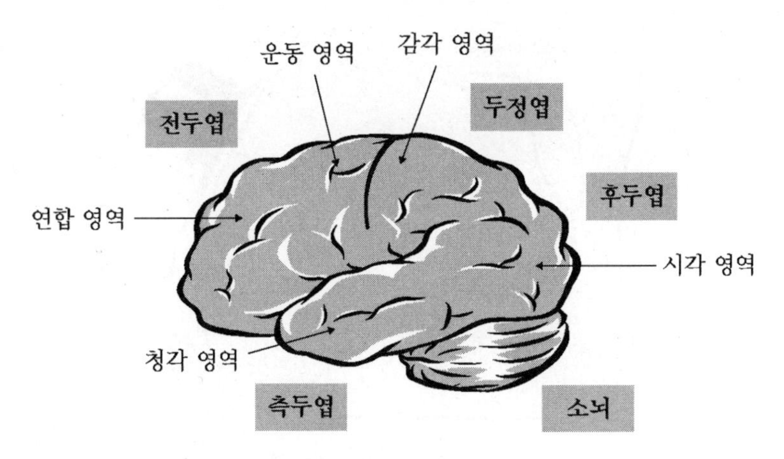

| 그림 2.2 | 대뇌피질의 기능 국재

대뇌피질에는 시각을 담당하는 후두엽의 시각 영역, 청각을 담당하는 측두엽의 청각 영역, 외부로부터의 자극을 받아들이고 해당 기관에서 반응하는 감각 영역과 운동 영역뿐만 아니라 연합 영역이 있다. 연합 영역에서는 여러 감각 기능을 통합하여 어떤 물체를 식별한다든지 어떤 동작을 순서대로 진행하는 기능을 담당하며, 상상이나 감정 등 고도의 정신 기능도 역시 이 연합 영역에서 주관한다.

캐나다 의사인 W. Penfield는 1954년에 간질 환자를 대상으로 감각 영역의 기능 국재에 대하여 실험하였다. 그는 환자의 두개골을 절개하여 감각 영역의 한 부분에 전기 자극을 가하였다. 그 결과 환자는 실제 외부 자극을 받은 것처럼 해당 기관을 통해 반응하였다. 감각 영역의 다른 부분에 전기 자극을 가하면 다른 기관이 반응하였다.

이를 근거로 인간의 신체 부위와 해당하는 대뇌피질의 감각 영역을 관련지어 작성한 것이 그림 2.3에서 보는 바와 같은 Penfield 맵이다. 특히, 손과 얼굴에 관련된 대뇌피질의 부위가 둔부 등 다른 부위에 비해 상당히 크다. 따라서 이 부위에 더 많은 뉴런들이 있으므로 외부 자극에 매우 민감하게 반응함을 알 수 있다. 이러한 Penfield 맵을 근거로 각 신체 부위를 담당하는 뇌 부위의 크기에 따라 만든 인간 모형을 호문쿨루스라고 하기도 한다.

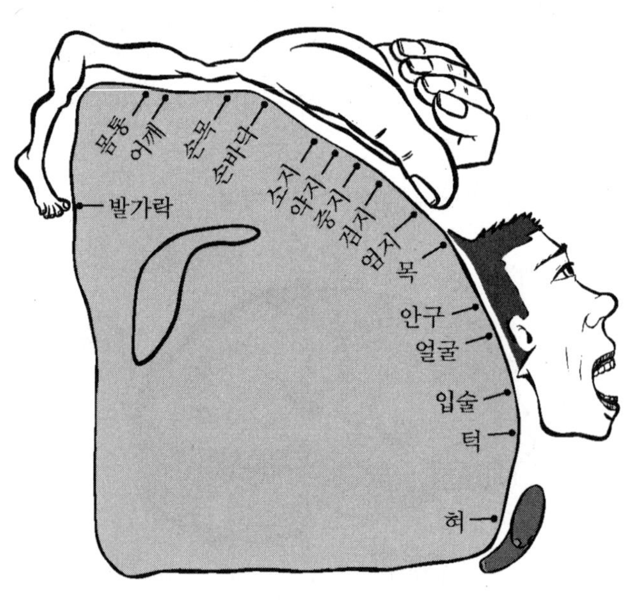

| 그림 2.3 | Penfield 맵

2.2 뉴런의 구조

신경계

신경계는 인간의 신체 활동을 전반적으로 통제하는 역할을 한다. 신경계는 그림 2.4와 같이 크게 중추 신경계와 말초 신경계로 구분되며, 그 기능은 다음과 같다.

- **중추 신경계** : 뇌와 척수로 구성되어 있으며, 인체의 신경계를 총괄적으로 통제하는 기능을 한다.
- **말초 신경계** : 중추 신경계에서 온몸의 기관이나 조직으로 뻗어 있는 신경을 말하며, 체성 신경계와 자율 신경계로 구분된다. 체성 신경계는 감각 기관으로부터의 자극을 중추 신경계로 전달하는 감각 신경, 중추 신경계로부터의 반응을 해당 기관으로 전달하는 운동 신경으로 구성되어 있다.

  자율 신경계는 심장, 폐, 소화기 등의 내장 기관과 혈관에 분포하여 대뇌의 직접적인 영향을 받지 않고 우리 몸의 기능을 자율적으로 조절하는 신경계로서 교감 신경과 부교감 신경으로 구분된다.

  교감 신경은 긴장하거나 흥분하는 등의 환경 변화에 대처하도록 심장 박동 증가, 혈관 수축, 동공 확대 등의 기능을 하는 반면에 부교감 신경은 긴장 상태에 있는 몸을 평상시의 상태로 되돌리는 기능을 한다. 예를 들어, 교감 신경이 흥분하여 심장 박동이 증가하였다면 부교감 신경은 심장 박동을 억제하여 심장 박동이 일정하게 유지될 수 있게 한다.

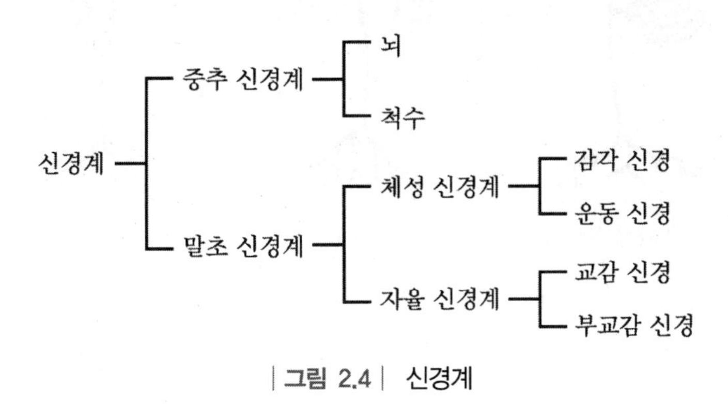

| 그림 2.4 | 신경계

모든 신경계가 인체 활동에 매우 중요한 역할을 하지만 여기서는 인공 신경망의 기본이 되는 뇌의 신경망에 대해서 알아본다.

인간의 뇌에는 약 1,000억 개의 뉴런들이 있으며, 각각의 뉴런은 인접한 1,000~10,000 개의 뉴런들과 상호 연결되어 있다. 이처럼 뉴런들이 복잡하게 상호 연결된 형태를 신경망이라고 한다.

뉴런

신경계의 기능적 최소 단위는 뉴런이다. 뉴런은 자극을 받아들이고 신경 흥분을 전달하는 기능을 담당한다. 뉴런에는 그림 2.5와 같이 감각 뉴런, 운동 뉴런, 연합 뉴런이 있으며, 그 기능은 다음과 같다.

- **감각 뉴런** : 감각 기관의 수용기에서 받아들인 자극을 중추 신경계에 전달하는 기능을 한다.
- **운동 뉴런** : 중추 신경계로부터의 신경 흥분을 해당 기관의 반응기에 전달하는 기능을 한다.
- **연합 뉴런** : 중추 신경계인 뇌와 척수를 구성하고 있는 뉴런이며, 감각 뉴런과 운동 뉴런을 연결하는 기능을 한다.

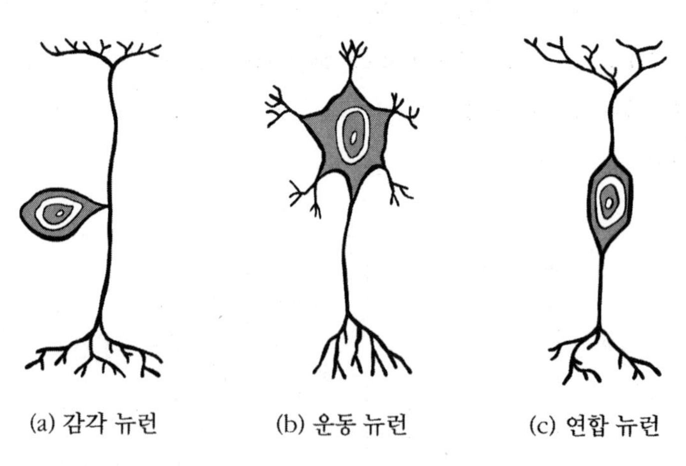

| 그림 2.5 | 뉴런의 유형

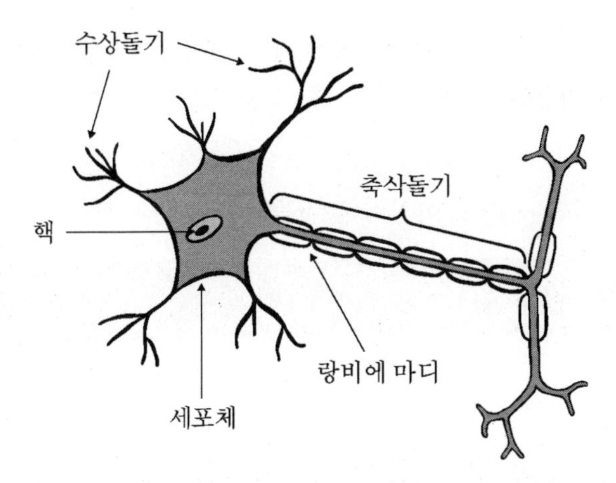

| 그림 2.6 | 운동 뉴런의 구조

운동 뉴런은 그림 2.6과 같이 세포체, 수상돌기, 축삭돌기로 구성되어 있으며, 그 기능은 다음과 같다.

- **세포체** : 세포핵, 미토콘드리아 등이 들어 있으며, 수많은 수상돌기와 하나의 축삭돌기가 연결되어 있다. 일정시간 동안에 들어온 자극은 세포체내에서 가중되고, 외부 자극의 가중합이 임계치보다 커지면 뉴런이 활성화된다.
- **수상돌기** : 세포체 주위에 섬유 더미 모양으로 연결되어 있으며, 인접한 뉴런으로부터의 신경 흥분이 세포체로 들어오는 통로 역할을 한다.
- **축삭돌기** : 하나의 가늘고 긴 신경 섬유로 되어 있으며, 인접한 뉴런으로 신경 흥분을 전달하는 통로 역할을 한다. 이 신경 섬유에는 약 1mm 간격으로 랑비에 마디가 있어서 신경 흥분이 빠르게 전달된다.

시냅스 연결 부위

신경 흥분이 전달되는 뉴런 간의 연결 부위를 시냅스라고 한다. 시냅스를 통한 신경 흥분의 전달은 단방향으로만 이루어지며, 시냅스에는 흥분성과 억제성의 2가지 유형이 있다.

- **흥분성 시냅스** : 인접 뉴런으로부터 전달되는 신경 흥분이 뉴런을 활성화되도록 하는 역할을 한다.

- **억제성 시냅스** : 인접 뉴런으로부터 전달되는 신경 흥분이 오히려 뉴런의 활성화를 억제하게 하는 역할을 한다.

2.3 뉴런의 활성화

활성화 조건

뉴런이 활성화되기 위해서는 일반적으로 다음과 같은 몇 가지 조건들이 만족되어야 한다.

- 자극의 크기가 임계치 이상으로 커야 한다.
  세포막의 내부는 K^+ 농도가 높고 외부는 Na^- 농도가 높기 때문에 자극이 없는 안정 상태일 경우에는 세포막에 약 $-70mV$의 전위차가 나타나는데 이를 안정막 전위라고 한다. 안정막 전위를 $-55mV$까지 낮출 수 있는 자극을 임계 자극이라고 하며, 뉴런이 활성화되려면 임계 자극보다 큰 외부 자극이 인가되어야 한다.
- 자극이 일정 시간 이상 지속되어야 한다.
  뉴런의 반응 시간은 상당히 느리기 때문에 자극이 너무 짧게 인가되면 미처 뉴런이 반응하지 못한다.
- 자극이 약할 경우에는 자극을 반복하여야 한다.
  비록 인가되는 외부 자극이 임계 자극보다 작더라도 빠르게 반복되면 자극의 가중 현상에 의해 세포체내에 누적된 자극이 임계 자극보다 커져서 뉴런이 활성화될 수 있다.
- 일단 활성화된 뉴런은 일정 시간이 경과되어야 한다.
  활성화된 뉴런은 어느 정도 시간이 걸려야 원래의 상태로 복귀된다. 이 시간을 불응 시간이라고 하며, 보통 수ms 정도이다. 활성화된 뉴런은 이 불응 시간이 지난 후에만 자극에 의해 활성화될 수 있다.

뉴런의 활성화에 영향을 미치는 편견

뉴런의 활성화에는 외부 자극뿐만 아니라 편견도 관여한다. 일반적으로 사람들이 어떤 의사 결정을 할 때에는 주어진 정보와 그 정보에 대한 편견에 좌우되어 판단을 하는 경향이 있다.

예를 들어, 거짓말을 자주 하여 신뢰감이 떨어진 사람이 설혹 진실을 얘기하더라도 이미 그 사람이 거짓말쟁이라는 편견이 있기 때문에 우리들은 그 사람의 말을 선뜻 믿으려 하지 않을 것이다. 그렇지만, 진실한 사람이 같은 얘기를 한다면 우리들은 그 말을 그대로 믿게 된다. 이처럼 인간은 동일한 자극에 대해서도 편견에 따라 다른 결과를 초래할 수 있으므로 편견도 역시 뉴런의 활성화에 영향을 미친다는 것을 알 수 있다.

신비한 인간의 기억 매카니즘

인간의 기억은 그림 2.7과 같이 단기 기억과 장기 기억으로 구분할 수 있다.

- **단기 기억** : 자극에 의해 대뇌피질에 약간의 변화가 일어나서 정보가 기억되지만 곧바로 몇 초 이내에 소멸되는 기억을 말한다.
- **장기 기억** : 자극이 반복적으로 가해지거나 자극이 상당히 커서 그 자극에 관련된 뉴런 간의 연결 강도가 강해지고, 그 효과가 몇 분 혹은 영구히 지속되는 기억을 말한다.

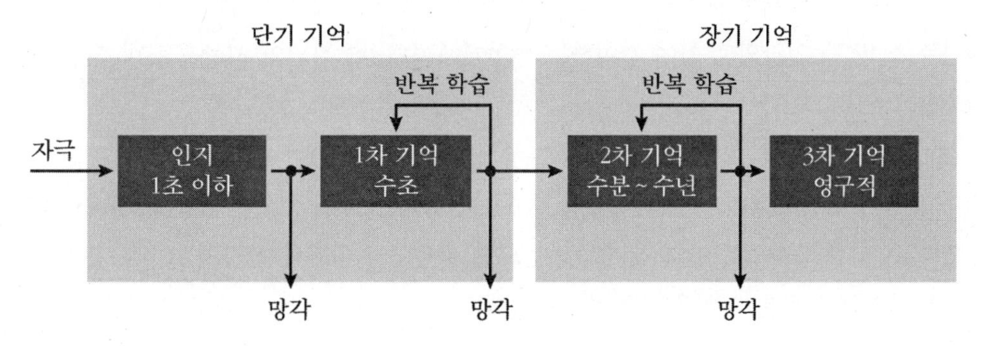

| 그림 2.7 | 뇌의 기억 매카니즘

예를 들어, 오늘 아침 길에서 만난 사람들을 기억해 보라. 누구를 만났는지 잘 기억나지 않을 것이다. 눈을 통해 본 사람들의 얼굴이 대뇌피질의 시각 영역까지 전달되었지만 그 자극이 아주 미미할 뿐만 아니라 반복하여 만나지도 못하였기 때문에 전혀 기억나지 않는다. 이러한 기억을 단기 기억이고 한다.

그렇지만 태어나서부터 계속해서 반복적으로 사용되는 자신의 이름은 결코 잊지 않는다. 이러한 기억을 장기 기억이라고 한다. 이처럼 장기 기억이 되도록 어떤 자극을 반복하면 그 자극에 대한 반응 능력이 형성되는데 이를 학습이라고 한다.

뇌에서의 정보 저장

뇌에서의 정보 처리는 단순히 뉴런의 활성화 동작에 의해 수행될 뿐이다. 그렇다면 처리된 정보는 어떤 형태로 저장되는지를 알아보자.

일반적으로 자극의 반복에 의해서 뉴런 간의 연결 강도가 변한다. 다시 말하면, 어떤 자극에 의해 뉴런의 활성화가 반복되면 시냅스의 연결 강도가 변하게 된다. 이러한 변화 과정을 거쳐 장기 기억의 형태가 되면 시냅스의 연결 강도가 더 이상 변하지 않고 고정되게 된다.

따라서 학습에 관련되었던 자극이 다시 들어오면 고정된 시냅스 연결 강도에 의해 동일한 신경 흥분을 다음 단의 뉴런으로 전달할 수 있으므로 뉴런에 들어온 자극을 처리한 결과가 저장된 것으로 간주할 수 있다. 이와 같이 시냅스의 연결 강도 형태로 정보가 저장된다고 알려져 있다.

최근에는 의학적으로 해마가 단기 기억과 장기 기억 형성에 관여한다고 밝혀지고 있다. 해마는 식욕 등 인간의 본능에 관여하는 변연계에 속하며, 간뇌의 시상을 해마 모양으로 둘러싸고 있다.

해마는 주로 최근의 일을 기억하거나 새롭게 경험하고 학습한 내용을 단기간 저장하고 있다가 장기 기억이 되도록 대뇌피질로 정보를 전달하는 매우 중요한 역할을 하는 것으로 판명되고 있다. 그러므로 만약 해마가 손상되면 손상되기 이전의 기억은 그대로 유지되지만 그 이후의 새로운 기억은 저장할 수 없게 된다.

Chapter 02 연습문제

2.1 인체에 있어서 운동이나 감각 등의 육체적 기능뿐만 아니라 기억이나 추론 등의 정신적 기능도 담당하는 기관은 무엇인가?

2.2 인간 뇌의 구조와 각 부위별 기능에 대하여 기술하라.

2.3 호흡 조절, 심장 박동, 혈관 운동, 소화 운동 등 생명에 직접 관련된 기능을 담당하는 뇌의 부위는?

① 소뇌 ② 간뇌 ③ 중뇌 ④ 연수

2.4 대뇌 피질의 기능 국재란 무엇을 말하는가?

2.5 다음은 대뇌피질의 기능 국재에 대한 그림이다. 각 부위의 명칭이 잘못된 것은?

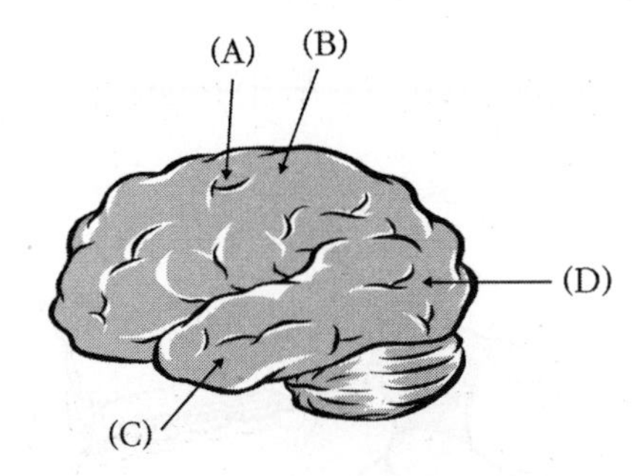

① A — 연합 영역 ② B — 감각 영역
③ C — 청각 영역 ④ D — 시각 영역

2.6 대뇌피질에 있어서 여러 감각 기능을 통합하여 물체를 식별한다든지 상상이나 감정 등의 정신 기능을 주관하는 영역은?

① 시각 영역 ② 운동 영역
③ 감각 영역 ④ 연합 영역

2.7 인간의 기억에는 단기 기억과 장기 기억이 있다. 이들의 차이점에 대하여 기술하라.

2.8 인간의 신체 활동을 전반적으로 통제하는 신경계는 중추 신경계, 말초신경계로 구분된다. 이들의 기능에 대하여 기술하라.

2.9 긴장하거나 흥분하는 등의 환경 변화에 대처하도록 심장 박동 증가, 혈관 수축, 동공 확대 등의 기능을 하는 신경은?

2.10 인간의 신경계를 구성하는 기능적 최소 단위를 무엇이라고 하는가?

2.11 인체의 외부에서 가해진 자극이 감각 기관의 수용기에 들어오면 이를 중추 신경계로 전달하는 뉴런은 무엇인가?

2.12 중추 신경계인 뇌와 척수를 구성하고 있는 뉴런이며, 감각 뉴런과 운동 뉴런을 연결하는 기능을 하는 뉴런은 무엇인가?

2.13 다음은 뉴런을 확대한 그림이다. 각 부위의 명칭은?

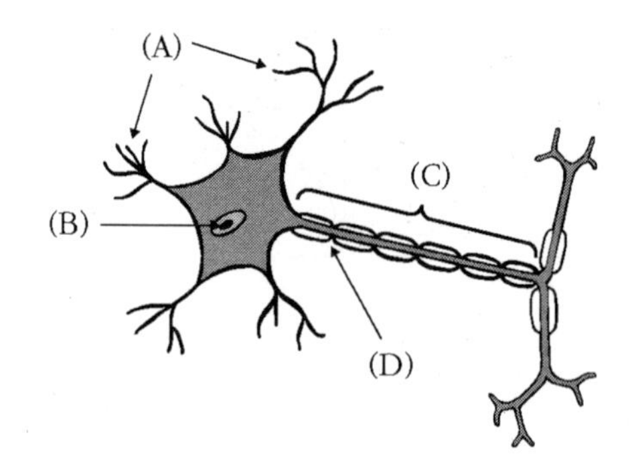

2.14 다음 중 인접한 뉴런으로부터의 신경 흥분이 세포체로 들어오는 통로 역할을 하는 것은?

① 세포체 ② 수상돌기 ③ 축삭돌기 ④ 랑비에 마디

2.15 다음 중 인접한 뉴런으로 신경 흥분을 전달하는 통로 역할을 하는 것은?

① 세포체 ② 수상돌기 ③ 축삭돌기 ④ 랑비에 마디

2.16 신경 흥분이 전달되는 뉴런 간의 연결 부위를 무엇이라고 하는가?

① 세포체 ② 수상돌기 ③ 축삭돌기 ④ 시냅스

2.17 시냅스에는 흥분성과 억제성의 2가지 유형이 있다. 이들의 기능에 대하여 기술하라.

2.18 다음은 뉴런이 활성화되기 위한 조건에 대한 설명이다. 잘못된 것은?

① 뉴런이 활성화되려면 외부 자극이 임계 자극보다 커야 한다.

② 자극이 아무리 짧은 시간 동안 인가되더라도 외부 자극이 크다면 뉴런이 활성화된다.

③ 외부 자극이 작더라도 짧은 시간 동안에 반복되어 누적된 자극의 합이 임계 자극보다 커지면 뉴런이 활성화된다.

④ 일단 활성화된 뉴런은 불응 시간이 경과해야만 자극에 의해 활성화될 수 있다.

2.19 뉴런의 활성화에는 외부 자극의 크기와 자극이 인가되는 시간 이외에도 편견이 영향을 미친다. 편견이 뉴런의 활성화에 미치는 영향을 실제 생활에서의 예를 들어 설명하라.

2.20 최근의 일을 기억하거나 새롭게 경험하고 학습한 내용을 단기간 저장하고 있다가 장기 기억이 되도록 대뇌피질로 정보를 전달하는 기능을 하는 뇌의 부위는?

① 해마 ② 소뇌 ③ 간뇌 ④ 뇌간

CHAPTER **03**

인공 신경망 모델

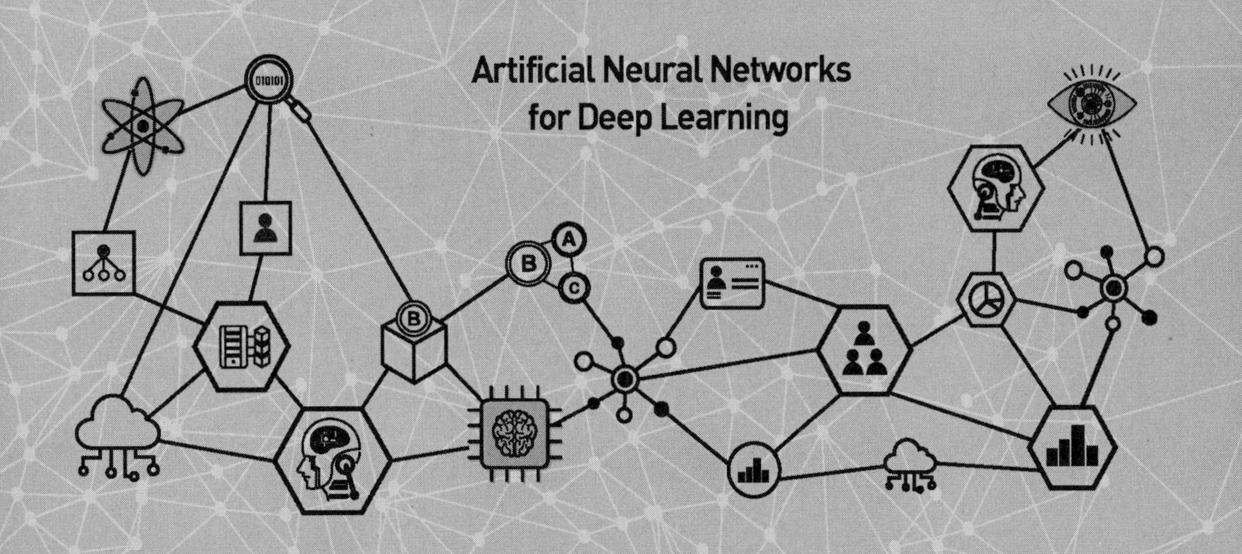

3.1 뉴런의 모델링

인간의 뇌는 계산, 연상, 추론 등 상당히 복합적인 일들을 수행하지만 컴퓨터처럼 CPU나 메모리 같은 하드웨어적인 소자들이 존재하는 것이 아니라 모든 작업들이 뉴런들의 결합체인 신경망의 작용에 의해서 이루어진다.

이 절에서는 생물학적 신경망을 근거로 한 뉴런의 기능 모델, 신경망의 모델링에 대하여 알아본다.

뉴런의 기능 모델

뉴런은 입력된 외부 자극의 합이 임계 자극보다 큰 경우에만 활성화되는 단순한 기능만을 수행하므로 뉴런을 그림 3.1과 같이 기능적으로 모델링할 수 있다.

따라서, 뉴런에 입력되는 외부 자극의 가중합 NET와 뉴런의 출력 y는 다음과 같이 표현할 수 있다.

$$NET = \sum x$$

$$y = f(NET)$$

여기서, x는 외부 입력이고, $f(\cdot)$는 뉴런의 활성화 여부를 결정하는 활성화 함수이다.

활성화 함수에는 여러 가지 유형이 있지만 여기서는 그림 3.2와 같이 입력되는 외부 자극의 가중합 NET가 임계치 T보다 크거나 같으면 뉴런이 활성화되고, 임계치 T보다 작으면 활성화되지 않는 계단 함수라고 가정하면 뉴런의 출력 y는 다음과 같다.

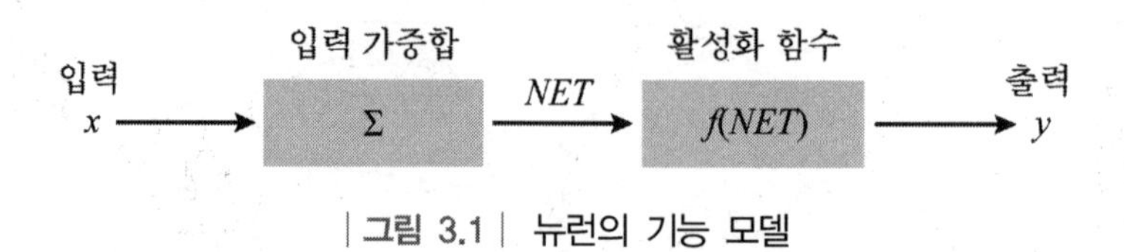

| 그림 3.1 | 뉴런의 기능 모델

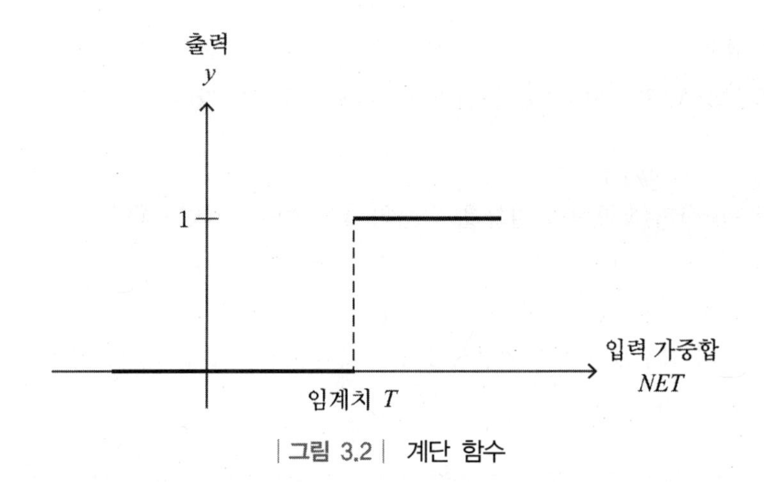

| 그림 3.2 | 계단 함수

$$y = \begin{cases} 1 & : \quad NET \geq T \\ 0 & : \quad NET < T \end{cases}$$

여기서, T는 임계치이다.

예제 3.1 :: 뉴런에 입력되는 외부 자극의 가중합이 다음과 같을 때 뉴런은 활성화되는가? 단, 임계치가 3인 계단 함수를 활성화 함수로 사용한다.

(a) 입력 가중합이 1인 경우

(b) 입력 가중합이 5인 경우

풀이 · (a)의 경우 :

입력 가중합 NET가 1이므로 뉴런의 출력 y는 다음과 같다.

$$\begin{aligned} y &= f(NET) \\ &= f(1) \\ &= 0 \end{aligned}$$

따라서, (a)의 경우에는 입력 가중합 1이 임계치 3보다 작기 때문에 뉴런이 활성화되지 못함을 알 수 있다.

· (b)의 경우 :

입력 가중합 *NET*가 5이므로 뉴런의 출력 y는 다음과 같다.

$$\begin{aligned} y &= f(NET) \\ &= f(5) \\ &= 1 \end{aligned}$$

따라서, (b)의 경우에는 입력 가중합 5가 임계치 3보다 크기 때문에 뉴런이 활성화 됨을 알 수 있다.

예제 3.2 :: 다음과 같은 계단 함수를 활성화 함수로 사용할 경우, 뉴런은 활성화되는가? 단, 뉴런에 입력되는 외부 자극의 가중합은 2이다.

(a) 임계치가 1인 경우

(b) 임계치가 3인 경우

풀이 · (a)의 경우 :

임계치 T가 1이므로 뉴런의 출력 y는 다음과 같다.

$$\begin{aligned} y &= f(NET) \\ &= f(2) \\ &= 1 \end{aligned}$$

따라서, (a)의 경우에는 입력 가중합 2가 임계치 1보다 크기 때문에 뉴런이 활성화 됨을 알 수 있다.

· (b)의 경우 :

임계치 T가 3이므로 뉴런의 출력 y는 다음과 같다.

$$
\begin{aligned}
y &= f(NET) \\
&= f(2) \\
&= 0
\end{aligned}
$$

따라서, (b)의 경우에는 입력 가중합 2가 임계치 3보다 작기 때문에 뉴런이 활성화되지 못함을 알 수 있다.

신경망 모델

생물학적 신경망에 있어서 뉴런 단독으로 어떤 기능을 수행하기보다는 여러 뉴런들이 거미줄처럼 복잡하게 연결되어 서로 상호 작용을 하고 있으므로 신경망은 그림 3.3과 같

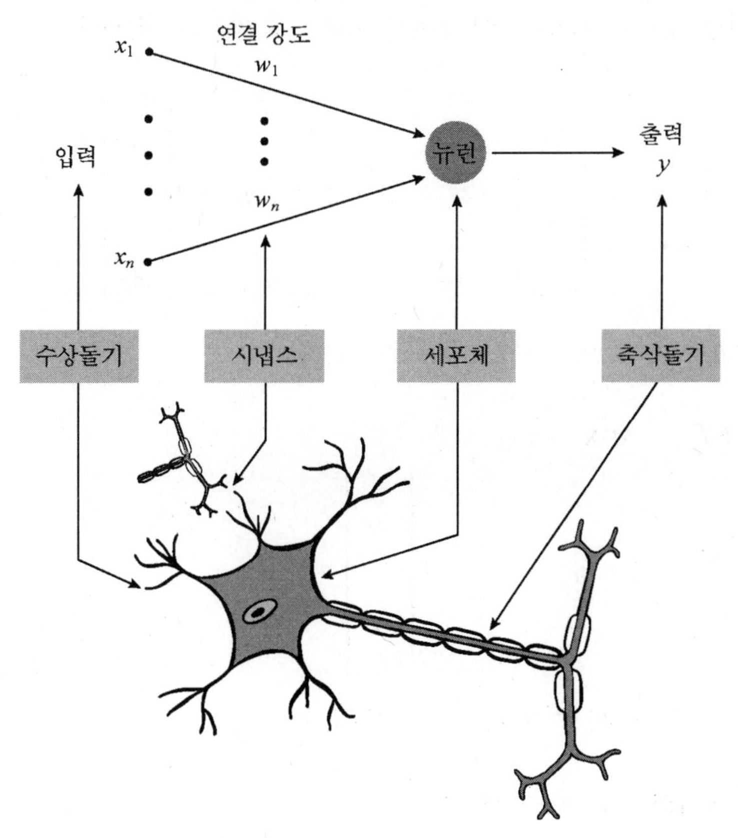

| 그림 3.3 | 일반적인 신경망 모델

이 방향성 그래프를 이용하여 모델링할 수 있으며, 이를 인공 신경망 모델 또는 신경망 모델이라고 한다. 신경망 모델에서 노드는 뉴런을 의미하고 링크는 뉴런 간의 시냅스인 연결 강도를 의미한다. 연결 강도를 가중치라고도 한다.

뉴런의 입력 가중합

신경망 모델에 있어서 뉴런의 입력 가중합이란 각각의 입력 x_i와 연결 강도 w_i를 곱하여 이들을 모두 더한 것을 말한다. 따라서, 입력 가중합 *NET*는 다음과 같이 구할 수 있다.

$$NET = w_1x_1 + w_2x_2 + \cdots + w_nx_n = \sum_{i=1}^{n} w_ix_i \tag{3.1}$$

입력과 연결 강도를 다음과 같이 열벡터 형태로 표현할 수 있으므로,

$$\text{입력} : \mathbf{x} = \begin{bmatrix} x_1 \\ x_2 \\ \vdots \\ x_n \end{bmatrix} \qquad \text{연결 강도} : \mathbf{w} = \begin{bmatrix} w_1 \\ w_2 \\ \vdots \\ w_n \end{bmatrix}$$

입력 가중합 *NET*를 벡터 형태로 표현하면 다음과 같다.

$$\begin{aligned} NET &= \mathbf{w}^{\mathrm{T}}\mathbf{x} \\ &= [w_1 \; w_2 \; \cdots \; w_n] \begin{bmatrix} x_1 \\ x_2 \\ \vdots \\ x_n \end{bmatrix} \\ &= w_1x_1 + w_2x_2 + \cdots + w_nx_n \end{aligned} \tag{3.2}$$

여기서, $\mathbf{w}^{\mathrm{T}}$는 $\mathbf{w}$의 치환 벡터이다.

한편, 입력과 연결 강도를 다음과 같이 행벡터 형태로 표현한다면,

$$\text{입력} : \mathbf{x} = [x_1 \ x_2 \ \cdots \ x_n]$$

$$\text{연결 강도} : \mathbf{w} = [w_1 \ w_2 \ \cdots \ w_n]$$

따라서, 입력 가중합 *NET*를 벡터 형태로 표현하면 다음과 같다.

$$\begin{aligned} NET &= \mathbf{x}\mathbf{w}^{\mathrm{T}} \\ &= [x_1 \ x_2 \ \dots \ x_n] \begin{bmatrix} w_1 \\ w_2 \\ \vdots \\ w_n \end{bmatrix} \\ &= x_1 w_1 + x_2 w_2 + \dots + x_n w_n \end{aligned} \tag{3.3}$$

여기서, $\mathbf{w}^{\mathrm{T}}$는 $\mathbf{w}$의 치환 벡터이다.

뉴런의 출력

한편, 신경망 모델에서 뉴런의 최종 출력 y는 입력 가중합 *NET*를 이용하여 다음과 같이 구할 수 있다.

$$y = f(NET) \tag{3.4}$$

여기서, $f(\cdot)$는 활성화 함수이다.

만약, 임계치가 T인 계단 함수를 활성화 함수로 사용한다면 뉴런의 출력 y는 다음과 같다.

$$y = \begin{cases} 1 & : \ NET \geq T \\ 0 & : \ NET < T \end{cases} \tag{3.5}$$

결국, 입력 가중합 *NET*가 임계치 *T*보다 크거나 같으면 뉴런이 활성화되지만 그렇지 않으면 뉴런이 활성화되지 않는다.

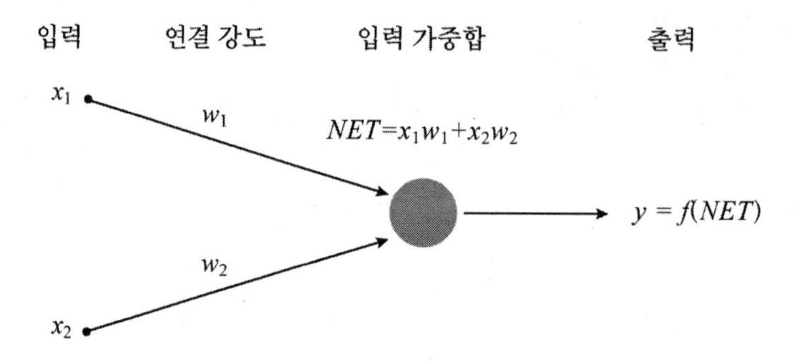

예제 3.3 :: 입력 $\mathbf{x}=[1\ \ 2]$이고, 연결 강도 $\mathbf{w}=[1\ \ 0.5]$인 신경망 모델에서 뉴런의 활성화 여부는? 단, 활성화 함수는 임계치가 3인 계단 함수이다.

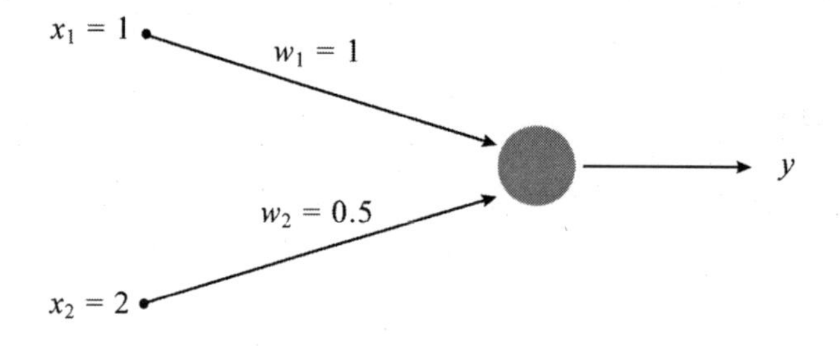

풀이 입력 가중합 *NET*는 식 (3.3)에 의해 구할 수 있으며,

$$
\begin{aligned}
NET &= \mathbf{x}\mathbf{w}^{\mathrm{T}} \\
&= [1\ \ 2]\begin{bmatrix} 1 \\ 0.5 \end{bmatrix} \\
&= 1 \times 1 + 2 \times 0.5 \\
&= 2
\end{aligned}
$$

뉴런의 출력 y는 식 (3.4), 식 (3.5)에 의해 구할 수 있다.

$$\begin{aligned} y &= f(NET) \\ &= f(2) \\ &= 0 \end{aligned}$$

따라서, 입력 $\mathbf{x} = [1\ 2]$가 들어오더라도 뉴런이 활성화되지 않는다.

예제 3.4 :: 입력 $\mathbf{x} = [1\ 2\ 3]$이고, 연결 강도 $\mathbf{w} = [1\ 0.3\ 0.5]$인 신경망 모델에서 뉴런의 활성화 여부는? 단, 활성화 함수는 임계치가 3인 계단 함수이다.

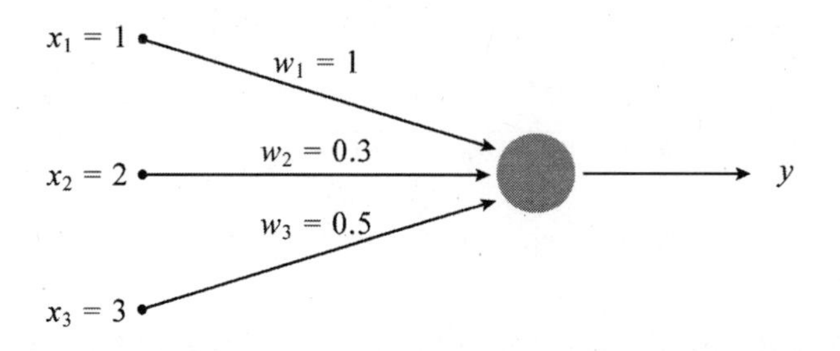

풀이 입력 가중합 NET는 다음과 같이 구할 수 있으며,

$$\begin{aligned} NET &= \mathbf{x}\mathbf{w}^{\mathrm{T}} \\ &= [1\ 2\ 3]\begin{bmatrix} 1 \\ 0.3 \\ 0.5 \end{bmatrix} \\ &= 1\times1 + 2\times0.3 + 3\times0.5 \\ &= 3.1 \end{aligned}$$

뉴런의 출력 y는 다음과 같다.

$$\begin{aligned} y &= f(NET) \\ &= f(3.1) \\ &= 1 \end{aligned}$$

따라서, 입력 $\mathbf{x}=[1\ 2\ 3]$이 들어오면 뉴런이 활성화된다.

바이어스를 고려한 신경망 모델

뉴런의 활성화에는 외부 자극뿐만 아니라 편견도 작용한다. 인공 신경망에서는 편견을 바이어스라고 하며, 입력과 바이어스를 고려한 신경망 모델은 그림 3.4와 같이 나타낼 수 있다.

바이어스를 포함한 입력 **x**와 연결 강도 **w**를 벡터 형태로 표현하면 다음과 같다.

$$\mathbf{x} = [\overbrace{x_1 \quad x_2 \quad \cdots \quad x_n}^{\text{외부 입력}} \quad \overbrace{1}^{\text{바이어스}}]$$

$$\mathbf{w} = [w_1 \quad w_2 \quad \cdots \quad w_n \quad b]$$

이 경우, *NET* 값은 바이어스를 포함한 입력의 가중합이므로 다음과 같이 구할 수 있다.

$$\begin{aligned} NET &= x_1 w_1 + x_2 w_2 + \ldots + x_n w_n + b \\ &= \sum_{i=1}^{n} x_i w_i + b \end{aligned} \tag{3.6}$$

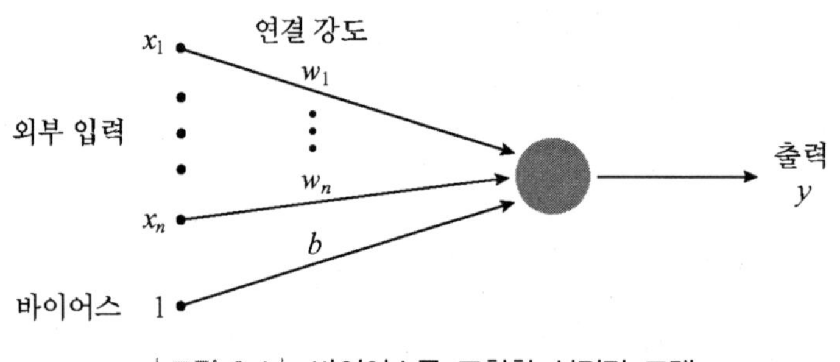

| 그림 3.4 | 바이어스를 포함한 신경망 모델

한편, 바이어스를 포함한 입력 가중합 *NET*를 벡터 형태로 표현하면 다음과 같다.

$$NET = \mathbf{x}\mathbf{w}^{\mathrm{T}} \tag{3.7}$$

뉴런의 출력 y는 입력 가중합 *NET*를 이용하여 구할 수 있다.

$$y = f(NET) \tag{3.8}$$

여기서, $f(\cdot)$는 활성화 함수이다.

예제 3.5 :: 예제 3.4와 동일한 조건에서 단지 바이어스의 연결 강도 b = −0.5가 추가된 경우, 뉴런은 활성화되는가?

바이어스를 포함한 입력 벡터 : $\mathbf{x} = [1 \quad 2 \quad 3 \quad 1]$

연결 강도 벡터 : $\mathbf{w} = [1 \quad 0.3 \quad 0.5 \quad -0.5]$

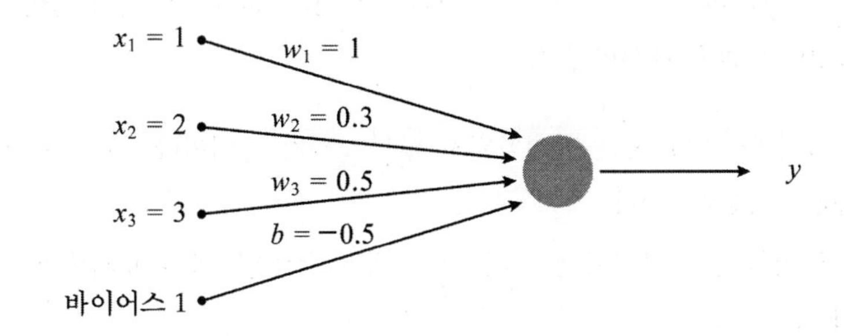

풀이 바이어스가 있는 경우의 입력 가중합 *NET*와 출력 y는 다음과 같다.

$$\begin{aligned} NET &= \mathbf{x}\mathbf{w}^{\mathrm{T}} \\ &= [1 \quad 2 \quad 3 \quad 1]\begin{bmatrix} 1 \\ 0.3 \\ 0.5 \\ -0.5 \end{bmatrix} \\ &= 1\times1 + 2\times0.3 + 3\times0.5 + 1\times(-0.5) \\ &= 2.6 \end{aligned}$$

$$
\begin{aligned}
y &= f(NET) \\
&= f(2.6) \\
&= 0
\end{aligned}
$$

따라서, 이 경우에는 예제 3.4와는 다르게 바이어스의 효과에 의해 뉴런이 활성화되지 않음을 알 수 있다.

3.2 McCulloch-Pitts 모델

이 절에서는 최초의 신경망 모델인 McCulloch-Pitts 모델과 이를 이용한 논리 연산 등에 대하여 알아본다.

1943년에 W. McCulloch과 W. Pitts는 다음과 같은 가설을 적용하여 생물학적 뉴런을 단순화한 신경망 모델을 제시하였다.

- 뉴런은 활성화되거나 혹은 활성화되지 않는 2가지 상태이다. 즉, 뉴런의 활성화는 all-or-none 프로세스이다.
- 뉴런이 활성화되기 위해서는 잠재 기간 내에 특정한 개수의 시냅스가 여기되어야 한다.
- 어떠한 억제성 시냅스라도 여기되면 뉴런이 활성되지 못한다.
- 신경망 시스템에서의 주된 지연은 시냅스 지연이다.
- 신경망의 구조는 시간에 따라 변하지 않는다.

McCulloch-Pitts 모델의 구조

McCulloch-Pitts 모델의 구조는 그림 3.5와 같다. 각각의 뉴런들은 인접한 여러 뉴런들로부터 신호를 수신하며, 뉴런 간의 시냅스 연결 강도에는 흥분성과 억제성의 2가지 유형이 있다.

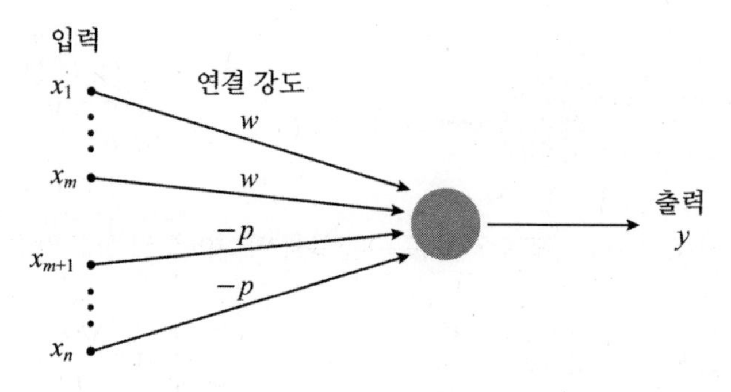

| 그림 3.5 | McCulloch–Pitts 모델의 구조

그림 3.5에서 연결 강도 $\omega(>0)$는 뉴런을 흥분시키는 역할을 하므로 흥분성 연결 강도라고 하며, 연결 강도 $-p(p>0)$는 뉴런의 활성화를 억제시키는 역할을 하므로 억제성 연결 강도라고 한다.

입력 가중합 NET는 다음과 같이 구할 수 있다.

$$NET = \sum_{1}^{m} wx_i - \sum_{m+1}^{n} px_i$$

뉴런의 출력 y는 다음과 같이 구할 수 있다.

$$y = \begin{cases} 1 & : \; NET \geq T \\ 0 & : \; NET < T \end{cases}$$

여기서, T는 임계치이다.

McCulloch-Pitts 모델을 이용한 논리 연산

McCulloch-Pitts 모델에서는 뉴런 간의 연결 강도를 변경시키는 학습 방법을 사용하지 않고, 연결 강도와 임계치를 일정한 값으로 고정시킨 것이 특징이며, AND(그림 3.6), OR(그림 3.7), NOT(그림 3.8) 등의 논리 연산이 가능하다.

예제를 통해서 McCulloch-Pitts 모델을 이용하여 AND, OR, NOT 연산이 가능함을 알아보자.

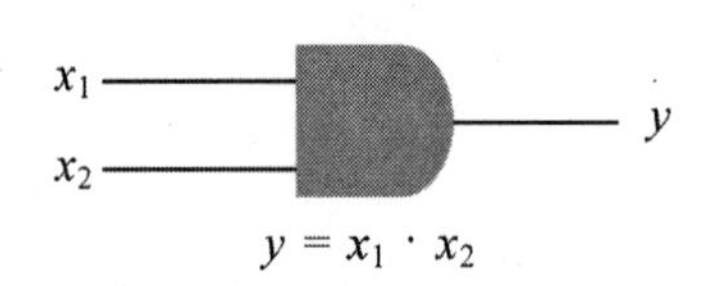

x_1	x_2	y
0	0	0
0	1	0
1	0	0
1	1	1

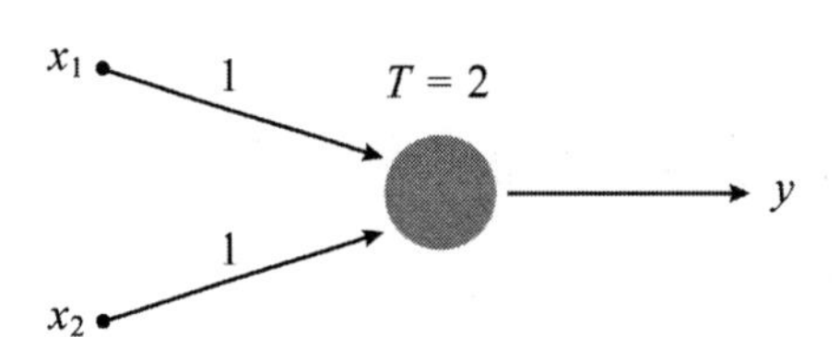

x_1	x_2	NET	y
0	0	0	0
0	1	1	0
1	0	1	0
1	1	2	1

| 그림 3.6 | AND 게이트

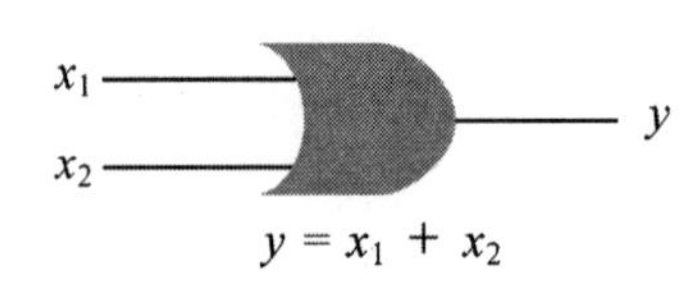

x_1	x_2	y
0	0	0
0	1	1
1	0	1
1	1	1

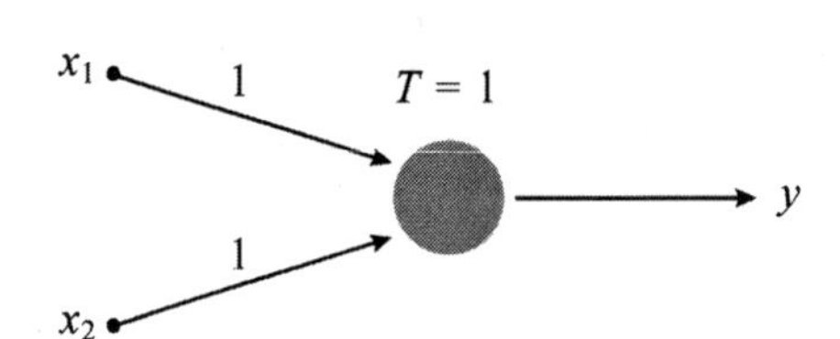

x_1	x_2	NET	y
0	0	0	0
0	1	1	1
1	0	1	1
1	1	2	1

| 그림 3.7 | OR 게이트

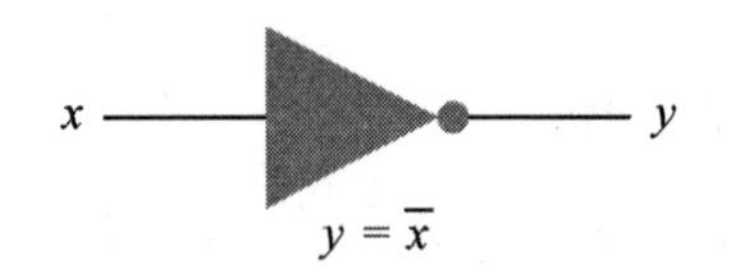

x	y
0	1
1	0

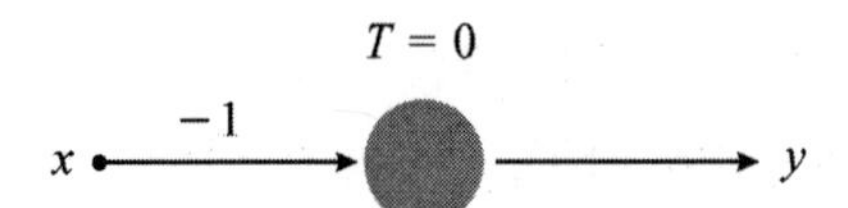

x	NET	y
0	0	1
1	-1	0

| 그림 3.8 | NOT 게이트

예제 3.6 :: 그림과 같은 McCulloch–Pitts 모델을 이용하여 AND 연산이 가능함을 보여라.

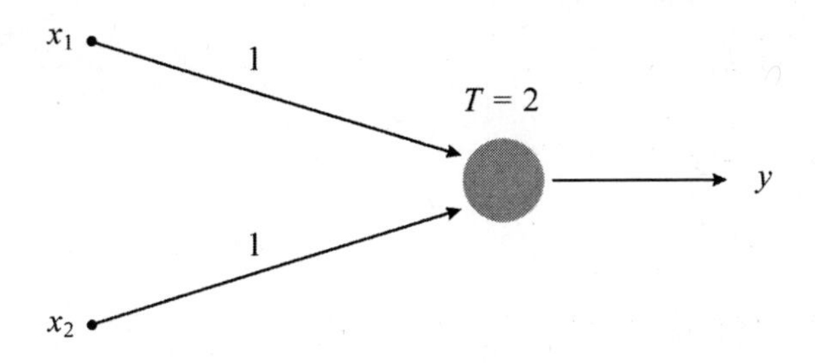

풀이 a. [0 0]이 입력되는 경우의 입력 가중합 NET와 출력 y는 다음과 같다.

$$\begin{aligned} NET &= x_1 w_1 + x_2 w_2 \\ &= (0 \times 1) + (0 \times 1) \\ &= 0 \end{aligned}$$

$$\begin{aligned} y &= f(NET) \\ &= f(0) \\ &= 0 \end{aligned}$$

b. [0 1] 이 입력되는 경우의 NET와 y는 다음과 같다.

$$\begin{aligned} NET &= (0 \times 1) + (1 \times 1) \\ &= 1 \end{aligned}$$

$$\begin{aligned} y &= f(1) \\ &= 0 \end{aligned}$$

c. [1 0]이 입력되는 경우의 NET와 y는 다음과 같다.

$$\begin{aligned} NET &= (1 \times 1) + (0 \times 1) \\ &= 1 \end{aligned}$$

$$\begin{aligned} y &= f(1) \\ &= 0 \end{aligned}$$

d. [1 1]이 입력되는 경우의 *NET*와 *y*는 다음과 같다.

$$\begin{aligned} NET &= (1\times1) + (1\times1) \\ &= 2 \end{aligned}$$

$$\begin{aligned} y &= f(2) \\ &= 1 \end{aligned}$$

따라서, AND 연산이 가능함을 알 수 있다.

예제 3.7 :: 그림과 같은 McCulloch–Pitts 모델을 이용하여 OR 연산이 가능함을 보여라.

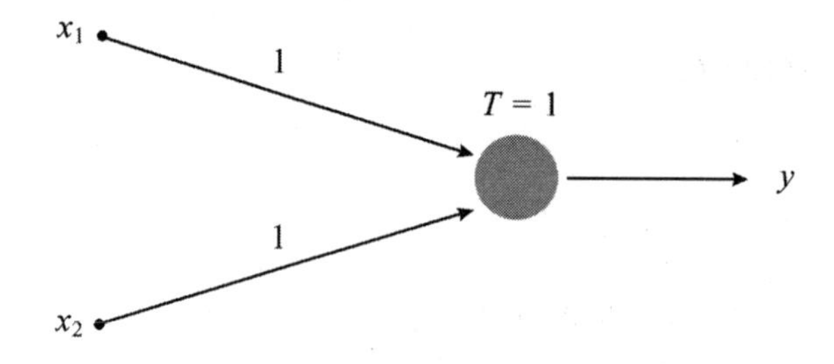

풀이 a. [0 0]이 입력되는 경우의 입력 가중합 *NET*와 출력 *y*는 다음과 같다.

$$\begin{aligned} NET &= x_1w_1 + x_2w_2 \\ &= (0\times1) + (0\times1) \\ &= 0 \end{aligned}$$

$$\begin{aligned} y &= f(NET) \\ &= f(0) \\ &= 0 \end{aligned}$$

b. [0 1]이 입력되는 경우의 *NET*와 y는 다음과 같다.

$$NET = (0\times1) + (1\times1)$$
$$= 1$$

$$y = f(1)$$
$$= 1$$

c. [1 0]이 입력되는 경우의 *NET*와 y는 다음과 같다.

$$NET = (1\times1) + (0\times1)$$
$$= 1$$

$$y = f(1)$$
$$= 1$$

d. [1 1]이 입력되는 경우의 *NET*와 y는 다음과 같다.

$$NET = (1\times1) + (1\times1)$$
$$= 2$$

$$y = f(2)$$
$$= 1$$

따라서, OR 연산이 가능함을 알 수 있다.

예제 3.8 :: 그림과 같은 McCulloch–Pitts 모델을 이용하여 NOT 연산이 가능함을 보여라.

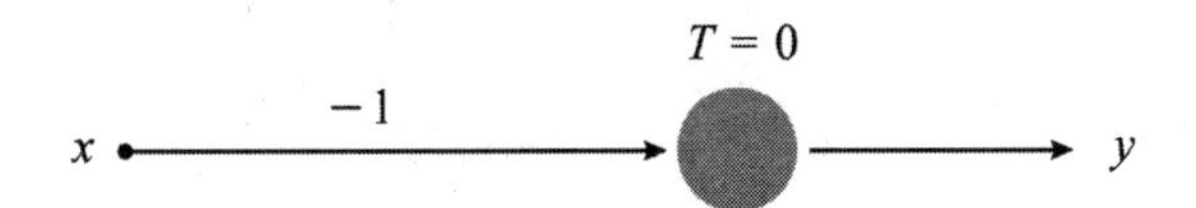

풀이 a. 0이 입력되는 경우의 입력 가중합 *NET*와 출력 y는 다음과 같다.

$$
\begin{aligned}
NET &= 0 \times (-1) \\
&= 0
\end{aligned}
$$

$$
\begin{aligned}
y &= f(NET) \\
&= f(0) \\
&= 1
\end{aligned}
$$

b. 1이 입력되는 경우의 입력 가중합 *NET*와 출력 y는 다음과 같다.

$$
\begin{aligned}
NET &= 1 \times (-1) \\
&= -1
\end{aligned}
$$

$$
\begin{aligned}
y &= f(-1) \\
&= 0
\end{aligned}
$$

따라서, NOT 연산이 가능함을 알 수 있다.

한편, XOR 연산(그림 3.9)은 두 입력 x_1, x_2에 대하여 $x_1\overline{x_2}$ 및 $\overline{x_1}x_2$를 수행한 후 그 결과를 다시 OR 연산하면 되므로 McCulloch-Pitts 모델을 이용하여 그림 3.10과 같이 XOR 게이트를 설계할 수 있다.

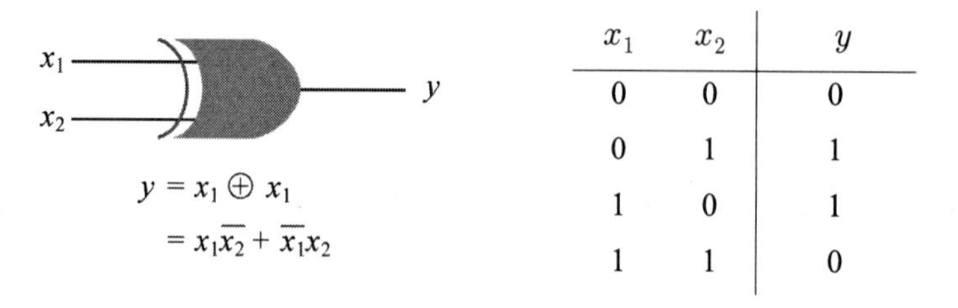

x_1	x_2	y
0	0	0
0	1	1
1	0	1
1	1	0

| 그림 3.9 | XOR 연산

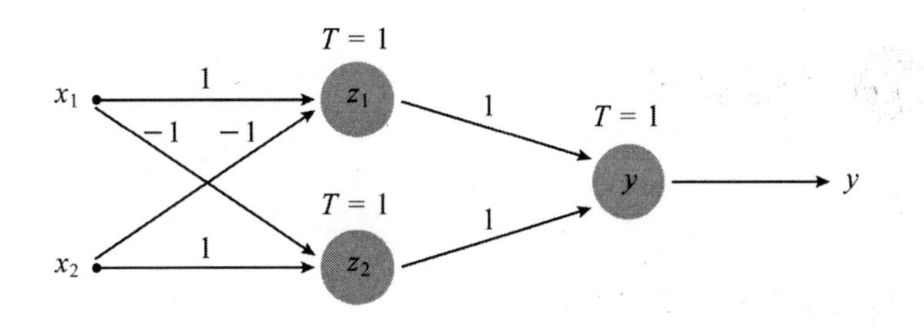

x_1	x_2	NET_{z_1}	NET_{z_2}	z_1	z_2	NET_y	y
0	0	0	0	0	0	0	0
0	1	-1	1	0	1	1	1
1	0	1	-1	1	0	1	1
1	1	0	0	0	0	0	0

| 그림 3.10 | XOR 게이트

또한, W. McCulloch와 W. Pitts는 신경망에서의 시냅스 지연을 가정하였으며, 이를 이용하여 사람의 피부에서 차가운 것과 뜨거운 것을 인지하는 그림 3.11과 같은 피부 냉열 인지 모델을 제안하였다.

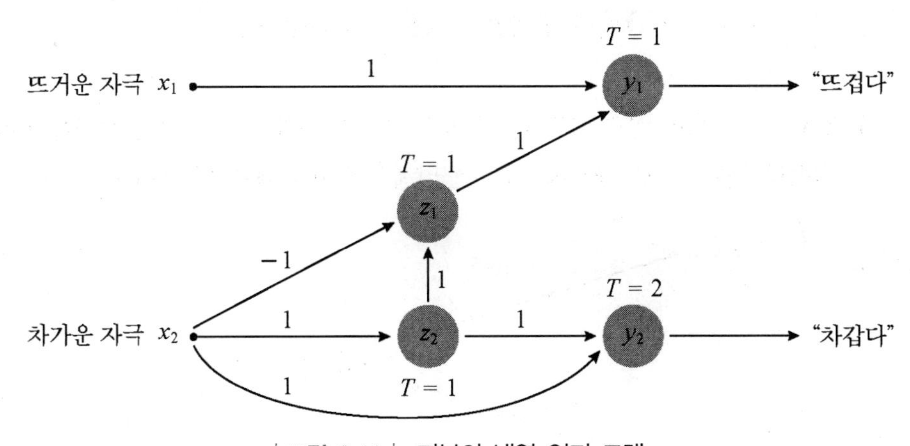

| 그림 3.11 | 피부의 냉열 인지 모델

Chapter 03 연습문제

3.1 뉴런의 기능 모델을 도시하라.

3.2 뉴런에 입력되는 외부 자극의 가중합이 다음과 같을 때 뉴런의 출력을 구하라. 단, 임계치가 0인 계단 함수를 활성화 함수로 사용한다.

(a) 입력 가중합이 -5인 경우

(b) 입력 가중합이 5인 경우

3.3 뉴런에 입력되는 외부 자극의 가중합이 5인 경우, 뉴런의 출력은? 단, 임계치가 5인 계단 함수를 활성화 함수로 사용한다.

① -5 ② 0 ③ 1 ④ 5

3.4 방향성 그래프로 나타낸 신경망 모델에 있어서 노드와 링크는 각각 무엇을 의미하는가? 또한, 이를 이용하여 신경망 모델을 도시하라.

3.5 입력 $\mathbf{x} = [2\ 1]$이고, 연결 강도 $\mathbf{w} = [-0.5\ 1]$인 다음과 같은 신경망 모델에서 뉴런의 활성화 여부는? 단, 활성화 함수는 임계치가 0인 계단 함수이다.

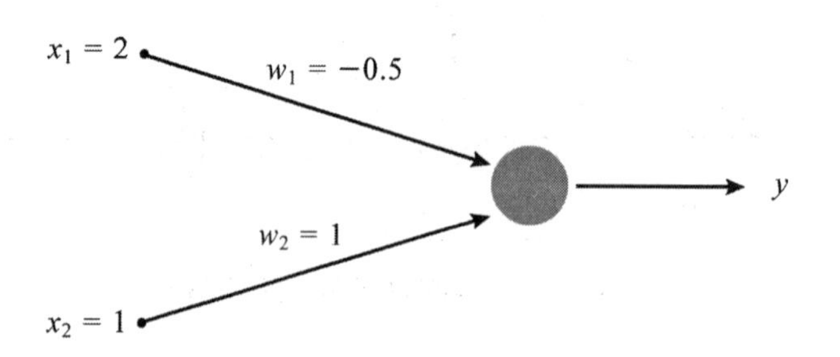

3.6 입력 $\mathbf{x}=[1\ 1]$이고, 연결 강도 $\mathbf{w}=[0.5\ 1]$인 다음과 같은 신경망 모델에서 뉴런의 활성화 여부는? 단, 계단 함수를 활성화 함수로 사용한다.

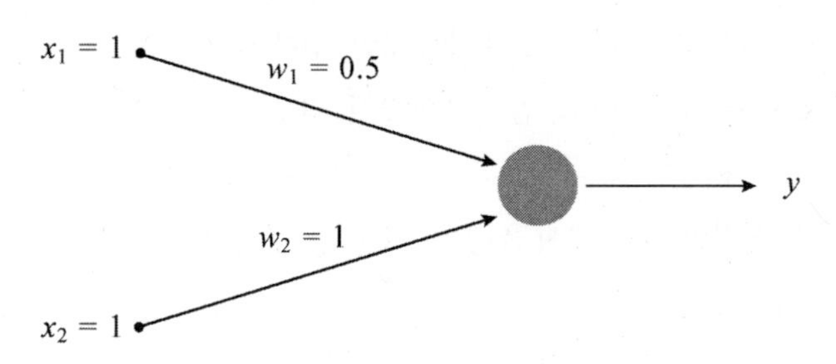

(a) 임계치가 0인 경우
(b) 임계치가 1인 경우
(c) 임계치가 2인 경우

3.7 그림과 같은 신경망 모델에서 뉴런의 출력을 구하라.

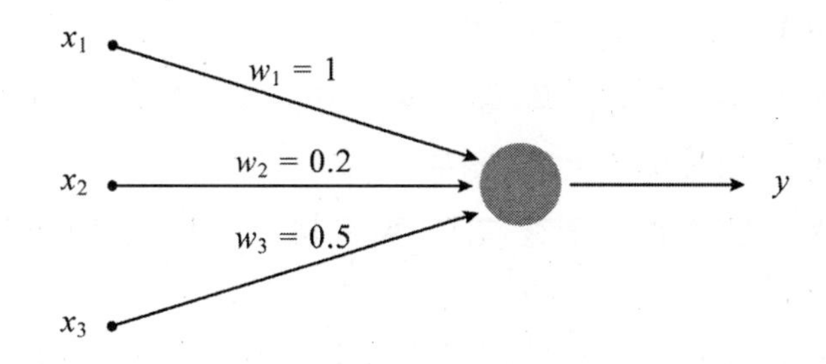

(a) 입력 $\mathbf{x} = [1\ \ 3\ \ 5]$이고 임계치가 2인 경우
(b) 입력 $\mathbf{x} = [1\ \ 3\ \ 5]$이고 임계치가 4인 경우

3.8 그림과 같은 바이어스를 고려한 신경망 모델에서 뉴런의 출력은?

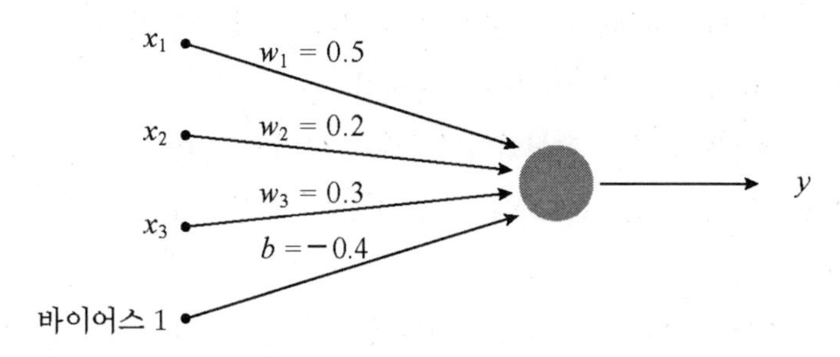

(a) 입력 $\mathbf{x} = [1\ 2\ 3]$이고 임계치가 1인 경우

(b) 입력 $\mathbf{x} = [1\ 3\ 5]$이고 임계치가 1인 경우

(c) 입력 $\mathbf{x} = [1\ 2\ 3]$이고 임계치가 2인 경우

(d) 입력 $\mathbf{x} = [1\ 3\ 5]$이고 임계치가 2인 경우

3.9 그림과 같은 신경망 모델에서 뉴런의 출력을 구하라.

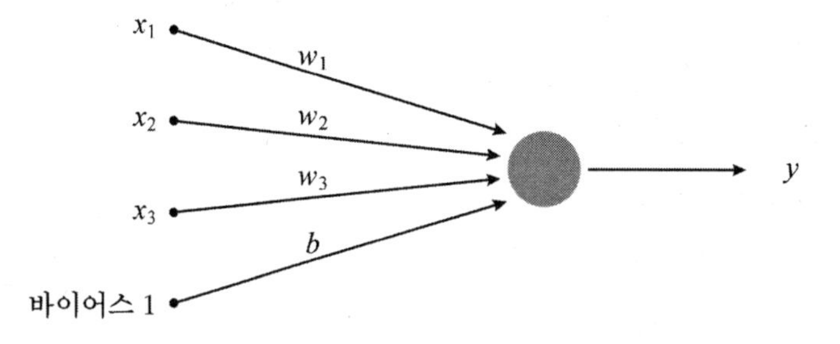

(a) 입력 $\mathbf{x} = [3\ 1\ 2]$, 연결 강도 $\mathbf{w} = [1\ 1\ 2]$, 바이어스의 연결 강도 $b = -0.3$, 임계치 $T = 5$인 경우

(b) 입력 $\mathbf{x} = [2\ 5\ 1]$, 연결 강도 $\mathbf{w} = [0.5\ 1\ -2]$, 바이어스의 연결 강도 $b = -0.7$, 임계치 $T = 3$인 경우

(c) 입력 $\mathbf{x} = [1\ 2\ 3]$, 연결 강도 $\mathbf{w} = [3\ 2\ -1]$, 바이어스의 연결 강도 $b = -0.1$, 임계치 $T = 4$인 경우

(d) 입력 $\mathbf{x} = [1\ 1\ 1]$, 연결 강도 $\mathbf{w} = [0.5\ 1\ -0.5]$, 바이어스의 연결 강도 $b = -1$, 임계치 $T = 0$인 경우

3.10 McCulloch-Pitts 모델에서 사용한 가설에 대하여 기술하라.

3.11 다음은 McCulloch-Pitts 모델에 대한 설명이다. 잘못된 것은?

① AND, OR 등의 논리 연산이 가능하다.

② 뉴런은 활성화되거나 활성화되지 않는 두 가지 상태라는 가설을 적용한다.

③ 어떠한 억제성 시냅스라도 여기되면 뉴런이 활성화되지 못한다는 가설을 적용한다.

④ 특정 목적에 사용하기 위해서는 연결 강도를 변경시키는 학습 과정이 요구된다.

3.12 McCulloch-Pitts 모델을 이용한 아래의 신경망으로 XOR 연산이 가능함을 검증하라.

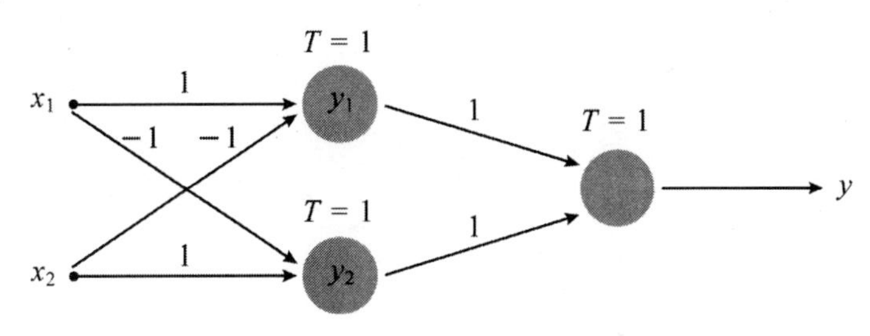

3.13 McCulloch-Pitts 모델을 이용하여 NAND, NOR 게이트를 설계하라.

3.14 McCulloch-Pitts 모델을 이용하여 2입력 1비트 덧셈이 가능한 반가산기를 설계하라.

3.15 그림과 같은 피부의 냉열 인지 모델에서 다음과 같은 경우의 최종 출력은?

(a) 차가운 자극이 1 단위시간 동안만 입력되는 경우

(b) 차가운 자극이 2 단위시간 동안 지속되는 경우

(c) 뜨거운 자극이 1 단위시간 동안만 입력되는 경우

(d) 뜨거운 자극이 2 단위시간 동안 지속되는 경우

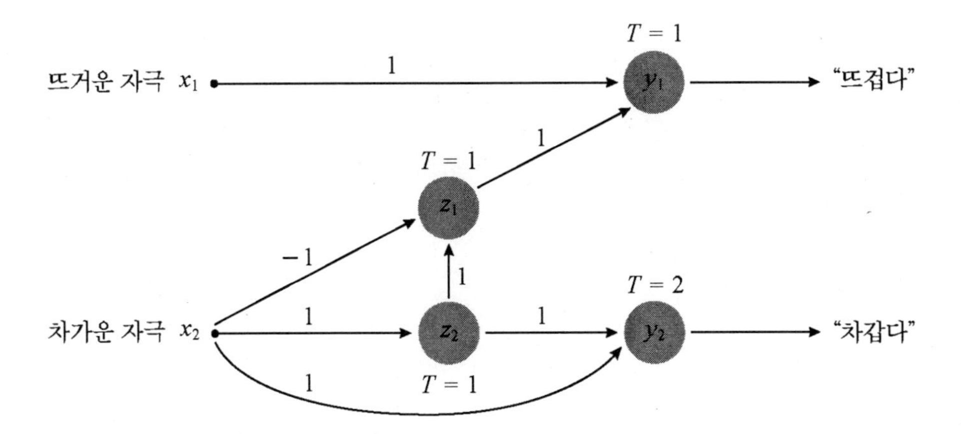

CHAPTER **04**

신경망의 구조와 학습

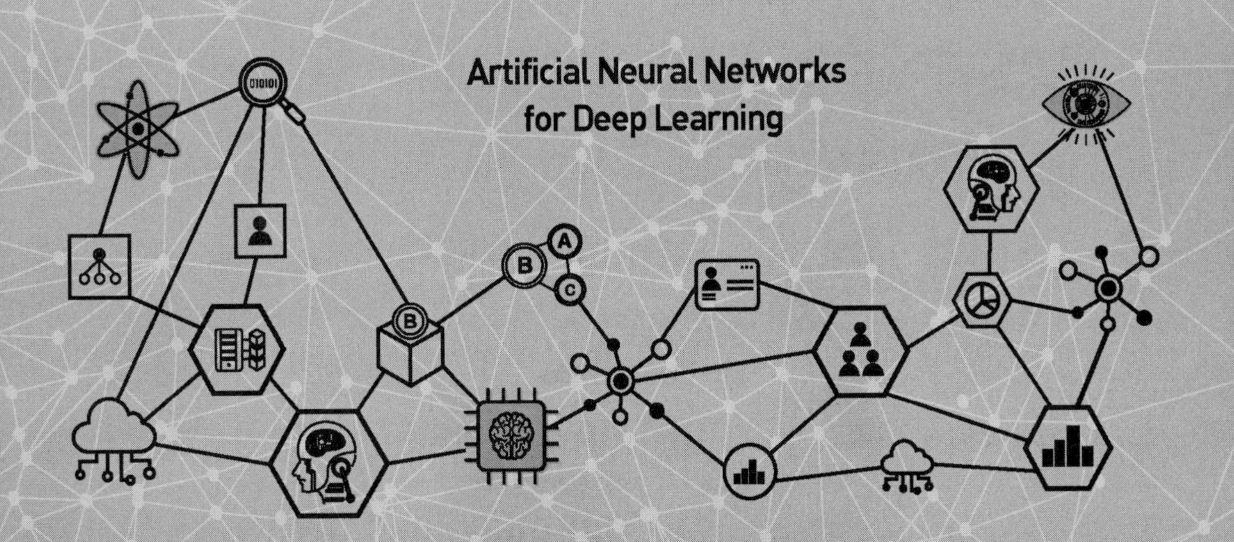

4.1 신경망의 구조

오늘날에도 다양한 형태의 신경망 구조들이 제안되고 있기 때문에 신경망을 올바르게 이해하여 자신이 원하는 응용 목적에 적합한 신경망 구조를 선택할 수 있는 능력을 기르는 것이 중요하다. 이 절에서는 분류 방법에 따른 신경망의 구조에 대하여 알아본다.

일반적으로 신경망을 구성하고 있는 계층의 수와 출력 형태에 따라 다음과 같이 구분할 수 있다.

- 계층의 수에 따른 분류
  - 단층 신경망
  - 다층 신경망
- 출력 형태에 따른 분류
  - 순방향 신경망
  - 순환 신경망

단층 신경망

단층 신경망은 가장 단순한 구조로서 그림 4.1과 같이 외부 입력을 받아들이는 입력층 X와 처리된 결과를 출력하는 출력층 Y로 구성된다.

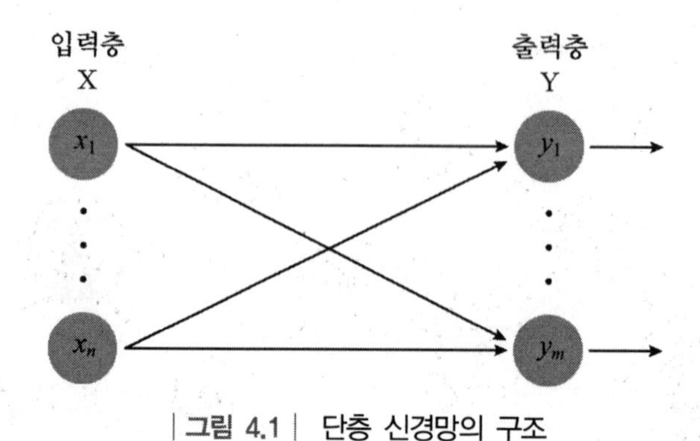

| 그림 4.1 | 단층 신경망의 구조

예제 4.1 :: 다음과 같은 패턴들을 입력받아 2가지 유형으로 분류하는 단층 신경망을 설계하라.

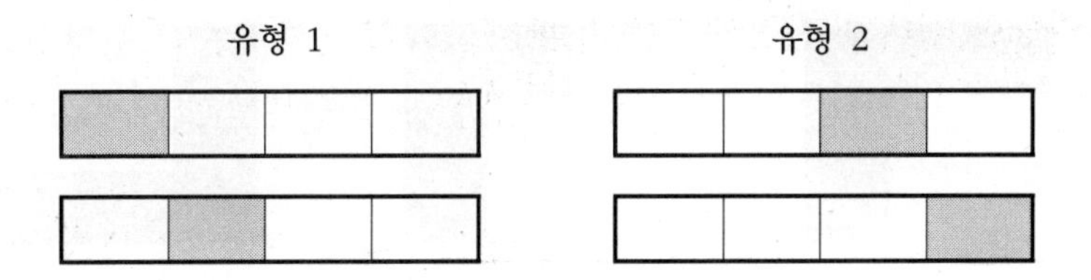

풀이 • 입력층 설계 :
일반적으로 어떤 패턴을 신경망에 입력시키려면 패턴의 화소들이 신경망의 입력층 뉴런들과 1:1 매핑되어야 한다. 따라서, 입력되는 패턴들이 4개의 화소로 구성되어 있으므로 입력층에는 4개의 뉴런을 배치한다.

• 출력층 설계 :
원하는 최종 결과의 유형과 신경망의 출력층 뉴런들이 1:1 매핑되어야 한다. 따라서, 신경망에 입력된 패턴들이 2가지 유형으로 분류되어야 하므로 출력층에는 2개의 뉴런을 배치한다.

• 패턴을 2가지 유형으로 분류하는 단층 신경망 설계 :
입력층의 뉴런이 4개이고 출력층의 뉴런이 2개이며, 입력층과 출력층의 모든 뉴런들을 상호 연결한 다음과 같은 단층 신경망을 설계할 수 있다.

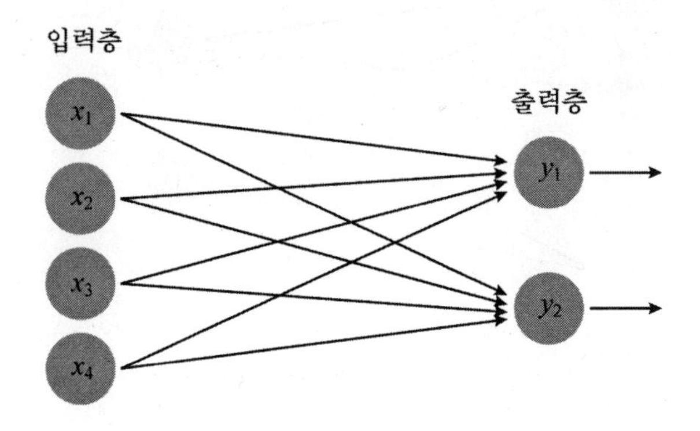

예제 4.2 :: 다음과 같은 패턴들을 입력받아 2가지 유형으로 분류하는 단층 신경망을 설계하라.

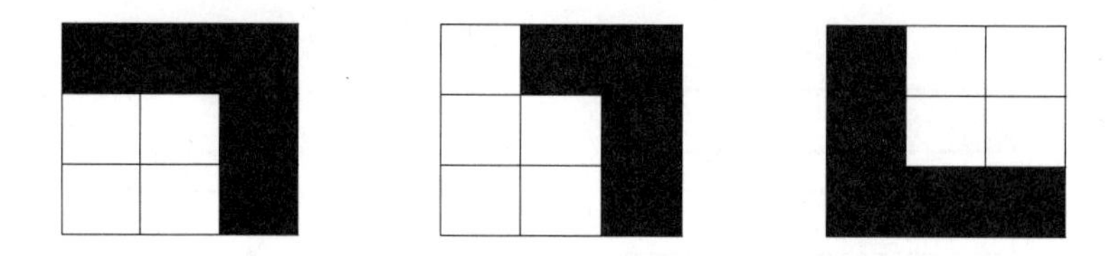

풀이 • 입력층 설계 :

입력되는 패턴들이 9개의 화소로 구성되어 있으므로 입력층에는 9개의 뉴런을 배치한다.

• 출력층 설계 :

신경망에 입력된 패턴들이 2가지 유형으로 분류되어야 하므로 출력층에는 2개의 뉴런을 배치한다.

• 패턴을 2가지 유형으로 분류하는 단층 신경망 설계 :

입력층의 뉴런이 9개이고 출력층의 뉴런이 2개이며, 입력층과 출력층의 모든 뉴런들을 상호 연결한 다음과 같은 단층 신경망을 설계할 수 있다.

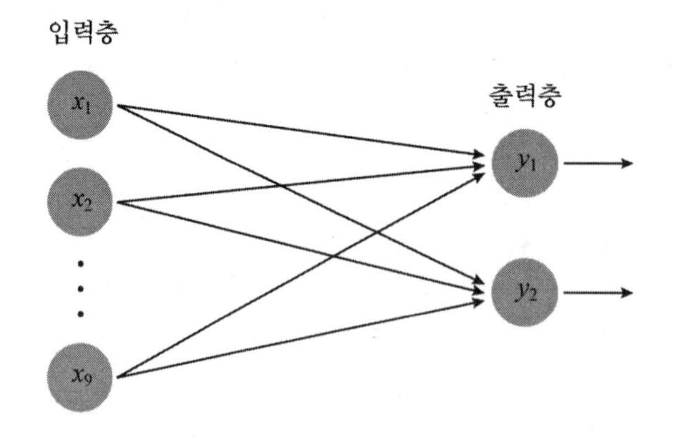

다층 신경망

다층 신경망은 여러 계층으로 구성된 신경망 구조이다. 일반적으로 가장 널리 사용되는 것은 3계층 구조이며, 그 구조는 그림 4.2와 같다.

- **입력층** X : 외부 입력을 받아들이는 계층이다.
- **출력층** Y : 처리된 결과가 출력되는 계층이다.
- **은닉층** Z : 입력층과 출력층 사이에 위치하여 외부로 나타나지 않는 계층이다.

대부분의 응용에서는 3계층 신경망 구조를 사용하고 있지만 딥러닝에 사용되는 컨볼루션 신경망의 경우에는 은닉층의 수가 매우 많은 다계층 구조를 사용하고 있다.

다층 신경망 구조에서는 입력층의 입력에 따라 은닉층의 출력이 나오며, 은닉층의 출력은 다시 출력층에 입력되어 최종 출력이 나오게 된다.

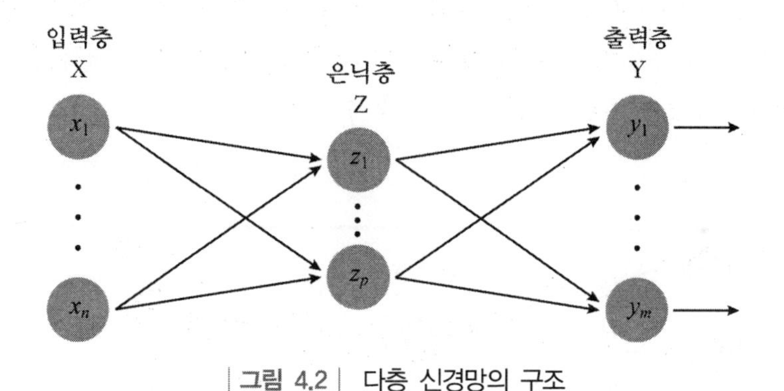

| 그림 4.2 | 다층 신경망의 구조

예제 4.3 :: 다음과 같은 패턴들을 입력받아 3가지 유형으로 분류하는 3계층 신경망을 설계하라.

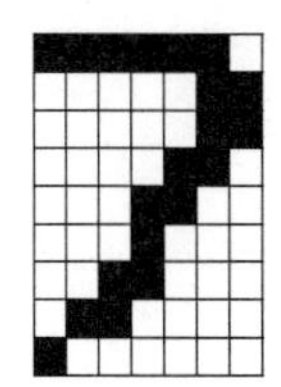
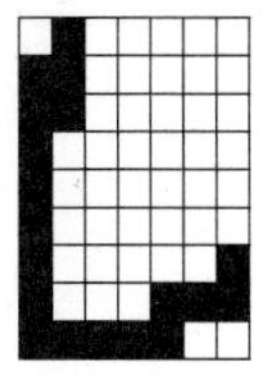
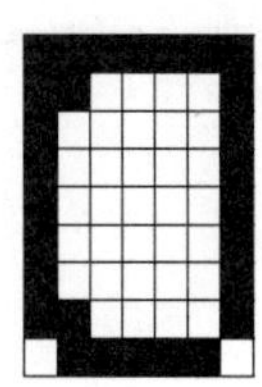

풀이 • 입력층 설계 :
입력되는 패턴들이 63개의 화소로 구성되어 있으므로 단층 신경망에서와 마찬가지로 입력층에는 63개의 뉴런을 배치한다.

• 은닉층 설계 :
일반적으로 은닉층에 몇 개의 뉴런을 배치하는 것이 좋은지에 대한 명확한 기준이 없으므로 여기서는 일단 은닉층에 2개의 뉴런을 배치한다.

• 출력층 설계 :
신경망에 입력된 패턴들이 3가지 유형으로 분류되어 출력되어야 하므로 단층 신경망에서와 마찬가지로 출력층에는 3개의 뉴런을 배치한다.

• 패턴을 3가지 유형으로 분류하는 3계층 신경망 설계 :
입력층의 뉴런이 63개, 은닉층의 뉴런이 2개, 출력층의 뉴런이 3개이며, 입력층과 은닉층의 모든 뉴런들을 상호 연결하고, 은닉층과 출력층의 모든 뉴런들을 상호 연결한 다음과 같은 3계층 신경망을 설계할 수 있다.

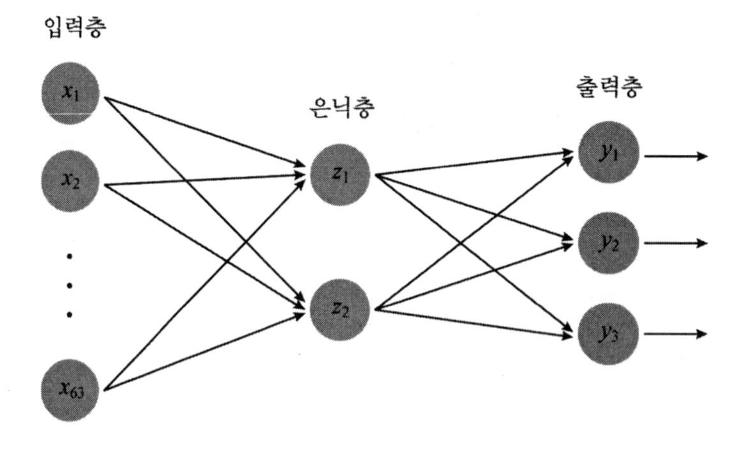

신경망의 응용

그림 4.3과 같이 단층 신경망은 일반적으로 선형 분리 가능한 응용에 적용되고, 다층 신경망은 임의 유형의 분류가 가능하므로 보다 다양한 분야에 응용될 수 있다.

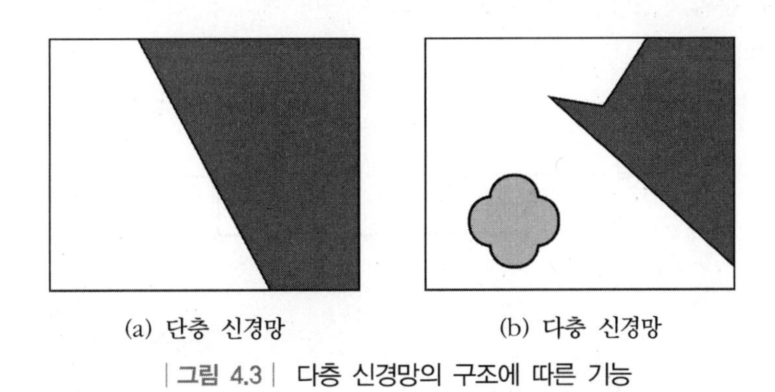

| 그림 4.3 | 다층 신경망의 구조에 따른 기능

순방향 신경망

순방향 신경망 구조는 그림 4.4와 같이 신경망의 출력이 단지 입력에만 관련되며, 신속한 출력을 얻을 수 있는 장점이 있다. 순방향 신경망은 문자 인식, 영상 인식, 자동차 주행 제어 등을 비롯하여 거의 대부분의 응용에 사용되고 있다.

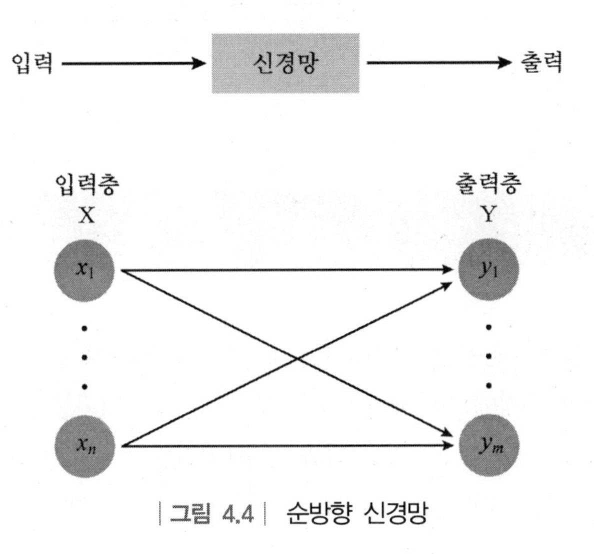

| 그림 4.4 | 순방향 신경망

순환 신경망

순환 신경망 구조는 그림 4.5와 같이 신경망의 출력이 다시 입력 측에 귀환되어 새로운 출력이 나오는 형태이다. 따라서, 순환 신경망은 최종 출력을 얻는 데 상당한 시간이 소요되기도 한다. 순환 신경망은 연상, 언어 번역, 자연어 처리 등 특정 분야에만 제한적으로 사용되고 있다.

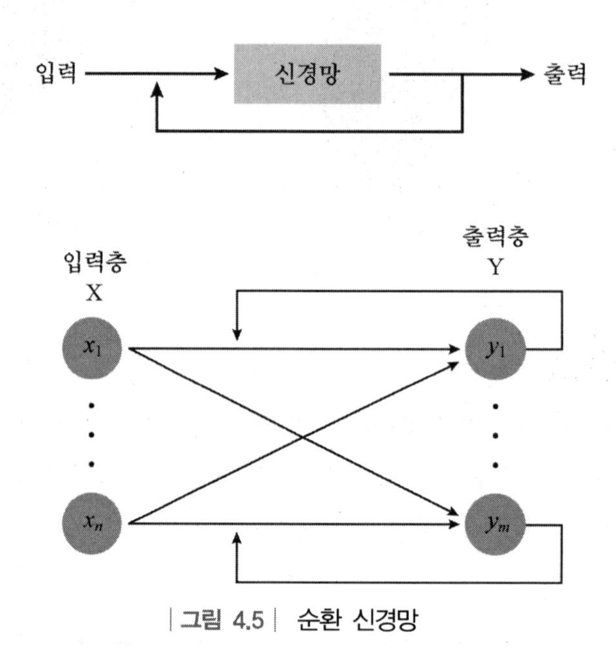

| 그림 4.5 | 순환 신경망

4.2 신경망의 학습

신경망을 특정 분야에 응용하기 위해서는 학습이 선행되어야 한다. 신경망에서 학습이라 함은 특정한 응용 목적에 적합하도록 뉴런 간의 연결 강도(가중치)를 적응시키는 과정을 말한다. 신경망의 학습 방법은 지도 학습, 자율(비지도) 학습, 경쟁식 학습으로 구분할 수 있으며, 이 절에서는 일반적인 학습 절차와 연결 강도를 변경하는 매카니즘에 대하여 알아본다.

지도 학습

지도 학습 방법은 그림 4.6과 같이 신경망을 학습시키는 데 있어서 반드시 입력과 원하는 목표치의 짝이 필요하며, 이를 학습 패턴쌍이라고 한다. 지도 학습의 일반적인 학습 절차는 다음과 같다.

- **단계 1** : 응용 목적에 적합한 신경망 구조를 설계한다.
- **단계 2** : 연결 강도를 초기화한다.
- **단계 3** : 학습 패턴쌍을 입력하여 신경망의 출력을 구한다.
- **단계 4** : 출력과 목표치를 비교하여 오차를 계산한다.
- **단계 5** : 오차를 학습 신호 발생기에 입력하여 연결 강도의 변화량을 계산한다.
- **단계 6** : 연결 강도를 변경한다.
- **단계 7** : 변경된 연결 강도에 대하여 단계 3 ~ 단계 6을 반복한다.
- **단계 8** : 더 이상 연결 강도가 변하지 않으면 학습을 종료한다.

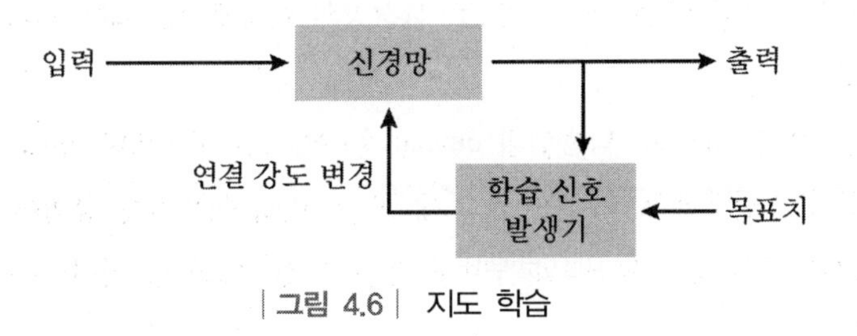

| 그림 4.6 | 지도 학습

자율 학습

자율 학습 방법은 비지도 학습이라고도 하며, 그림 4.7과 같이 신경망을 학습시키는 데 목표치가 필요 없는 방법이다. 자율 학습의 일반적인 학습 절차는 다음과 같다.

- **단계 1** : 응용 목적에 적합한 신경망 구조를 설계한다.
- **단계 2** : 연결 강도를 초기화한다.
- **단계 3** : 학습 패턴을 입력하여 신경망의 출력을 구한다.
- **단계 4** : 출력을 학습 신호 발생기에 입력하여 연결 강도의 변화량을 계산한다.

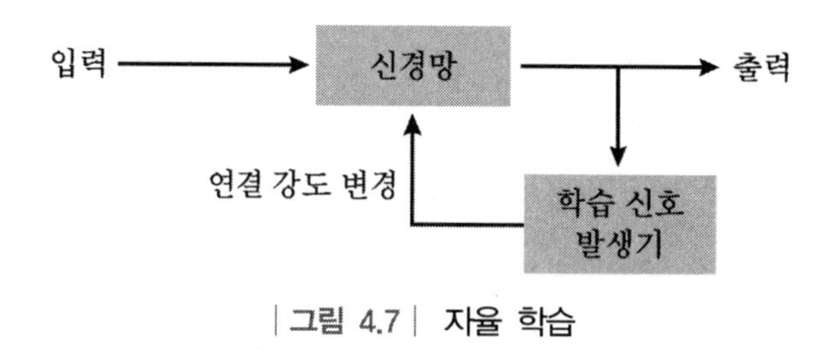

| 그림 4.7 | 자율 학습

- **단계 5** : 연결 강도를 변경한다.
- **단계 6** : 변경된 연결 강도에 대하여 단계 3 ~ 단계 5를 반복한다.
- **단계 7** : 더 이상 연결 강도가 변하지 않으면 학습을 종료한다.

◯ 경쟁식 학습

경쟁식 학습 방법은 지도 학습 방법과 동일한 절차이지만 각 단계에서 전체 연결 강도를 변경시키지 않고 단지 특정 부분의 연결 강도만을 변경시키는 방법이다. 이 방법은 연결 강도를 변경시키는 과정이 축소되므로 신경망의 학습에 소요되는 시간을 상당히 단축시킬 수 있다.

경쟁식 학습 방법은 instar 학습법과 outstar 학습법으로 구분된다. instar 학습법은 그림 4.8과 같이 특정 뉴런으로 들어가는 연결 강도만을 변경하는 학습 방법이며, outstar 학습법은 그림 4.9와 같이 특정 뉴런으로부터 나가는 연결 강도만을 변경하는 학습 방법이다.

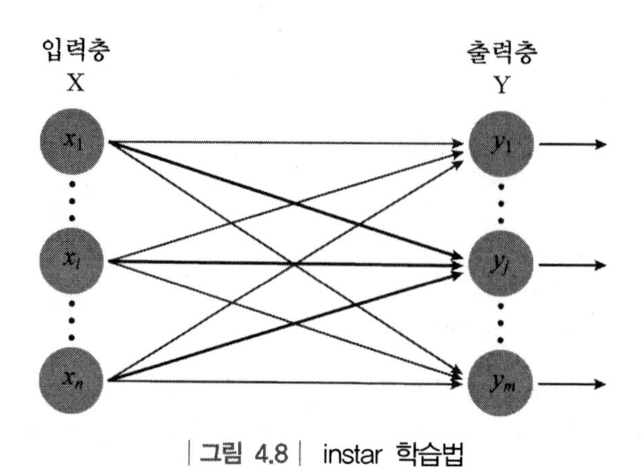

| 그림 4.8 | instar 학습법

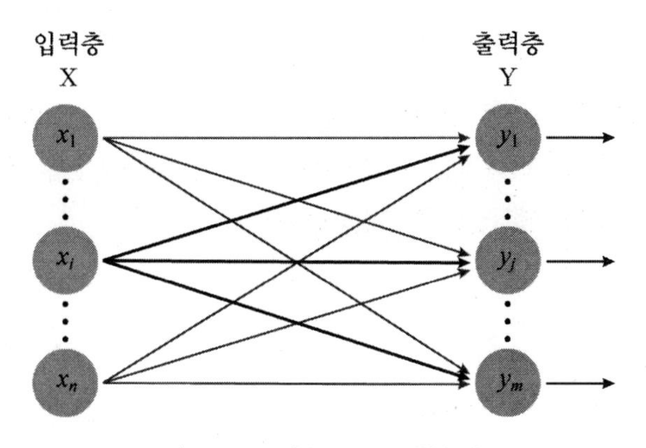

| 그림 4.9 | outstar 학습법

예제 4.4 :: 입력층과 출력층의 뉴런수가 각각 4, 3인 단층 신경망을 outstar 학습법을 이용하여 학습하고자 한다. 만약, 입력층 뉴런들의 출력이 각각 1, 0, 0, 0이면 어떤 연결 강도를 변경하는가?

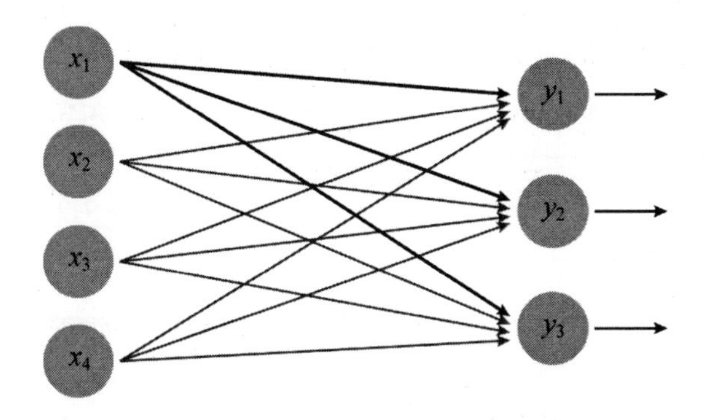

풀이 outstar 학습법을 이용하여 신경망을 학습시키기 위해서는 출력이 최대인 winner 뉴런을 찾아야 하는데 이 경우에는 x_1이 winner 뉴런이다.
따라서, winner 뉴런인 x_1에서 출력층 뉴런들로 나가는 연결 강도(그림에서 진하게 표시한 부분)만을 변경한다.

예제 4.5 :: 입력층, 은닉층, 출력층의 뉴런수가 각각 4, 2, 3인 3계층 신경망을 경쟁식 학습법을 이용하여 학습하고자 한다. 만약, 은닉층 뉴런들의 출력이 각각 1, 0이면 어떤 연결 강도를 변경하는가?

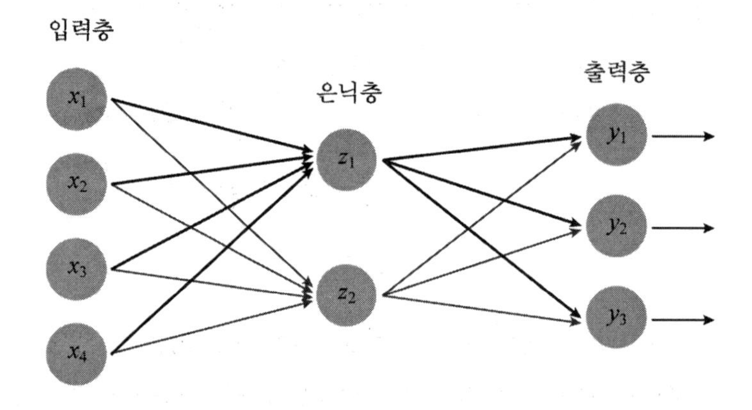

풀이 3계층 신경망을 경쟁식 학습법으로 학습시키는 경우에는 은닉층의 winner 뉴런을 찾은 다음, winner 뉴런과 입력층 뉴런들 간의 연결 강도는 instar 학습법, winner 뉴런과 출력층 뉴런들 간의 연결 강도는 outstar 학습법으로 학습한다. 이 경우에는 은닉층의 z_1이 winner 뉴런이므로 그림에서 진하게 표시한 연결 강도만을 변경한다.

○ 연결 강도 변경 매카니즘

신경망의 학습은 연결 강도 **w**를 변경시키는 과정이며, 일반적으로 연결 강도의 변화량 Δ**w**는 그림 4.10과 같이 학습률 η, 학습 신호 γ, 학습 입력 패턴 **x**가 관련되므로 학습 과정에서의 연결 강도 변화량 Δ**w**는 다음과 같이 표현할 수 있다.

$$\Delta \mathbf{w} = \eta \gamma \mathrm{x} \tag{4.1}$$

따라서, $k+1$ 단계 학습 과정에서의 연결 강도 $\mathbf{w}^{k+1}$은 다음과 같다.

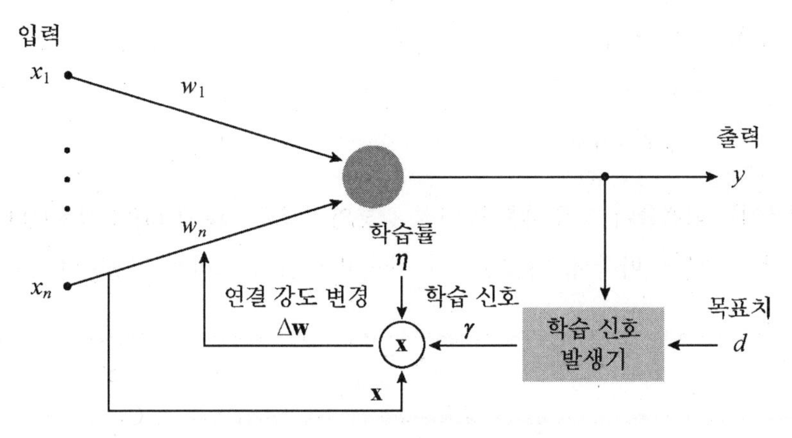

| 그림 4.10 | 연결 강도 변경 매카니즘

$$\mathbf{w}^{\mathbf{k+1}} = \mathbf{w}^{\mathbf{k}} + \Delta \mathbf{w} \tag{4.2}$$

예제 4.6 :: 학습 패턴 $\mathbf{x} = [1\ 0\ 1]$이 입력될 때, 학습 신호 γ가 2라면 연결 강도의 변화량 $\Delta\mathbf{w}$는 얼마인가?

(a) 학습률이 1인 경우

(b) 학습률이 0.3인 경우

풀이 · (a)의 경우 :

학습률이 1이므로 학습 패턴 $\mathbf{x} = [1\ 0\ 1]$이 입력될 경우의 연결 강도의 변화량 $\Delta\mathbf{w}$는 식 (4.1)에 의해 구할 수 있다.

$$\begin{aligned} \Delta\mathbf{w} &= \eta\gamma\mathbf{x} \\ &= 1 \times 2 \times [1\ 0\ 1] \\ &= [2\ 0\ 2] \end{aligned}$$

· (b)의 경우 :

학습률이 0.3이므로 학습 패턴 $\mathbf{x} = [1\ 0\ 1]$가 입력될 경우의 연결 강도의 변화량 $\Delta\mathbf{w}$는 마찬가지 방법으로 구할 수 있다.

$$\begin{aligned}\Delta \mathbf{w} &= \eta\gamma\mathbf{x} \\ &= 0.3 \times 2 \times [1\ 0\ 1] \\ &= [0.6\ 0\ 0.6]\end{aligned}$$

이 경우에는 학습률이 작기 때문에 연결 강도의 변화량 $\Delta\mathbf{w}$가 (a)의 경우보다 작아짐을 알 수 있다. 따라서, 학습률 η가 작으면 학습이 느리게 진행된다.

예제 4.7 :: 학습률 η가 1인 경우, 학습 패턴 $\mathbf{x} = [0\ 0\ 1]$이 입력되면 연결 강도의 변화량는 얼마인가? 단, 실제 출력과 목표치의 차이를 학습 신호로 사용한다.

(a) 목표치가 0이고, 출력이 0인 경우
(b) 목표치가 0이고, 출력이 1인 경우
(c) 목표치가 1이고, 출력이 0인 경우
(d) 목표치가 1이고, 출력이 1인 경우

풀이 · (a)의 경우 :
학습 신호 γ는 목표치 d와 실제 출력 y의 차이라고 하였으므로,

$$\begin{aligned}\gamma &= d - y \\ &= 0 - 0 \\ &= 0\end{aligned}$$

이며, 연결 강도의 변화량 $\Delta\mathbf{w}$는 다음과 같다.

$$\begin{aligned}\Delta \mathbf{w} &= \eta\gamma\mathbf{x} \\ &= 1 \times 0 \times [0\ 0\ 1] \\ &= [0\ 0\ 0]\end{aligned}$$

따라서, 원하는 목표치(0)와 출력(0)이 동일하기 때문에 연결 강도를 변경하지 않음을 알 수 있다.

· (b)의 경우 :

학습 신호 γ는 다음과 같다.

$$\begin{aligned}\gamma &= d - y \\ &= 0 - 1 \\ &= -1\end{aligned}$$

따라서, 연결 강도의 변화량 $\Delta\mathbf{w}$는 다음과 같다.

$$\begin{aligned}\Delta\mathbf{w} &= \eta\gamma\mathbf{x} \\ &= 1 \times (-1) \times [0\ 0\ 1] \\ &= [0\ \ 0\ -1]\end{aligned}$$

이 경우에는 목표치(0)와 출력(1)이 다르기 때문에 연결 강도를 변경한다.

· (c)의 경우 :

학습 신호 γ는 다음과 같다.

$$\begin{aligned}\gamma &= d - y \\ &= 1 - 0 \\ &= 1\end{aligned}$$

따라서, 연결 강도의 변화량 $\Delta\mathbf{w}$는 다음과 같다.

$$\begin{aligned}\Delta\mathbf{w} &= \eta\gamma\mathbf{x} \\ &= 1 \times 1 \times [0\ 0\ 1] \\ &= [0\ 0\ 1]\end{aligned}$$

이 경우에는 목표치(1)와 출력(0)이 다르기 때문에 연결 강도를 변경한다.

· (d)의 경우 :

원하는 목표치(1)와 출력(1)이 동일하기 연결 강도를 변경하지 않는다.

예제 4.8 :: 학습하는 과정에 있어서 현 단계의 연결 강도가 $\mathbf{w} = [0.2\ 0.5\ 0.3]$인 경우, 목표치가 1인 학습 패턴 $\mathbf{x} = [0\ 0\ 1]$을 신경망에 입력한 결과, −1이 출력되었다. 이때의 연결 강도의 변화량 $\Delta\mathbf{w}$와 다음 학습 단계에서의 연결 강도 $\mathbf{w}$를 구하라. 단, 학습률은 1이고, 학습 신호는 목표치와 출력의 차이이다.

풀이 연결 강도의 변화량 $\Delta\mathbf{w}$는 다음과 같다.

$$\begin{aligned}\Delta\mathbf{w} &= \eta\gamma\mathbf{x} \\ &= \eta(d - y)\mathbf{x} \\ &= 1 \times \{1 - (-1)\} \times [0\ 0\ 1] \\ &= [0\ 0\ 2]\end{aligned}$$

따라서, 다음 학습 단계에서의 연결 강도 $\mathbf{w}$는 식 (4.2)에 의해 다음과 같다.

$$\begin{aligned}\mathbf{w} &= [0.2\ 0.5\ 0.3] + [0\ 0\ 2] \\ &= [0.2\ 0.5\ 2.3]\end{aligned}$$

연습문제

4.1 3계층 신경망에 있어서 각 계층의 명칭과 그 기능에 대하여 기술하라.

4.2 신경망 모델은 계층의 수에 따라 단층 구조와 다층 구조로 분류할 수 있다. 이들의 구조와 기능에 대하여 기술하라.

4.3 다음과 같은 패턴들을 입력받아 2가지 유형으로 분류할 수 있는 단층 신경망을 설계하라.

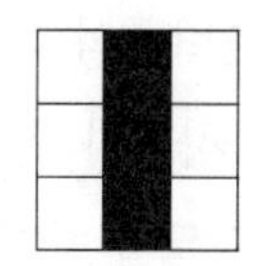

4.4 다음과 같은 패턴들을 입력받아 2가지 유형으로 분류할 수 있는 3계층 신경망을 설계하라. 단, 은닉층의 뉴런은 4개이다.

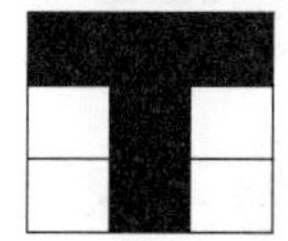
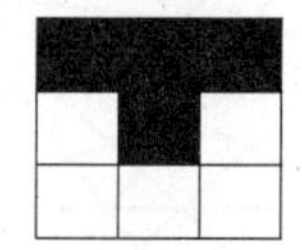

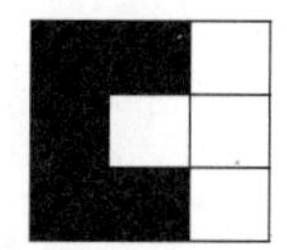

4.5 신경망 모델은 출력 형태에 따라 순방향 구조와 순환 구조로 분류할 수 있다. 이들의 구조를 도시하라.

4.6 신경망을 학습시킨 다음 실제로 응용할 때 최종 출력을 얻는 데 있어서 순방향 신경망과 순환 신경망의 차이점은 무엇인가?

4.7 신경망에 있어서 학습이란 무엇을 의미하는가?

4.8 지도 학습에 있어서 입력 패턴과 원하는 목표치의 짝을 무엇이라고 하는가?

4.9 지도 학습 방법의 학습 절차에 대하여 기술하라.

4.10 자율 학습 방법의 학습 절차에 대하여 기술하라.

4.11 경쟁식 학습 방법에는 instar 학습법과 outstar 학습법이 있다. 이들의 차이점은 무엇인가?

4.12 경쟁식 학습 방법에 있어서 winner 뉴런이란 무엇을 말하는가?

4.13 그림과 같이 입력층, 은닉층, 출력층의 뉴런수가 각각 6, 5, 3인 3계층 신경망을 경쟁식 학습법을 이용하여 학습하고자 한다. 만약, 은닉층 뉴런들의 출력이 각각 1, 3, 5, 3, 1이면 어떤 연결 강도를 변경하는가?

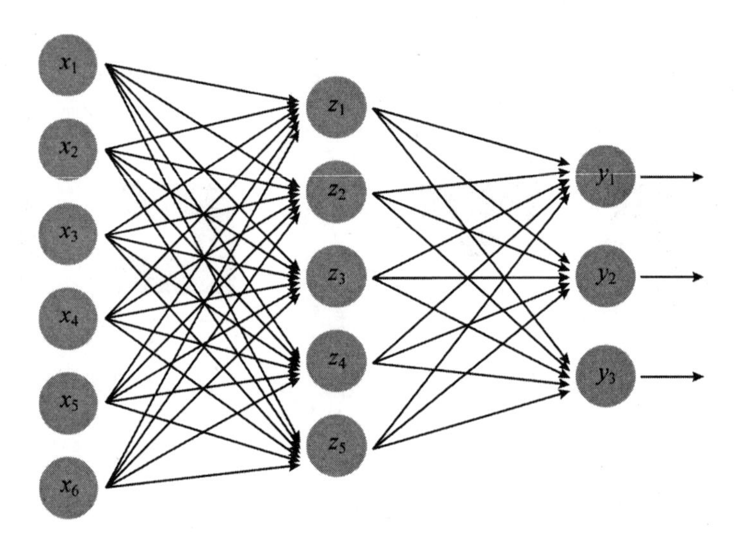

4.14 신경망의 학습에 있어서 학습률이 η, 학습 신호가 γ, 학습 입력 패턴이 $\mathbf{x}$인 경우에 연결 강도 변화량 $\Delta\mathbf{w}$는?

4.15 학습 패턴[1 0 1]이 입력될 경우, 학습 신호가 2라면 연결 강도 변화량은? 단, 학습률은 1이다.

① [1 0 1] ② [2 0 2] ③ [0 1 0] ④ [0 2 0]

4.16 다음과 같은 학습 패턴이 입력될 때 학습 신호가 1이면 연결 강도의 변화량은?

학습 패턴

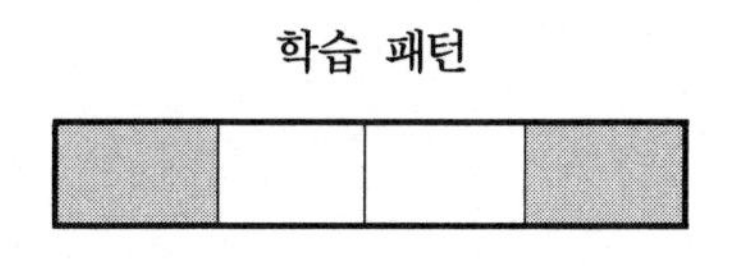

(a) 학습률이 2인 경우
(b) 학습률이 1인 경우
(c) 학습률이 0.5인 경우
(d) 학습률이 0.3인 경우

4.17 목표치가 1인 다음과 같은 학습 패턴을 신경망에 입력한 결과, 0이 출력되었다. 이때의 연결 강도 변화량과 다음 학습 단계에서의 연결 강도를 구하라. 단, 학습률은 1이고, 학습 신호는 목표치와 출력의 차이이며, 현재의 연결 강도는 [0.1 0.2 0.5 -0.3 0.2 0.1 0.7 −0.1 0.6]이다.

학습 패턴

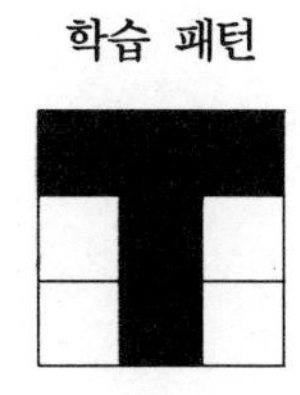

4.18 목표치가 0인 학습 패턴 [1 1 0]을 신경망에 입력한 결과, 0이 출력되었다. 학습률이 1이고 실제 출력과 목표치의 차이를 학습 신호로 사용하는 경우, 연결 강도의 변화량은 얼마인가?

① [0 0 0] ② [0 0 1] ③ [1 0 0] ④ [1 1 0]

CHAPTER 05

활성화 함수

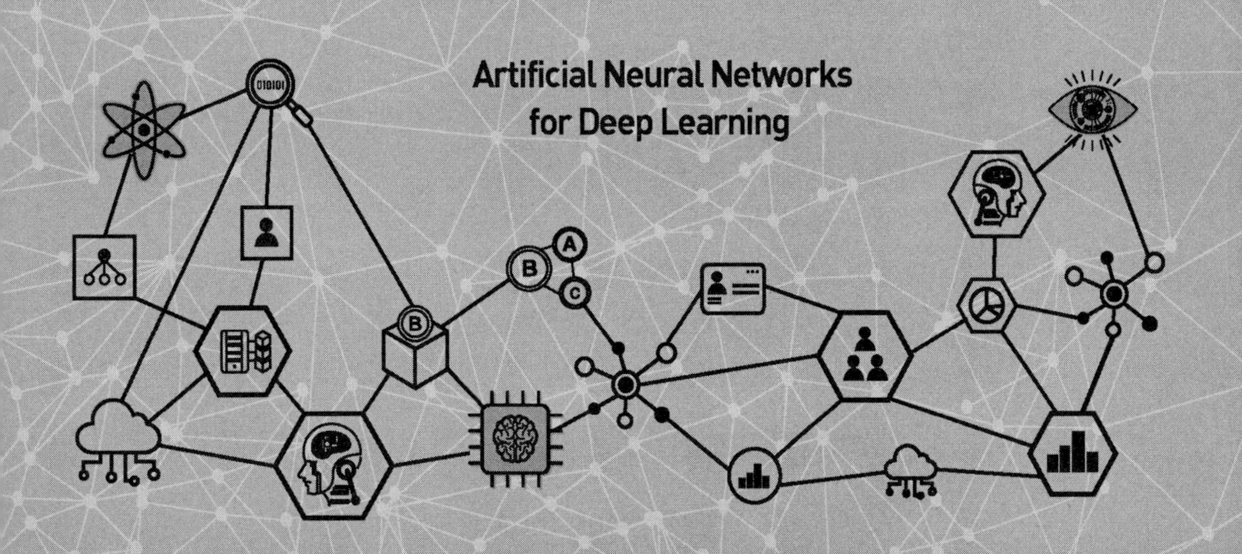

5.1 계단 함수

인공 신경망 모델에서 뉴런의 주요 기능은 입력과 연결 강도의 가중합을 구한 다음 활성화 함수에 의해 출력을 내보내는 것이다. 따라서, 어떤 활성화 함수를 선택하느냐에 따라 뉴런의 출력이 달라진다. 활성화 함수에는 계단 함수, 항등 함수, ReLU 함수, 시그모이드 함수, softmax 함수 등 다양한 함수들이 사용되고 있다. 이 절에서는 먼저 계단 함수에 대하여 알아본다.

계단 함수는 단극성 또는 양극성 이진 함수이며, 디지털 형태의 출력이 요구되는 경우에 주로 사용된다.

단극성 계단 함수

단극성 계단 함수는 그림 5.1과 같이 단극성이며, 이진 함수이다. 단극성 계단 함수를 수학적으로 표현하면 다음과 같다.

$$f(NET) = \begin{cases} 1 & : \quad NET \geq T \\ 0 & : \quad NET < T \end{cases} \tag{5.1}$$

여기서, T는 임계치이다.

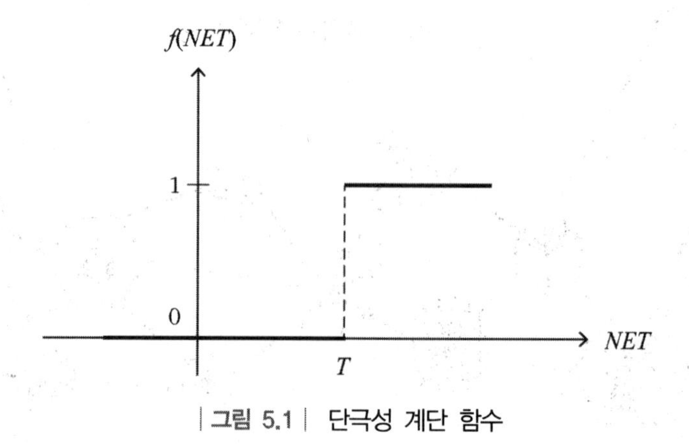

| 그림 5.1 | 단극성 계단 함수

단극성 계단 함수를 활성화 함수로 사용하면 NET 값이 임계치보다 작은 경우에는 뉴런의 출력이 0이며, NET 값이 임계치보다 크거나 같은 경우에는 뉴런의 출력이 1이다.

이제 신경망 모델에서 단극성 계단 함수를 활성화 함수로 활용하는 방법을 예를 통해 알아보자.

예제 5.1 :: 다음과 같은 신경망 모델에서 단극성 계단 함수를 활성화 함수로 사용할 경우, 뉴런의 출력은? 단, 임계치는 2이다.

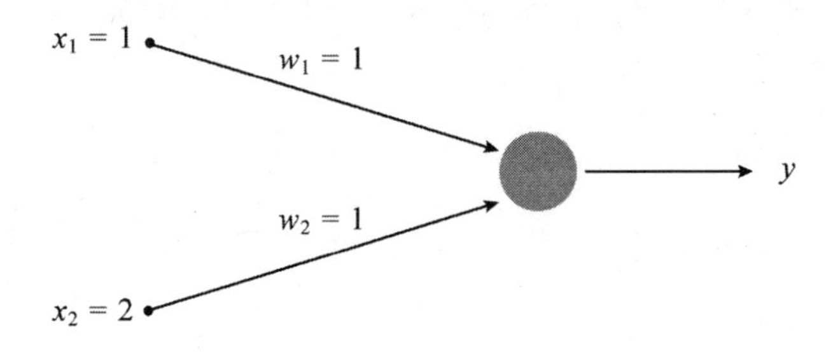

풀이 입력 벡터 $\mathbf{x} = [1\ \ 2]$, 연결 강도 $\mathbf{w} = [1\ \ 1]$이므로 뉴런의 입력 가중합 NET는 다음과 같다.

$$\begin{aligned} NET &= \mathbf{x}\mathbf{w}^{\mathrm{T}} \\ &= [1\ \ 2]\begin{bmatrix}1\\1\end{bmatrix} \\ &= 3 \end{aligned}$$

따라서, 뉴런의 출력은 다음과 같다.

$$\begin{aligned} y &= f(NET) \\ &= f(3) \\ &= 1 \end{aligned}$$

예제 5.2 :: 다음과 같은 신경망 모델에서 단극성 계단 함수를 활성화 함수로 사용할 경우, 뉴런의 출력은? 단, 임계치는 2이다.

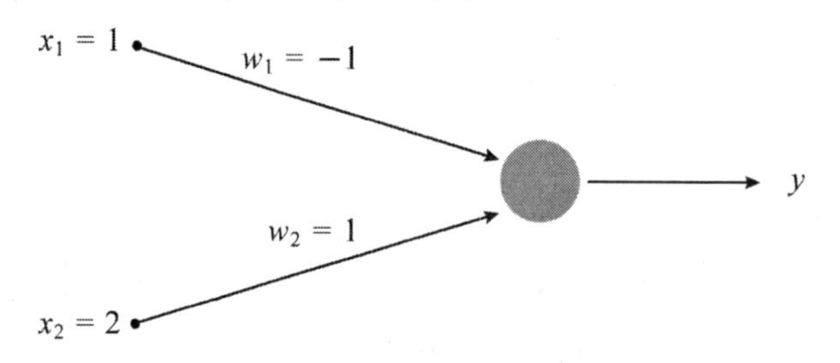

풀이 입력 벡터 $\mathbf{x} = [1 \ 2]$, 연결 강도 $\mathbf{w} = [-1 \ 1]$이므로 뉴런의 입력 가중합 NET는 다음과 같다.

$$\begin{aligned} NET &= \mathbf{x}\mathbf{w}^{\mathrm{T}} \\ &= [1 \ 2]\begin{bmatrix} -1 \\ 1 \end{bmatrix} \\ &= 1 \end{aligned}$$

따라서, 뉴런의 출력은 다음과 같다.

$$\begin{aligned} y &= f(NET) \\ &= f(1) \\ &= 0 \end{aligned}$$

예제 5.3 :: 단극성 계단 함수를 활성화 함수로 사용하는 신경망 모델에 다음과 같은 패턴이 입력될 경우, 뉴런의 출력은? 단, 임계치는 1이다.

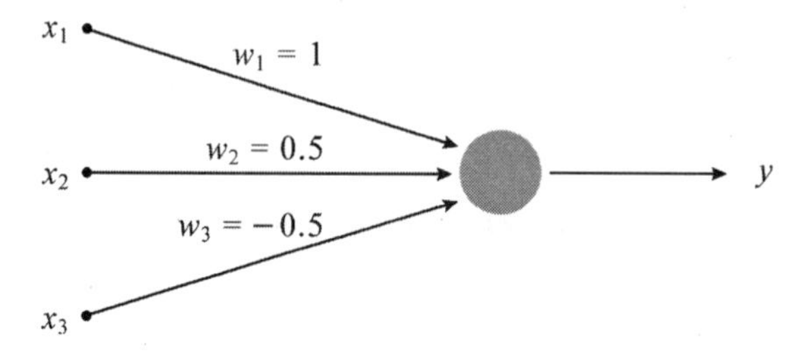

입력 패턴

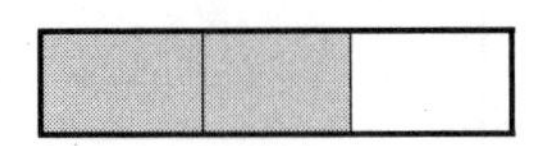

풀이 입력 벡터 $\mathbf{x} = [1\ 1\ 0]$, 연결 강도 $\mathbf{w} = [1\ 0.5\ -0.5]$이므로 뉴런의 입력 가중합 NET는 다음과 같다.

$$\begin{aligned} NET &= \mathbf{x}\mathbf{w}^{\mathrm{T}} \\ &= [1\ 1\ 0]\begin{bmatrix} 1 \\ 0.5 \\ -0.5 \end{bmatrix} \\ &= 1.5 \end{aligned}$$

따라서, 뉴런의 출력은 다음과 같다.

$$\begin{aligned} y &= f(NET) \\ &= f(1.5) \\ &= 1 \end{aligned}$$

양극성 계단 함수

양극성 계단 함수는 그림 5.2와 같이 양극성이며, 이진 함수이다. 양극성 계단 함수를 수학적으로 표현하면 다음과 같다.

$$f(NET) = \begin{cases} +1 & : NET > T \\ 0 & : NET = T \\ -1 & : NET < T \end{cases} \tag{5.2}$$

여기서, T는 임계치이다.

양극성 계단 함수를 활성화 함수로 사용하면 NET 값이 임계치보다 작은 경우에는 뉴런의 출력이 -1, 큰 경우에는 뉴런의 출력이 $+1$, 같은 경우에는 뉴런의 출력이 0이다.

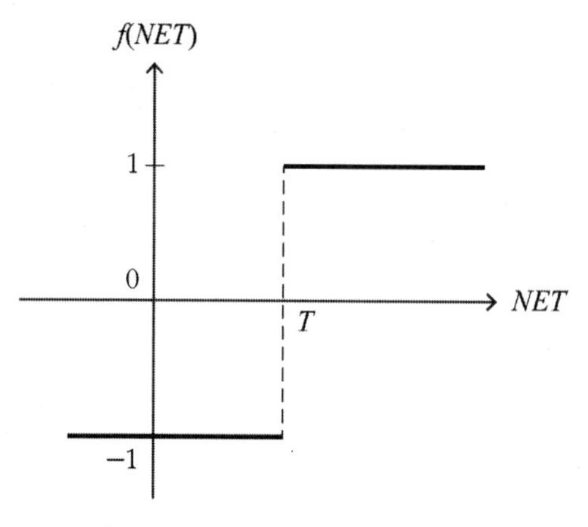

| 그림 5.2 | 양극성 계단함수

이제 신경망 모델에서 양극성 계단 함수를 활성화 함수로 활용하는 방법을 예를 통해 알아보자.

예제 5.4 :: 다음과 같은 신경망 모델에서 양극성 계단 함수를 활성화 함수로 사용할 경우, 뉴런의 출력은? 단, 임계치는 2이다.

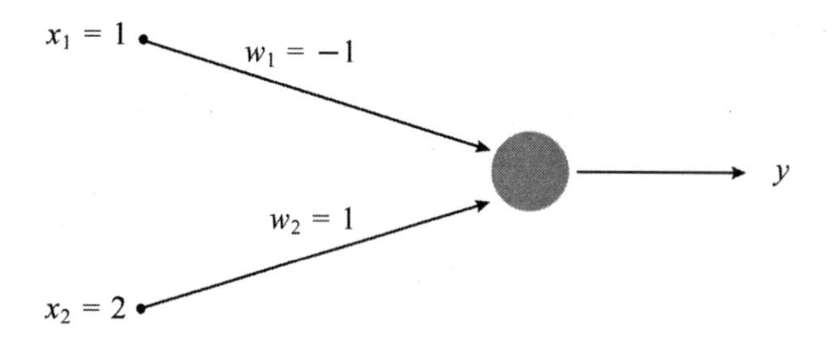

풀이 입력 벡터 $\mathbf{x} = [1 \;\; 2]$, 연결 강도 $\mathbf{w} = [-1 \;\; 1]$이므로 뉴런의 입력 가중합 NET는 다음과 같다.

$$
\begin{aligned}
NET &= \mathbf{x}\mathbf{w}^{\mathrm{T}} \\
&= [1 \;\; 2]\begin{bmatrix} -1 \\ 1 \end{bmatrix} \\
&= 1
\end{aligned}
$$

따라서, 뉴런의 출력은 다음과 같다.

$$\begin{aligned} y &= f(NET) \\ &= f(1) \\ &= -1 \end{aligned}$$

예제 5.5 :: 양극성 계단 함수를 활성화 함수로 사용하는 신경망 모델에 다음과 같은 패턴이 입력될 경우, 뉴런의 출력은? 단, 임계치는 1이다.

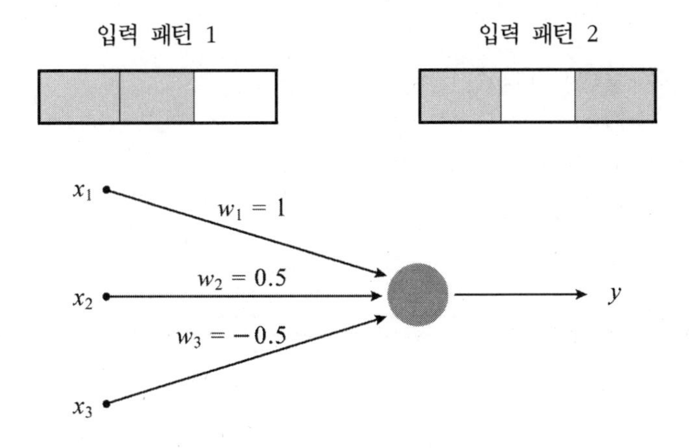

풀이 • 첫 번째 패턴의 경우 :
입력 벡터 $\mathbf{x} = [1\ 1\ 0]$, 연결 강도 $\mathbf{w} = [1\ 0.5\ \ -0.5]$이므로 뉴런의 입력 가중합 NET는 다음과 같다.

$$\begin{aligned} NET &= \mathbf{x}\mathbf{w}^{\mathrm{T}} \\ &= [1\ 1\ 0]\begin{bmatrix} 1 \\ 0.5 \\ -0.5 \end{bmatrix} \\ &= 1.5 \end{aligned}$$

따라서, 뉴런의 출력은 다음과 같다.

$$\begin{aligned} y &= f(NET) \\ &= f(1.5) \\ &= 1 \end{aligned}$$

• 두 번째 패턴의 경우 :

입력 벡터 $\mathbf{x} = [1\ \ 0\ \ 1]$, 연결 강도 $\mathbf{w} = [1\ \ 0.5\ \ -0.5]$이므로 뉴런의 입력 가중합 NET는 다음과 같다.

$$\begin{aligned} NET &= \mathbf{x}\mathbf{w}^{\mathrm{T}} \\ &= [1\ 0\ 1]\begin{bmatrix} 1 \\ 0.5 \\ -0.5 \end{bmatrix} \\ &= 0.5 \end{aligned}$$

따라서, 뉴런의 출력은 다음과 같다.

$$\begin{aligned} y &= f(NET) \\ &= f(0.5) \\ &= -1 \end{aligned}$$

5.2 항등 함수

항등 함수는 그림 5.3과 같이 양극성이며, 선형 연속 함수이다. 항등 함수를 수학적으로 표현하면 다음과 같다.

$$f(NET) = NET \tag{5.3}$$

항등 함수를 활성화 함수로 사용하면 뉴런의 입력 가중합 즉, NET 값이 그대로 출력된다.

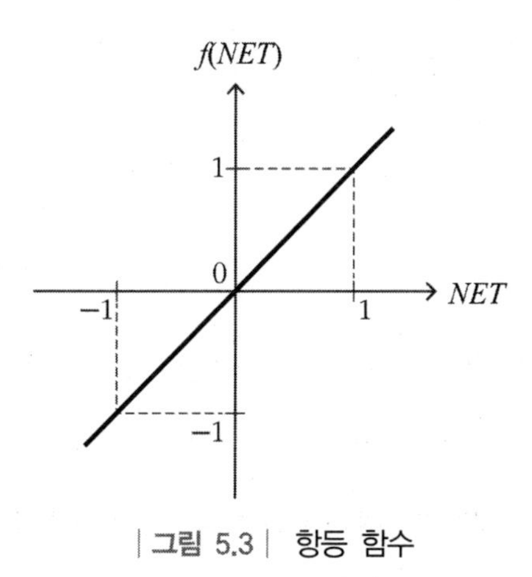

| 그림 5.3 | 항등 함수

이제 신경망 모델에서 항등 함수를 활성화 함수로 활용하는 방법을 예를 통해 알아보자.

예제 5.6 :: 다음과 같은 신경망 모델에서 항등 함수를 활성화 함수로 사용할 경우, 뉴런의 출력은?

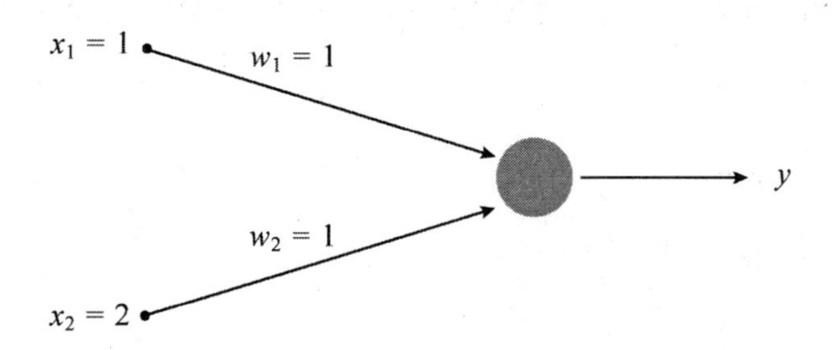

풀이 입력 벡터 $\mathbf{x} = [1 \ 2]$, 연결 강도 $\mathbf{w} = [1 \ 1]$이므로 뉴런의 입력 가중합 NET는 다음과 같다.

$$
\begin{aligned}
NET &= \mathbf{x}\mathbf{w}^{\mathrm{T}} \\
&= [1 \ 2]\begin{bmatrix}1\\1\end{bmatrix} \\
&= 3
\end{aligned}
$$

따라서, 뉴런의 출력은 다음과 같다.

$$\begin{aligned} y &= f(NET) \\ &= f(3) \\ &= 3 \end{aligned}$$

예제 5.7 :: 다음과 같은 신경망 모델에서 항등 함수를 활성화 함수로 사용할 경우, 뉴런의 출력은?

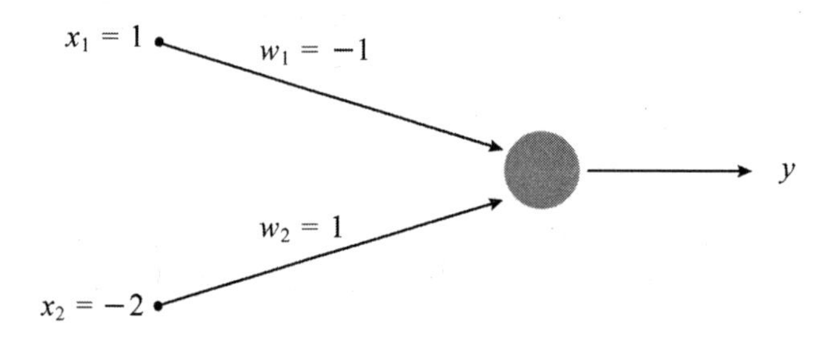

풀이 입력 벡터 $\mathbf{x} = [1 \ \ -2]$, 연결 강도 $\mathbf{w} = [-1 \ \ 1]$이므로 뉴런의 입력 가중합 NET는 다음과 같다.

$$\begin{aligned} NET &= \mathbf{x}\mathbf{w}^{\mathrm{T}} \\ &= [1 \ \ -2]\begin{bmatrix} -1 \\ 1 \end{bmatrix} \\ &= -3 \end{aligned}$$

따라서, 뉴런의 출력은 다음과 같다.

$$\begin{aligned} y &= f(NET) \\ &= f(-3) \\ &= -3 \end{aligned}$$

예제 5.8 :: 항등 함수를 활성화 함수로 사용하는 신경망 모델에 다음과 같은 패턴이 입력 될 경우, 뉴런의 출력은?

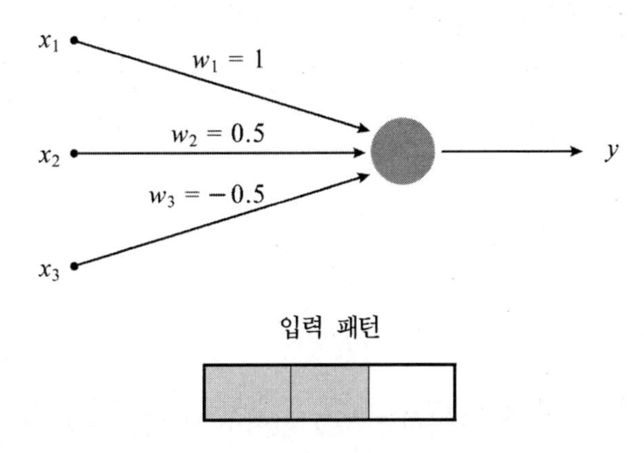

풀이 입력 벡터 $\mathbf{x} = [1 \ 1 \ 0]$, 연결 강도 $\mathbf{w} = [1 \ 0.5 \ -0.5]$이므로 뉴런의 입력 가중합 NET는 다음과 같다.

$$\begin{aligned} NET &= \mathbf{x}\mathbf{w}^{\mathrm{T}} \\ &= [1 \ 1 \ 0]\begin{bmatrix} 1 \\ 0.5 \\ -0.5 \end{bmatrix} \\ &= 1.5 \end{aligned}$$

따라서, 뉴런의 출력은 다음과 같다.

$$\begin{aligned} y &= f(NET) \\ &= f(1.5) \\ &= 1.5 \end{aligned}$$

5.3 ReLU 함수

ReLU(Rectified Linear Unit) 함수는 경사 함수라고도 하며, 심층 신경망에 주로 사용된다. ReLU 함수는 그림 5.4와 같이 단극성이며, 선형 연속 함수이다. ReLU 함수를 수학적으로 표현하면 다음과 같다.

$$f(NET) = \max(0, NET) \tag{5.4}$$

$$= \begin{cases} NET & : \ NET \geq 0 \\ 0 & : \ NET < 0 \end{cases}$$

ReLU 함수를 활성화 함수로 사용하면 *NET* 값이 0보다 작은 경우에는 뉴런의 출력이 0이지만, *NET* 값이 0보다 크거나 같은 경우에는 항등 함수와 마찬가지로 *NET* 값이 그대로 출력된다.

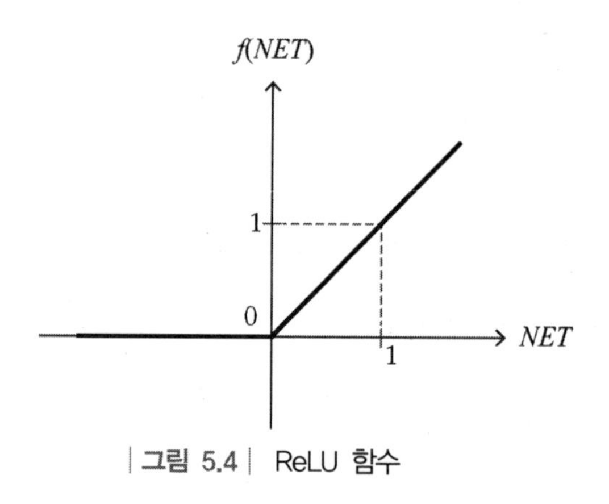

| 그림 5.4 | ReLU 함수

이제 신경망 모델에서 ReLU 함수를 활성화 함수로 활용하는 방법을 예를 통해 알아보자.

예제 5.9 :: 다음과 같은 신경망 모델에서 ReLU 함수를 활성화 함수로 사용할 경우, 뉴런의 출력은?

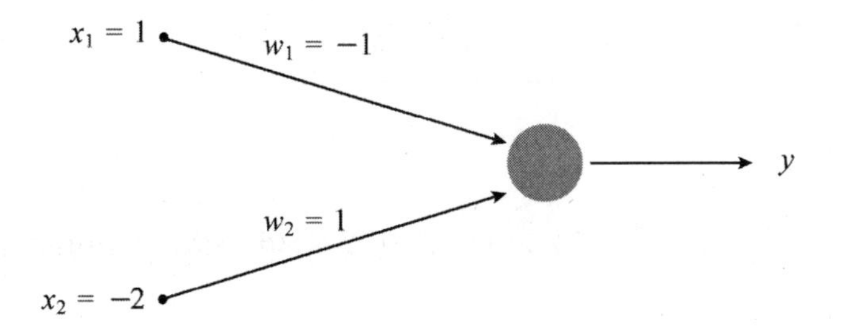

풀이 입력 벡터 $\mathbf{x} = [1 \ \ -2]$, 연결 강도 $\mathbf{w} = [-1 \ \ 1]$이므로 뉴런의 입력 가중합 NET는 다음과 같다.

$$
\begin{aligned}
NET &= \mathbf{x}\mathbf{w}^{\mathrm{T}} \\
&= [1 \ \ -2]\begin{bmatrix} -1 \\ 1 \end{bmatrix} \\
&= -3
\end{aligned}
$$

따라서, 뉴런의 출력은 다음과 같다.

$$
\begin{aligned}
y &= f(NET) \\
&= f(-3) \\
&= 0
\end{aligned}
$$

예제 5.10 :: ReLU 함수를 활성화 함수로 사용하는 신경망 모델에 다음과 같은 패턴이 입력될 경우, 뉴런의 출력은?

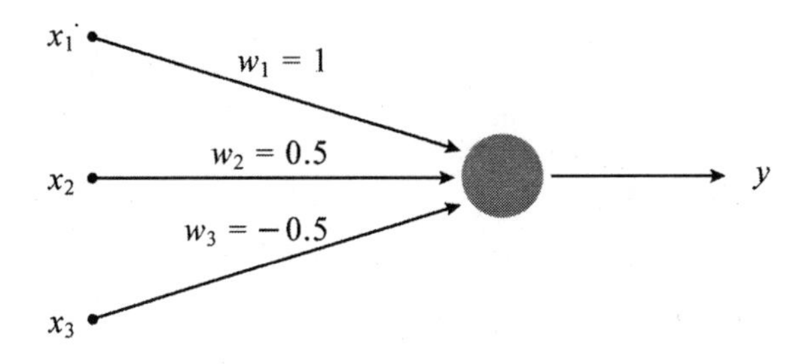

입력 패턴

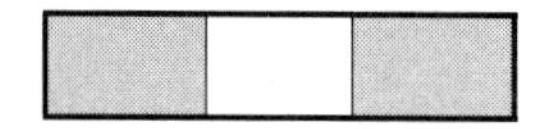

풀이 입력 벡터 $\mathbf{x} = [1\ 0\ 1]$, 연결 강도 $\mathbf{w} = [1\ 0.5\ \ -0.5]$이므로 뉴런의 입력 가중합 *NET*는 다음과 같다.

$$\begin{aligned} NET &= \mathbf{x}\mathbf{w}^{\mathrm{T}} \\ &= [1\ 0\ 1]\begin{bmatrix} 1 \\ 0.5 \\ -0.5 \end{bmatrix} \\ &= 0.5 \end{aligned}$$

따라서, 뉴런의 출력은 다음과 같다.

$$\begin{aligned} y &= f(NET) \\ &= f(0.5) \\ &= 0.5 \end{aligned}$$

5.4 시그모이드 함수

시그모이드 함수는 단극성 또는 양극성 비선형 연속 함수이며, 아날로그 형태의 출력이 요구되는 경우에 주로 사용된다.

단극성 시그모이드 함수

단극성 시그모이드 함수는 그림 5.5와 같이 단극성이며, 비선형 연속 함수이다. 단극성 시그모이드 함수를 수학적으로 표현하면 다음과 같다.

$$f(NET) = \frac{1}{1+e^{-\lambda NET}} \tag{5.5}$$

여기서, λ는 경사도이다.

단극성 시그모이드 함수를 활성화 함수로 사용하면 뉴런의 출력은 0에서 1 사이의 값이 되며, 만약 $NET = 0$이면 뉴런의 출력은 1/2이 된다. 경사도 λ가 커지면 $f(NET)$ 값은 점점 y축에 접근하게 되고, 만약 $\lambda \rightarrow \infty$이면 시그모이드 함수는 계단 함수와 동일한 형태가 된다.

일반적으로 경사도 $\lambda = 1$ 값을 사용하므로 단극성 시그모이드 함수는 다음과 같이 표현할 수 있다.

$$f(NET) = \frac{1}{1+e^{-NET}} \tag{5.6}$$

시그모이드 함수의 또 다른 특징은 연속 함수이므로 미분 가능하여 델타 학습 방법 등에의 활용이 가능하다는 점이다. 단극성 시그모이드 함수를 미분하면 식 (5.7)과 같다.

$$\begin{aligned} f'(NET) &= f(NET)\,[1-f(NET)] \\ &= y(1-y) \end{aligned} \tag{5.7}$$

여기서 y는 출력 값이다.

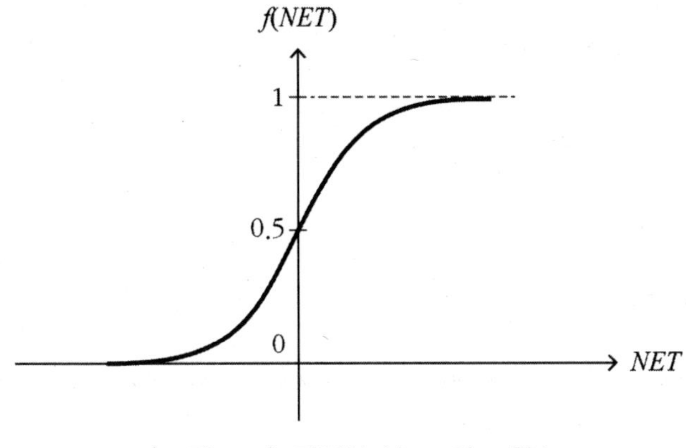

| 그림 5.5 | 단극성 시그모이드 함수

이제 신경망 모델에서 단극성 시그모이드 함수를 활성화 함수로 활용하는 방법을 예를 통해 알아보자.

예제 5.11 :: 다음과 같은 신경망 모델에서 단극성 시그모이드 함수를 활성화 함수로 사용할 경우, 뉴런의 출력은?

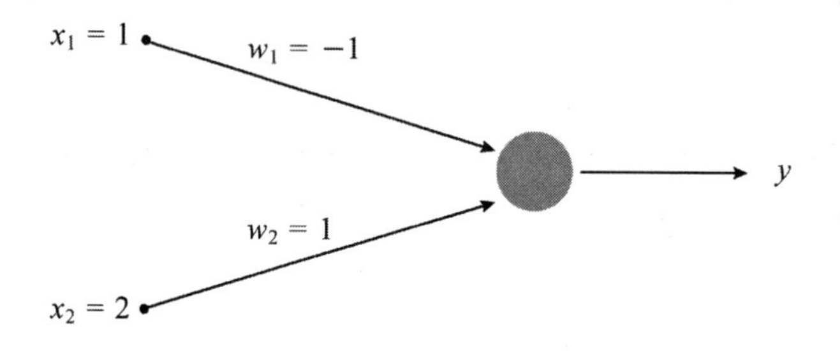

풀이 입력 벡터 $\mathbf{x} = [1\ \ 2]$, 연결 강도 $\mathbf{w} = [-1\ \ 1]$이므로 뉴런의 입력 가중합 NET는 다음과 같다.

$$\begin{aligned} NET &= \mathbf{x}\mathbf{w}^{\mathrm{T}} \\ &= [1\ \ 2]\begin{bmatrix} -1 \\ 1 \end{bmatrix} \\ &= 1 \end{aligned}$$

따라서, 뉴런의 출력은 다음과 같다.

$$\begin{aligned} y &= f(NET) \\ &= \frac{1}{1+e^{-NET}} \\ &= \frac{1}{1+e^{-1}} \\ &= 0.73 \end{aligned}$$

예제 5.12 :: 단극성 시그모이드 함수를 활성화 함수로 사용하는 신경망 모델에 다음과 같은 패턴이 입력될 경우, 뉴런의 출력은?

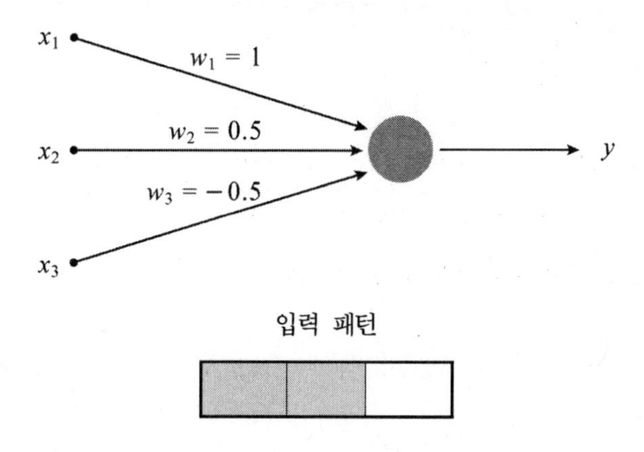

입력 패턴

풀이 입력 벡터 $\mathbf{x} = [1\ 1\ 0]$, 연결 강도 $\mathbf{w} = [1\ 0.5\ -0.5]$이므로 뉴런의 입력 가중합 NET는 다음과 같다.

$$
\begin{aligned}
NET &= \mathbf{x}\mathbf{w}^{\mathrm{T}} \\
&= [1\ 1\ 0]\begin{bmatrix} 1 \\ 0.5 \\ -0.5 \end{bmatrix} \\
&= 1.5
\end{aligned}
$$

따라서, 뉴런의 출력은 다음과 같다.

$$
\begin{aligned}
y &= f(NET) \\
&= \frac{1}{1+e^{-NET}} \\
&= \frac{1}{1+e^{-1.5}} \\
&= 0.82
\end{aligned}
$$

○ 양극성 시그모이드 함수

양극성 시그모이드 함수는 그림 5.6과 같이 양극성이며, 비선형 연속 함수이다. 양극성 시그모이드 함수를 수학적으로 표현하면 다음과 같다.

$$f(NET) = \frac{1-e^{-NET}}{1+e^{-NET}} \tag{5.8}$$

양극성 시그모이드 함수를 활성화 함수로 사용하면 뉴런의 출력은 -1에서 $+1$ 사이의 값이 되며, 만약 $NET = 0$이면 뉴런의 출력은 0이다.

양극성 시그모이드 함수의 미분은 다음과 같다.

$$\begin{aligned} f'(NET) &= \frac{1}{2}[1+f(NET)]\ [1-f(NET)] \\ &= \frac{1}{2}(1+y)(1-y) \end{aligned} \tag{5.9}$$

여기서, y는 출력 값이다.

경우에 따라서는 다음과 같은 tanh 함수를 사용하기도 한다.

$$\begin{aligned} f(NET) &= \frac{e^{NET}-e^{-NET}}{e^{NET}+e^{-NET}} \\ &= \frac{1-e^{-2NET}}{1+e^{-2NET}} \end{aligned} \tag{5.10}$$

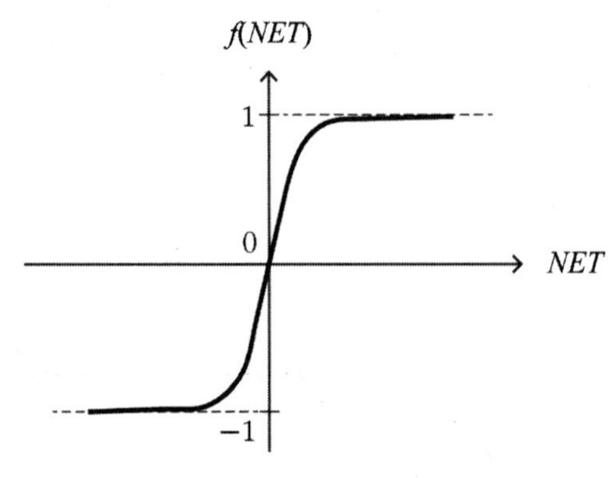

| 그림 5.6 | 양극성 시그모이드 함수

식 (5-8)과 식 (5-10)을 비교해보면 tanh 함수는 경사도가 2인 양극성 시그모이드 함수라 할 수 있다. 그러므로 tanh 함수는 양극성 시그모이드 함수에 비해 보다 더 y축에 접근한 형태가 됨을 알 수 있다.

tanh 함수를 미분하면 다음과 같다.

$$\begin{aligned} f'(NET) &= [1+f(NET)]\ [1-f(NET)] \\ &= (1+y)(1-y) \end{aligned} \tag{5.11}$$

여기서, y는 출력 값이다.

이제 신경망 모델에서 양극성 시그모이드 함수를 활성화 함수로 활용하는 방법을 예를 통해 알아보자.

예제 5.13 :: 다음과 같은 신경망 모델에서 양극성 시그모이드 함수를 활성화 함수로 사용할 경우, 뉴런의 출력은?

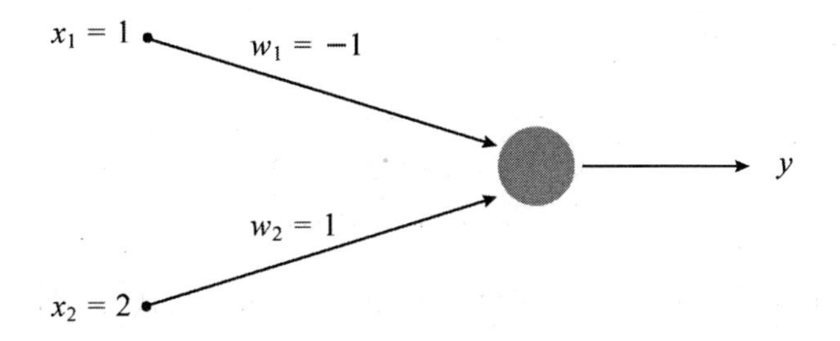

풀이 입력 벡터 $\mathbf{x} = [1\ 2]$, 연결 강도 $\mathbf{w} = [-1\ 1]$이므로 뉴런의 입력 가중합 NET는 다음과 같다.

$$\begin{aligned} NET &= \mathbf{x}\mathbf{w}^{\mathrm{T}} \\ &= [1\ 2]\begin{bmatrix} -1 \\ 1 \end{bmatrix} \\ &= 1 \end{aligned}$$

따라서, 뉴런의 출력은 다음과 같다.

$$
\begin{aligned}
y &= f(NET) \\
&= \frac{1-e^{-NET}}{1+e^{-NET}} \\
&= \frac{1-e^{-1}}{1+e^{-1}} \\
&= 0.46
\end{aligned}
$$

예제 5.14 :: 양극성 시그모이드 함수를 활성화 함수로 사용하는 신경망 모델에 다음과 같은 패턴이 입력될 경우, 뉴런의 출력은?

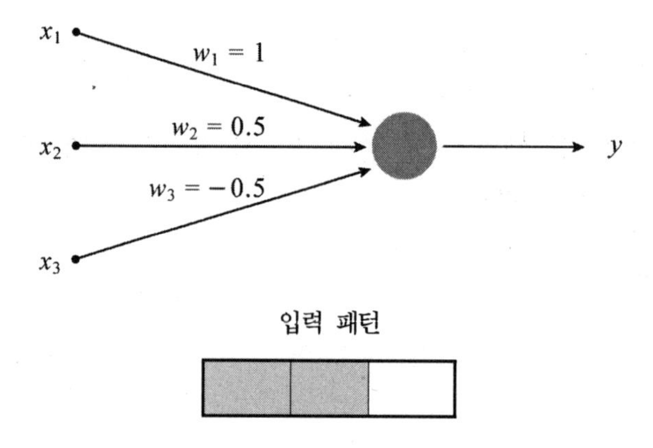

풀이 입력 벡터 $\mathbf{x} = [1\ 1\ 0]$, 연결 강도 $\mathbf{w} = [1\ 0.5\ -0.5]$이므로 뉴런의 입력 가중합 NET는 다음과 같다.

$$
\begin{aligned}
NET &= \mathbf{x}\mathbf{w}^{\mathrm{T}} \\
&= [1\ 1\ 0]\begin{bmatrix} 1 \\ 0.5 \\ -0.5 \end{bmatrix} \\
&= 1.5
\end{aligned}
$$

따라서, 뉴런의 출력은 다음과 같다.

$$
\begin{aligned}
y &= f(NET) \\
&= \frac{1-e^{-NET}}{1+e^{-NET}} \\
&= \frac{1-e^{-1.5}}{1+e^{-1.5}} \\
&= 0.64
\end{aligned}
$$

5.5 softmax 함수

softmax 함수는 주로 머신 러닝에서 분류에 사용되는 함수이지만 최근에는 영상 인식을 위한 심층 신경망인 컨볼루션 신경망에서도 분류를 위해 최종 출력 계층의 활성화 함수로 사용되고 있다. softmax 함수는 일반적으로 각 값의 편차를 확대시켜 출력이 큰 값은 상대적으로 더 크게, 출력이 작은 값은 더 작게 하여 모든 출력의 합이 1이 되게 정규화 하는 기능을 한다.

softmax 함수는 시그모이드 함수와 마찬가지로 0 ~ 1 사이의 값이 출력되지만 각각의 출력에 대한 확률을 알 수 있는 장점이 있으며, softmax 함수를 수학적으로 표현하면 다음과 같다.

$$
y_n = \frac{e^{x_n}}{\sum_{k=1}^{N} e^{x_k}} \qquad n = 1,2,\ldots,N \tag{5.12}
$$

여기서, N은 출력 계층의 뉴런 수이다.

이제 신경망 모델에서 출력 계층에 softmax 함수를 활성화 함수로 활용하여 최종 출력을 얻는 방법을 예를 통해 알아보자.

예제 5.15 :: 3개의 뉴런 y_1, y_2, y_3가 있으며, softmax 함수를 활성화 함수로 사용하는 신경망 모델에서 다음과 같이 입력 가중합 NET_1, NET_2, NET_3이 각각 1, 2, 3일 경우, 각 뉴런의 출력은?

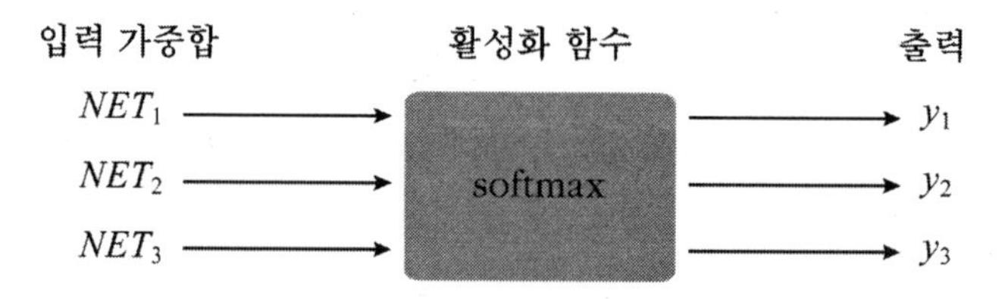

풀이 첫 번째 뉴런 y_1의 출력은 다음과 같다.

$$y_1 = \frac{e^{NET_1}}{\sum_{k=1}^{3} e^{NET_k}}$$

$$= \frac{e^1}{e^1 + e^2 + e^3}$$

$$= \frac{2.7}{30.2}$$

$$= 0.1$$

두 번째 뉴런 y_2의 출력은 다음과 같다.

$$y_2 = \frac{e^{NET_2}}{\sum_{k=1}^{3} e^{NET_k}}$$

$$= \frac{e^2}{e^1 + e^2 + e^3}$$

$$= \frac{7.4}{30.2}$$

$$= 0.2$$

세 번째 뉴런 y_3의 출력은 다음과 같다.

$$
\begin{aligned}
y_3 &= \frac{e^{NET_3}}{\sum_{k=1}^{3} e^{NET_k}} \\
&= \frac{e^3}{e^1 + e^2 + e^3} \\
&= \frac{20.1}{30.2} \\
&= 0.7
\end{aligned}
$$

Chapter 05 연습문제

5.1 활성화 함수의 기능은 무엇이며, 어떠한 종류들이 일반적으로 사용되고 있는가?

5.2 이진 함수이며, 디지털 형태의 출력이 요구되는 경우에 사용되는 활성화 함수는?

① 항등 함수	② ReLU 함수
③ 계단 함수	④ 시그모이드 함수

5.3 심층 신경망에 주로 사용되며, 아날로그 형태의 출력이 나오는 활성화 함수는?

① 항등 함수	② ReLU 함수
③ 계단 함수	④ 시그모이드 함수

5.4 단극성 계단 함수와 양극성 계단 함수의 차이점은 무엇인가?

5.5 그림과 같은 신경망 모델에서 단극성 계단 함수를 활성화 함수로 사용할 경우, 뉴런의 출력은? 단, 임계치는 2이다.

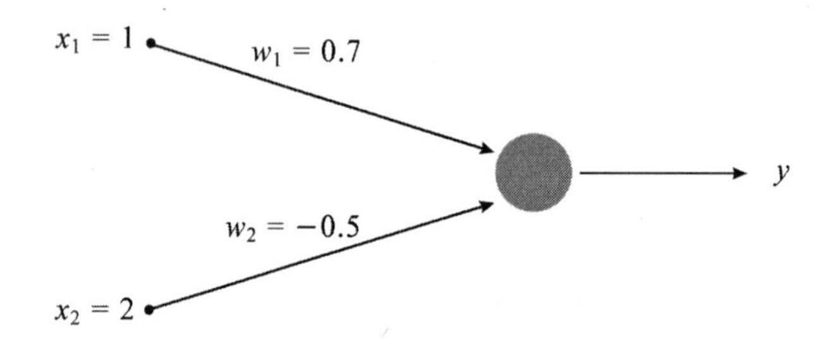

5.6 단극성 계단 함수를 활성화 함수로 사용하는 신경망 모델에 다음과 같은 패턴이 입력될 경우, 뉴런의 출력은? 단, 임계치는 0이다.

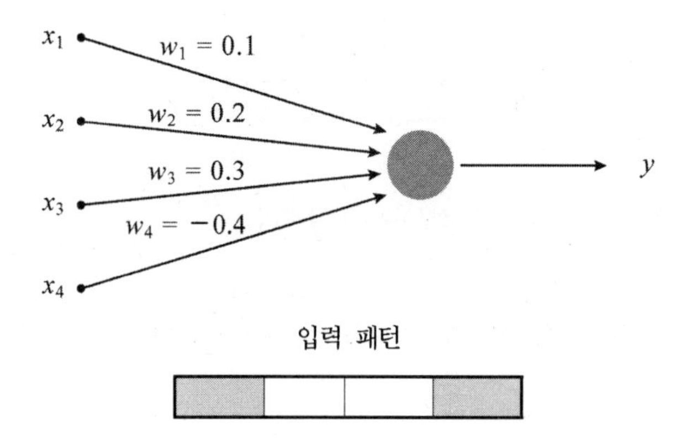

5.7 단극성 및 양극성 계단 함수를 도시하고 수학적으로 표현하라.

5.8 그림과 같은 신경망 모델에서 양극성 계단 함수를 활성화 함수로 사용할 경우, 뉴런의 출력은? 단, 임계치는 2이다.

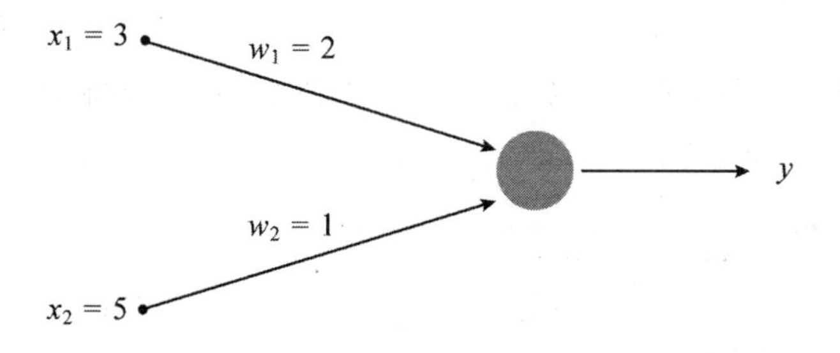

5.9 양극성 계단 함수를 활성화 함수로 사용하는 신경망 모델에 다음과 같은 패턴이 입력될 경우, 뉴런의 출력은? 단, 임계치는 0이다.

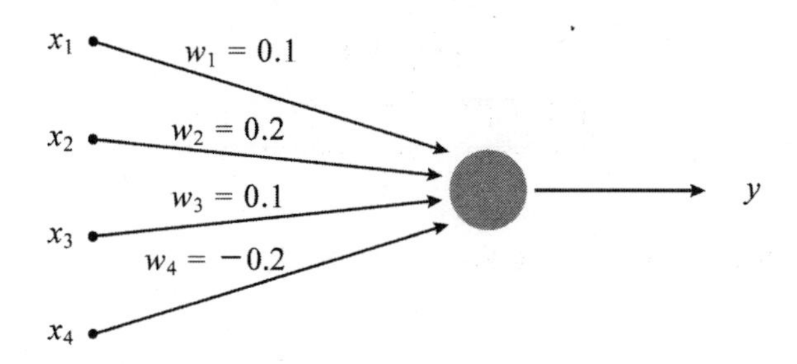

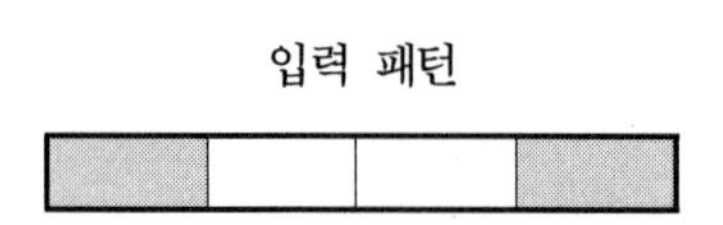

5.10 항등 함수를 도시하고 수학적으로 표현하라.

5.11 그림과 같은 신경망 모델에서 항등 함수를 활성화 함수로 사용할 경우, 뉴런의 출력은?

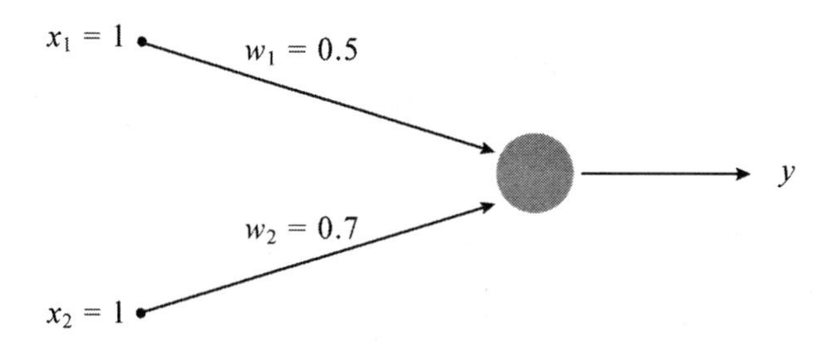

5.12 항등 함수를 활성화 함수로 사용하는 신경망 모델에 다음과 같은 패턴이 입력될 경우, 뉴런의 출력은?

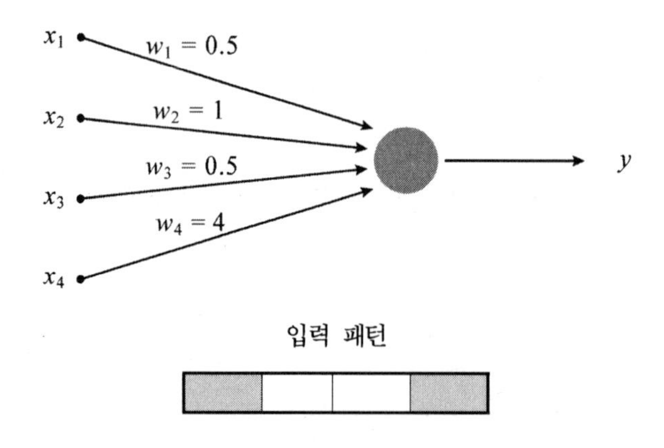

5.13 ReLU 함수를 도시하고 수학적으로 표현하라.

5.14 그림과 같은 신경망 모델에서 ReLU 함수를 활성화 함수로 사용할 경우, 뉴런의 출력은?

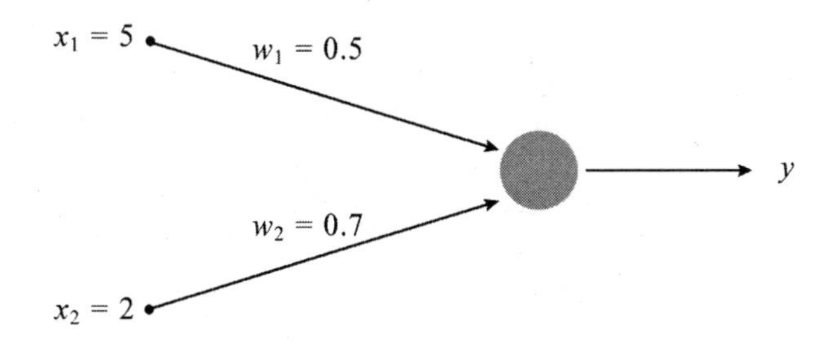

5.15 ReLU 함수를 활성화 함수로 사용하는 신경망 모델에 다음과 같은 패턴이 입력될 경우, 뉴런의 출력은?

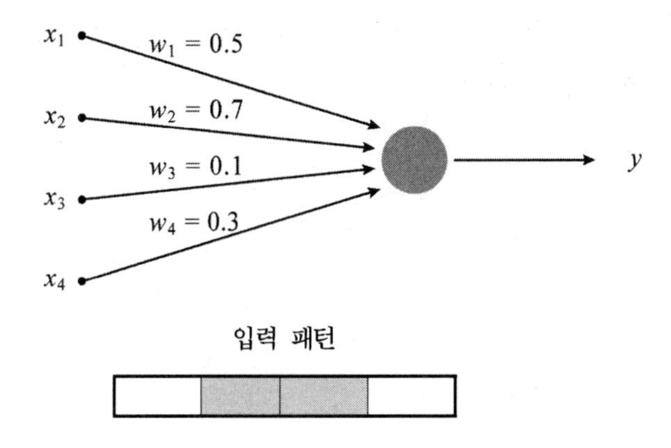

5.16 다음과 같은 신경망 모델에서 단극성 시그모이드 함수를 활성화 함수로 사용할 경우, 뉴런의 출력은?

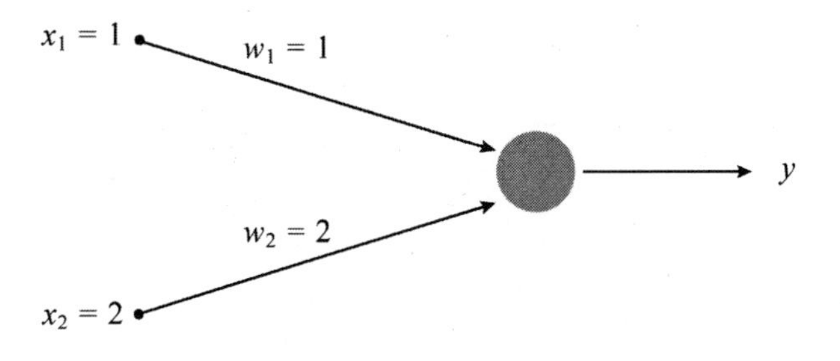

5.17 단극성 시그모이드 함수를 활성화 함수로 사용하는 신경망 모델에 다음과 같은 패턴이 입력될 경우, 뉴런의 출력은?

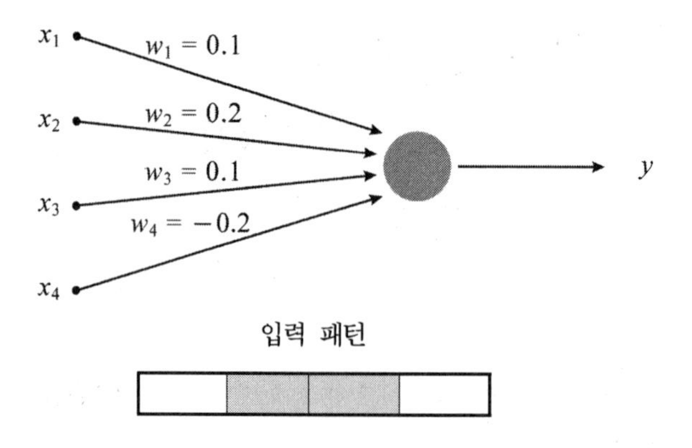

5.18 그림과 같은 신경망 모델에서 양극성 시그모이드 함수를 활성화 함수로 사용할 경우, 뉴런의 출력은?

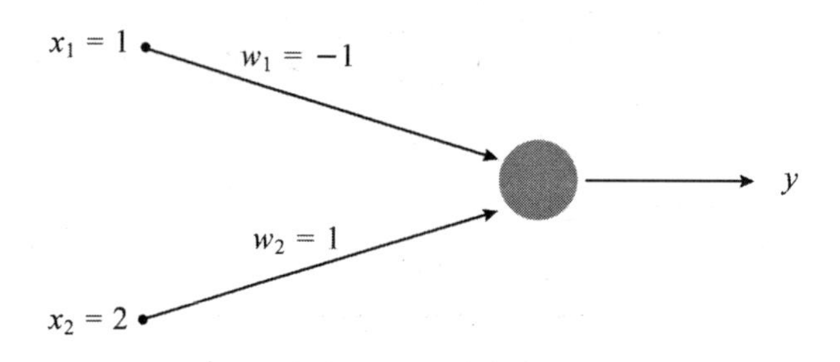

5.19 양극성 시그모이드 함수를 활성화 함수로 사용하는 신경망 모델에 다음과 같은 패턴이 입력될 경우, 뉴런의 출력은?

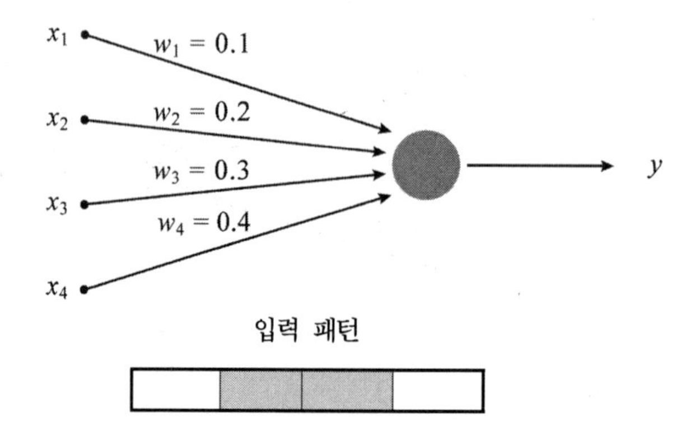

5.20 그림과 같은 신경망 모델에서 뉴런의 출력을 구하라.

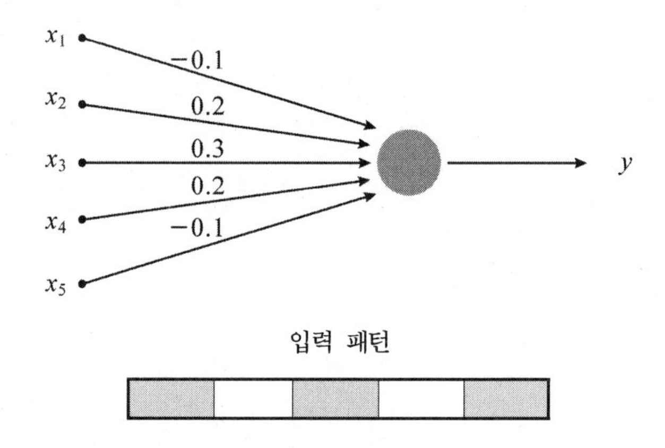

(a) 임계치가 0인 단극성 계단 함수를 활성화 함수로 사용하는 경우

(b) 임계치가 1인 단극성 계단 함수를 활성화 함수로 사용하는 경우

(c) 임계치가 0인 양극성 계단 함수를 활성화 함수로 사용하는 경우

(d) 임계치가 1인 양극성 계단 함수를 활성화 함수로 사용하는 경우

(e) 항등 함수를 활성화 함수로 사용하는 경우

(f) ReLU 함수를 활성화 함수로 사용하는 경우

(g) 단극성 시그모이드 함수를 활성화 함수로 사용하는 경우

(h) 양극성 시그모이드 함수를 활성화 함수로 사용하는 경우

CHAPTER **06**

패턴 분류

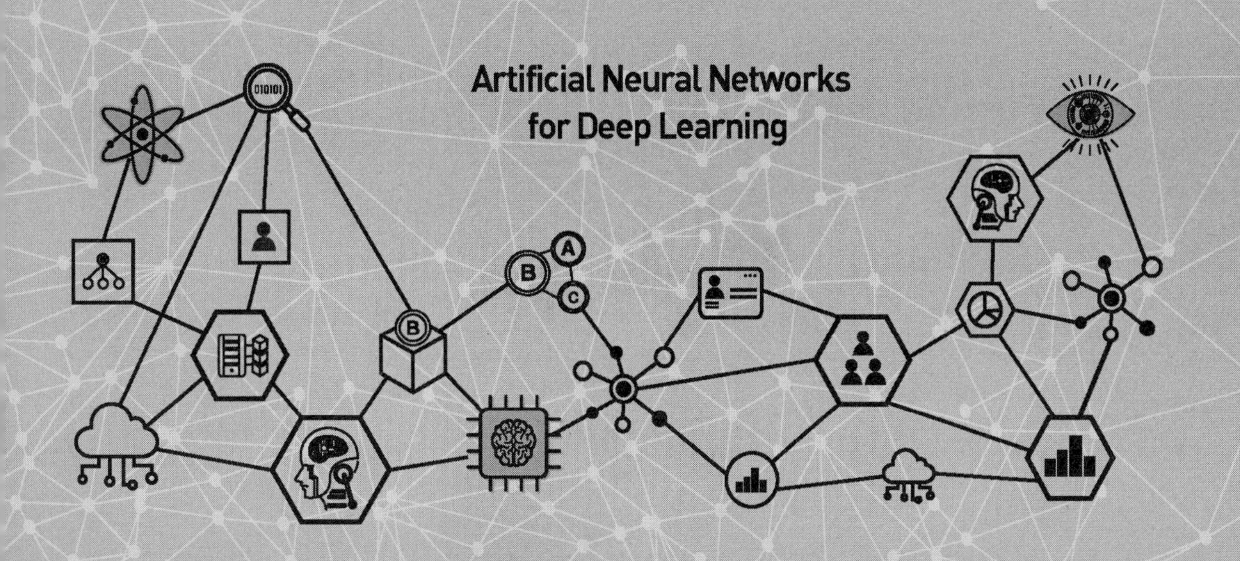

6.1 패턴의 유형

일반적으로 패턴이라 함은 어떤 객체를 정량적으로 표현한 것을 의미하며, 공간 패턴과 시변 패턴으로 구분된다.

- **공간 패턴** : 그림 6.1과 같이 공간적 분포에 의해서만 특성이 결정되고 시간에 따라 특성이 변하지 않는 패턴을 의미하며, 문자, 영상 등이 공간 패턴에 속한다.
- **시변 패턴** : 그림 6.2와 같이 시간에 따라 특성이 변하는 패턴을 의미하며, 음성 신호, 온도 변화, EKG 파형 등이 시변 패턴에 속한다.

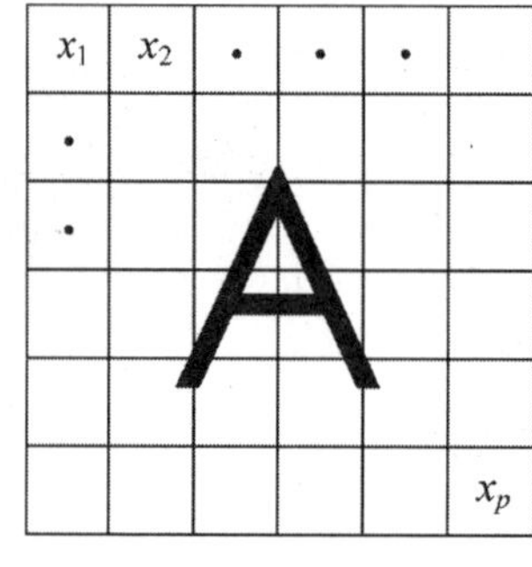

(a) 문자

(b) 영상

| 그림 6.1 | 공간 패턴

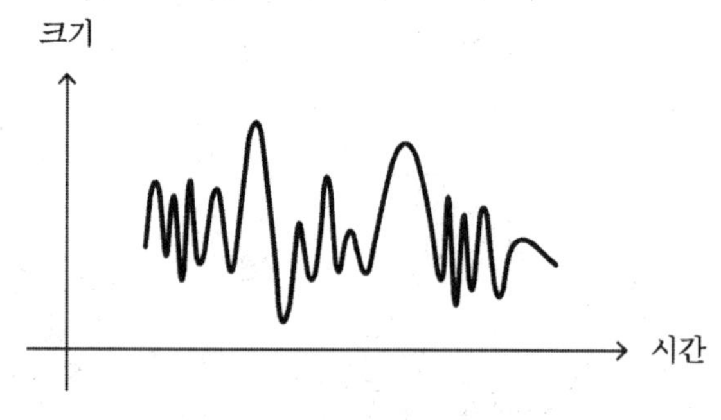

| 그림 6.2 | 시변 패턴

6.2 패턴 분류 시스템

패턴 분류 시스템은 그림 6.3과 같이 트랜스듀서, 특징 추출기, 분류기로 구성된다.

- **트랜스듀서** : 분류하고자 하는 실제의 데이터를 획득하여 신경망이 처리하기 용이한 형태(신경망의 구조에 따라서 디지털 또는 아날로그 데이터)로 변환하는 기능을 하며, 트랜스듀서의 출력을 패턴 벡터라고 한다.
- **특징 추출기** : 패턴 벡터를 입력받아 패턴 분류에 영향을 미치는 중요한 특징만을 선택하여 특징 벡터를 출력한다.
- **분류기** : 특징 벡터를 입력받아 그 특징에 따라 특정 클러스터로 분류하는 기능을 한다.

공간 패턴의 경우, 패턴 벡터는 다음과 같이 표현할 수 있다.

패턴 벡터 : $[x_1\ x_2\ \cdots\ x_p]$ $\qquad p$: 화소수

일반적으로 해상도가 높은 경우에는 패턴 벡터의 데이터 양이 너무 많기 때문에 패턴 분류에 소요되는 계산 시간이 증가될 뿐만 아니라 분류할 패턴들 간의 특징이 잘 표현되지 않아 오히려 성능이 떨어질 수도 있다. 이러한 단점을 보완하기 위하여 특징 추출기를 사용하며, 특징 벡터 **x**는 다음과 같이 표현할 수 있다.

$$\mathbf{x} = [x_1\ x_2\ \cdots\ x_n] \qquad \text{단, } n < p$$

분류기를 구성하는 방법은 여러 가지가 있으나 그림 6.4와 같이 단층 신경망을 이용하여 분류기를 구성할 수 있다.

입력 → 트랜스듀서 —(패턴 벡터)→ 특징 추출기 —(특징 벡터)→ 분류기 → 출력

| 그림 6.3 | 패턴 분류 시스템

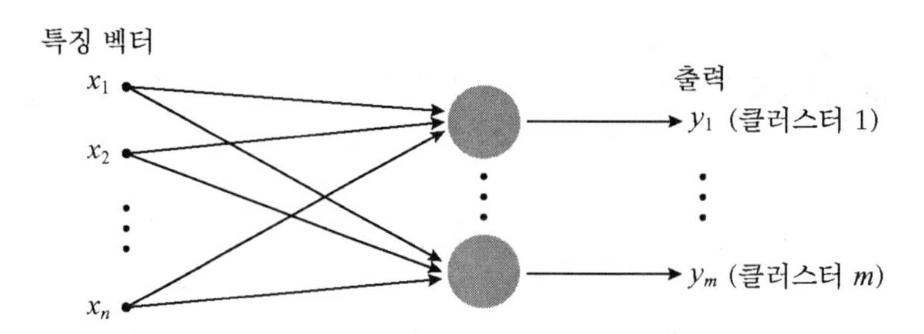

| 그림 6.4 | 단층 신경망을 이용한 패턴 분류기

신경망을 이용한 분류기의 입력은 특징 벡터 $\mathbf{x}$이므로 입력층의 뉴런 수는 n이며, 패턴들을 m개의 클러스터로 분류하고자 한다면 출력층의 뉴런 수는 m이다.

패턴을 분류하는 경우에는 신경망에 어떤 패턴을 입력하여 최대 출력이 나오는 뉴런을 선택함으로써 입력된 패턴이 특정 클러스터에 속한다고 판단한다.

예제 6.1 :: 다음과 같은 두 문자를 A와 B로 분류할 수 있는 패턴 분류기를 단층 신경망 구조를 이용하여 설계하라.

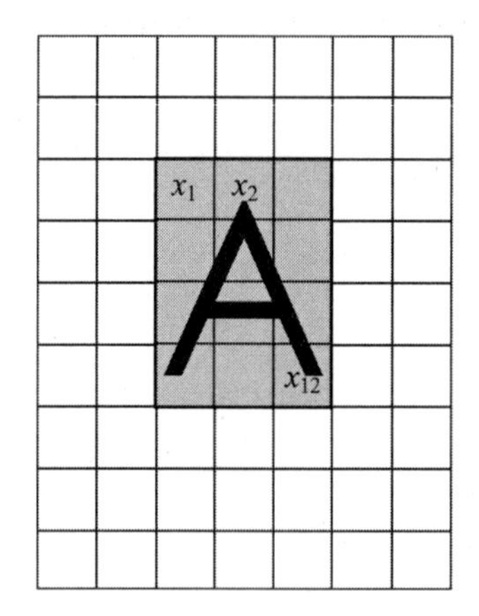

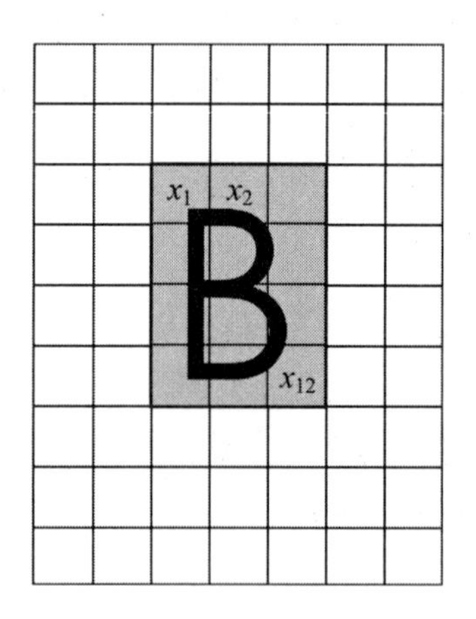

풀이 두 공간 패턴은 모두 63개의 화소로 구성되어 있지만 A와 B 글자가 모두 빗금친 부분에만 쓰여 있으므로 배경을 제거하고 특징만을 추출한 특징 벡터 $\mathbf{x}$는 다음과 같이 표현할 수 있다.

$$\mathbf{x} = [x_1\ x_2\ \cdots\ x_{12}]$$

신경망을 이용한 패턴 분류기는 특징 벡터 **x**를 입력받아 A와 B의 2가지 유형으로 분류하면 되므로 입력층과 출력층의 뉴런이 각각 12개와 2개인 단층 신경망 구조를 이용하여 다음과 같은 패턴 분류기를 설계할 수 있다.

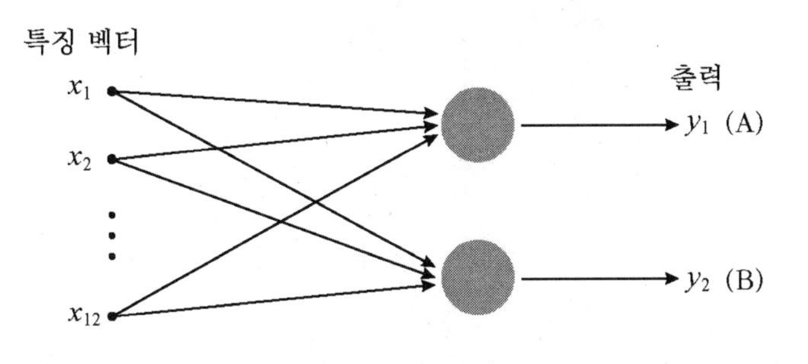

6.3 판별 함수

판단 경계선

각각의 패턴은 패턴 공간에서 하나의 점으로 표현될 수 있다. 일반적으로 유사한 특징을 갖는 패턴들은 인접한 영역에 분포되어 하나의 클러스터를 형성하고, 상이한 특징을 갖는 패턴들은 다른 영역에 또 다른 클러스터를 형성한다. 따라서, 특정한 분리면을 이용하여 클러스터들을 분리시킨다면 패턴 분류가 가능해진다. 이러한 분리면을 판단면이라고 한다.

2차원 패턴 공간에서는 그림 6.5와 같이 판단면(판단 경계선)이 다음과 같은 직선이 된다.

$$w_1 x_1 + w_2 x_2 + b = 0 \tag{6.1}$$

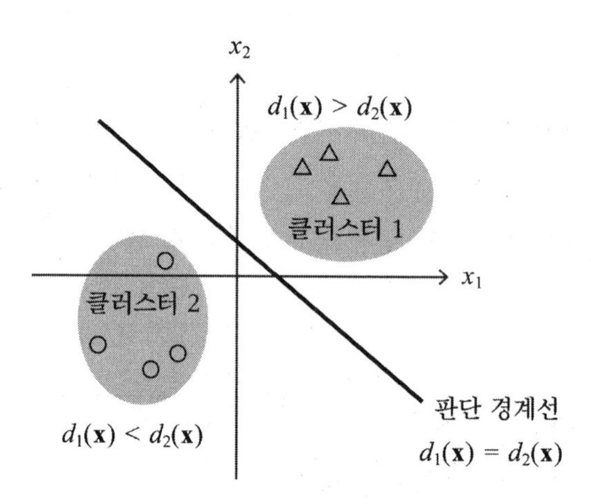

| 그림 6.5 | 2차원 패턴 공간

판단 경계선을 벡터 형태로 표현하면 다음과 같다.

$$\mathbf{xw} = 0 \tag{6.2}$$

여기서, $\mathbf{x} = [x_1 \ x_2 \ 1]$, $\mathbf{w} = \begin{bmatrix} w_1 \\ w_2 \\ b \end{bmatrix}$이다.

예제 6.2 :: 다음과 같은 두 패턴을 분류하는 판단 경계선을 도시하라.

패턴 A　　　　패턴 B

풀이 패턴 A, B를 양극성 데이터로 표현하면 다음과 같으며,

패턴 A = [-1 1]

패턴 B = [1 -1]

패턴 공간에 도시하면 그림과 같다. 따라서, 패턴 A와 패턴 B를 구분하는 판단 경계선은 다음과 같은 직선이 된다.

$$-x_1 + x_2 = 0$$

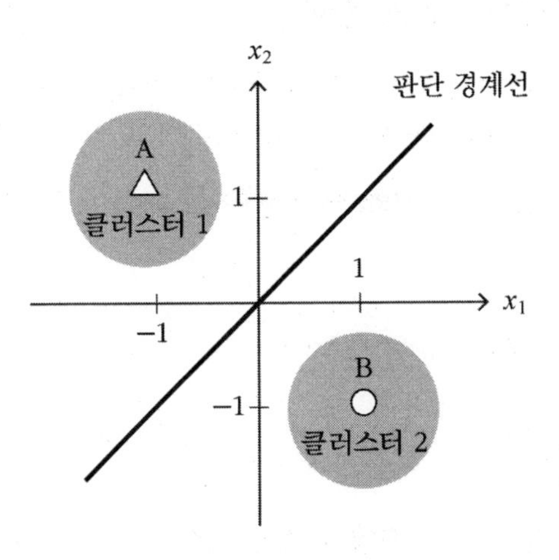

판단면을 정의하는 판별 함수

판단면을 정의하는 함수 $d(\mathbf{x})$를 판별 함수라고 하며, $d_1(\mathbf{x})$와 $d_2(\mathbf{x})$는 각각 클러스터 1과 클러스터 2에 속해 있는 패턴 $\mathbf{x}$에 대한 판별 함수의 값이다.

2개의 클러스터로 분류하는 경우에는 패턴 $\mathbf{x}$를 다음과 같이 판단한다.

$d_1(\mathbf{x}) > d_2(\mathbf{x})$ ⇒ 패턴 $\mathbf{x}$는 클러스터 1에 속한다.

$d_1(\mathbf{x}) < d_2(\mathbf{x})$ ⇒ 패턴 $\mathbf{x}$는 클러스터 2에 속한다.

$d_1(\mathbf{x}) = d_2(\mathbf{x})$ ⇒ 패턴 $\mathbf{x}$가 어떤 클러스터에 속하는지 판단할 수 없다.

한편, 패턴 공간이 n차원인 경우에는 판단면이 다음과 같이 n차 하이퍼 평면이 된다.

$$w_1 x_1 + w_2 x_2 + \cdots + w_n x_n + b = 0 \tag{6.3}$$

6.4 신경망 패턴 분류기

단층 신경망을 이용한 패턴 분류기

이제 단층 신경망을 이용하여 입력 패턴을 2개의 클러스터로 분류하는 경우를 생각해 보자. 만약, 양극성 계단 함수를 활성화 함수로 이용한다면 입력 패턴이 클러스터 1에 속하면 뉴런의 출력이 +1, 클러스터 2에 속하면 출력이 −1이 되도록 신경망을 학습시키면 분류가 가능할 것이다.

뉴런의 입력 가중합 NET는 다음과 같다.

$$NET = x_1 w_1 + x_2 w_2 + \cdots + x_n w_n + b$$

$NET > 0$ 영역 및 $NET < 0$ 영역의 경계선은

$$x_1 w_1 + x_2 w_2 + \cdots + x_n w_n + b = 0$$

이므로, 식 (6.3)과 동일한 형태임을 알 수 있다.

따라서, 그림 6.6에서 보는 바와 같이 출력층 뉴런이 1개인 패턴 분류기를 설계할 수 있다.

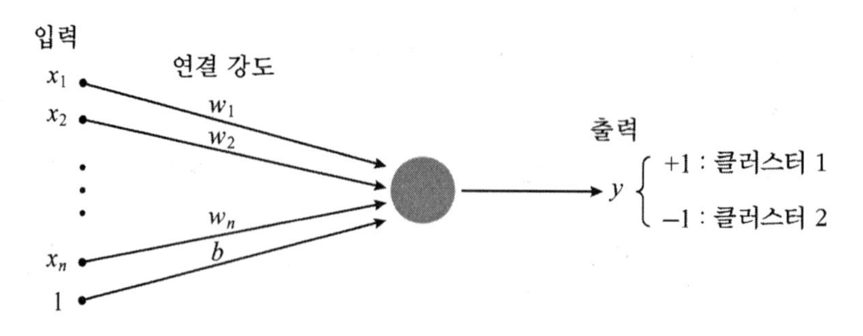

| 그림 6.6 | 단층 신경망 패턴 분류기

예제 6.3 :: 다음과 같은 두 패턴을 분류하는 신경망 분류기를 설계하라.

풀이 패턴 A, B를 양극성 데이터로 표현하면 패턴 A는 [1 1], 패턴 B는 [-1 -1]이므로 패턴 A와 패턴 B를 구분하는 판단 경계선은 다음과 같은 직선이 된다.

$$-x_1 - x_2 = 0$$

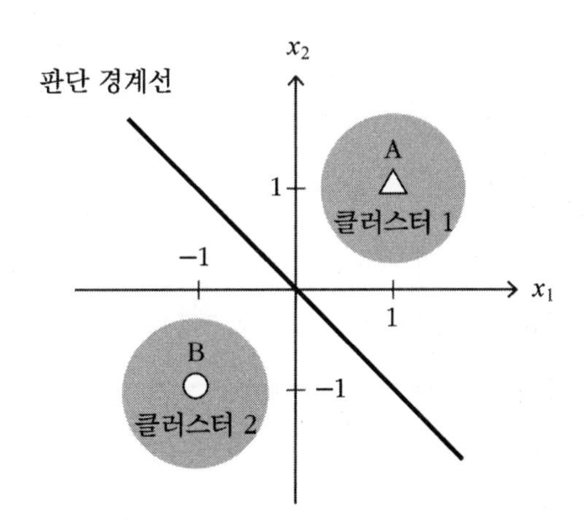

이 직선과 2차원 패턴 공간의 판단 경계선에 대한 식 (6.1)을 비교하여 연결 강도를 구할 수 있다.

$$w_1 x_1 + w_2 x_2 + b = 0$$

$$w_1 = -1$$

$$w_2 = -1$$

$$b = 0$$

따라서, 다음과 같은 단층 신경망 분류기를 설계할 수 있다.

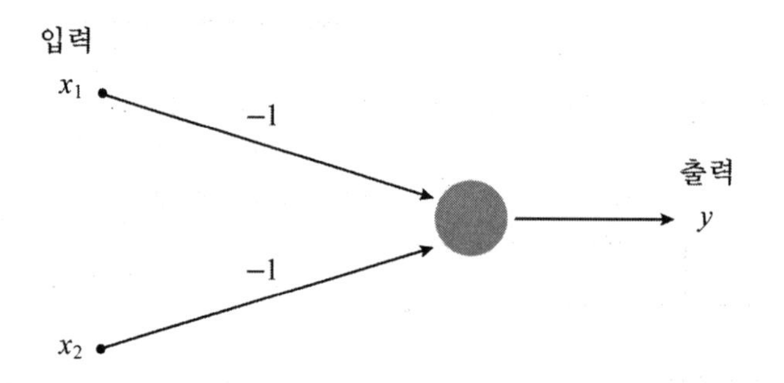

이제 설계한 단층 신경망 분류기로 패턴 A, B가 분류되는지를 검증해 보자.

a. 패턴 A [■■] 가 입력되는 경우 :

입력 가중합 *NET*와 출력 y는 다음과 같다.

$$\begin{aligned} NET &= \mathbf{xw}^{\mathrm{T}} \\ &= [1\ 1]\begin{bmatrix}-1\\-1\end{bmatrix} \\ &= 1\times(-1) + 1\times(-1) \\ &= -2 \end{aligned}$$

$$\begin{aligned} y &= f(NET) \\ &= f(-2) \\ &= -1 \end{aligned}$$

b. 패턴 B [□□] 가 입력되는 경우 :

입력 가중합 *NET*와 출력 y는 다음과 같다.

$$\begin{aligned} NET &= \mathbf{xw}^{\mathrm{T}} \\ &= [-1\ -1]\begin{bmatrix}-1\\-1\end{bmatrix} \\ &= (-1)\times(-1) + (-1)\times(-1) \\ &= 2 \end{aligned}$$

$$\begin{aligned} y &= f(NET) \\ &= f(2) \\ &= 1 \end{aligned}$$

따라서, 출력이 -1인 패턴 A는 클러스터 1, 출력이 1인 패턴 B는 클러스터 2로 분류할 수 있음을 알 수 있다.

예제 6.4 :: 다음과 같은 4개의 패턴을 2가지 클러스터로 분류하는 신경망 분류기를 설계하라.

입력 패턴		클러스터
x_1	x_2	y
A [0	0]	0
B [0	1]	0
C [1	0]	0
D [1	1]	1

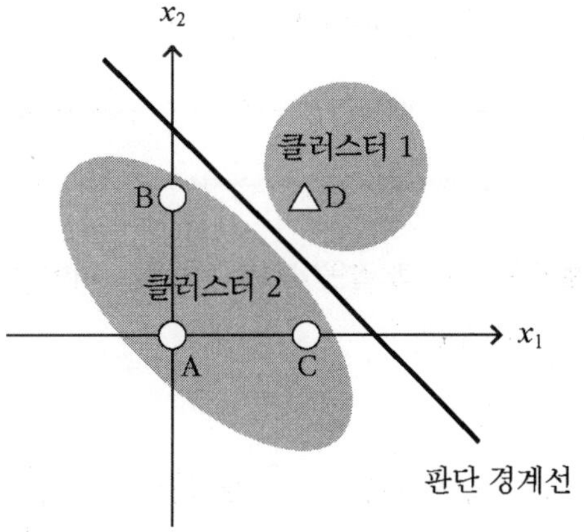

풀이 그림과 같이 4개의 패턴을 2개의 클러스터로 분리하는 직선은 다음과 같다.

$$x_1 + x_2 - 1.5 = 0$$

이 직선과 2차원 패턴 공간의 판단 경계선에 대한 식 (6.1)을 비교하여 연결 강도를 구할 수 있다.

$$w_1 x_1 + w_2 x_2 + b = 0$$

$$w_1 = 1$$

$$w_2 = 1$$

$$b = -1.5$$

따라서, 다음과 같은 단층 신경망 분류기를 설계할 수 있다.

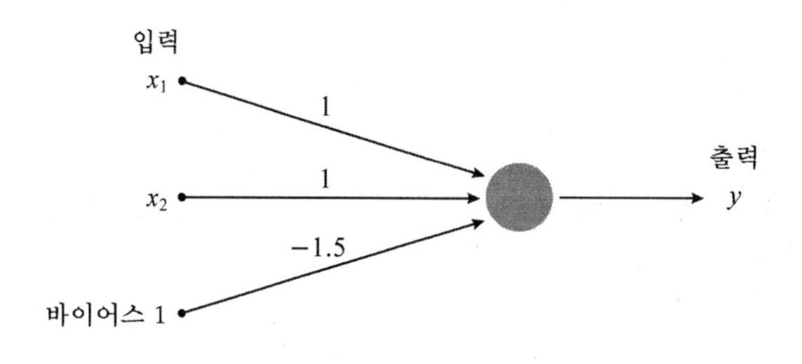

예제 6.5 :: 다음과 같은 4개의 패턴을 2개의 클러스터로 분류하는 신경망 분류기를 설계하라.

입력 패턴		클러스터
x_1	x_2	y
A [0	0]	0
B [0	1]	1
C [1	0]	1
D [1	1]	1

x_2
x_1
B
D
C
A
클러스터 1
클러스터 2
판단 경계선

풀이 그림과 같이 4개의 패턴을 2개의 클러스터로 분리하는 직선은 다음과 같다.

$$x_1 + x_2 - 0.5 = 0$$

이 직선과 식 (6.1)을 비교하여 연결 강도를 구할 수 있다.

$w_1 = 1$

$w_2 = 1$

$b = -0.5$

따라서, 다음과 같은 단층 신경망 분류기를 설계할 수 있다.

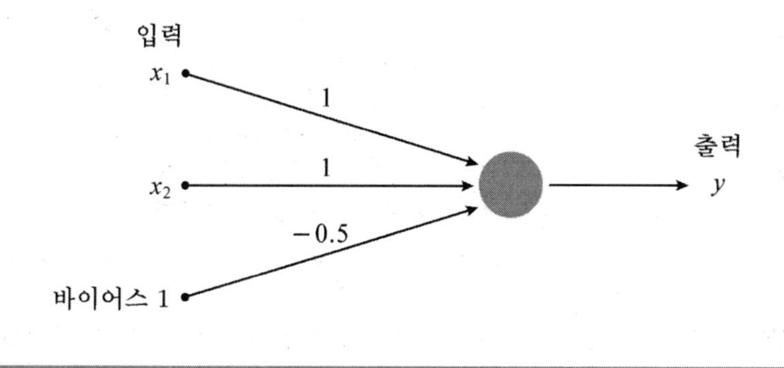

다층 신경망을 이용한 패턴 분류기

그림 6.7과 같이 하나의 판단 경계선으로는 패턴들을 분류할 수 없는 문제들을 선형 분리 불가능하다고 하며, 이러한 문제를 해결하기 위해서는 일반적으로 다층 신경망을 이용한 패턴 분류기가 사용된다.

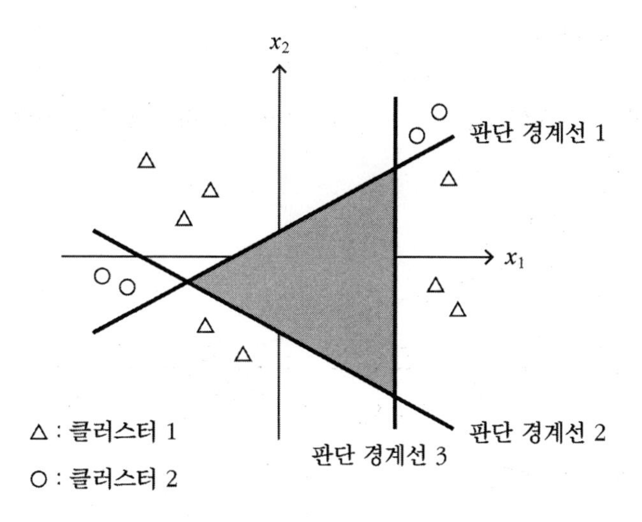

| 그림 6.7 | 다층 신경망에 의한 패턴 분류

예제 6.6 :: XOR 연산을 위한 다층 신경망 분류기를 설계하라.

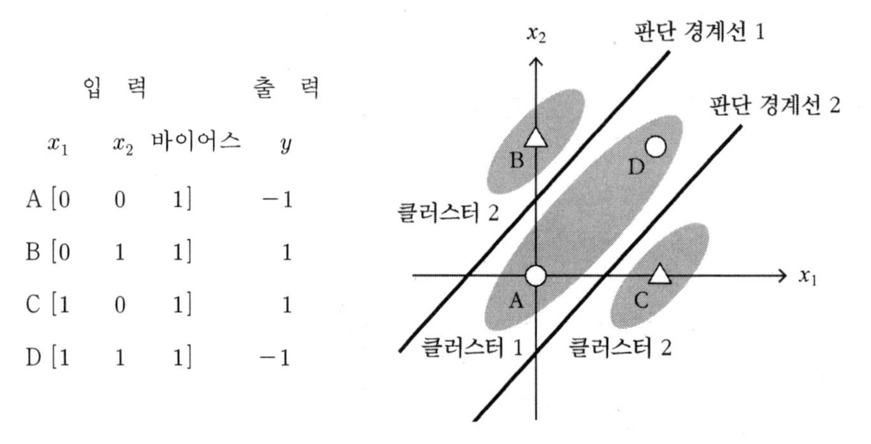

	입 력			출 력
	x_1	x_2	바이어스	y
A	[0	0	1]	−1
B	[0	1	1]	1
C	[1	0	1]	1
D	[1	1	1]	−1

풀이 판단 경계선 1은 $-x_1+x_2-0.5=0$이므로 다음과 같은 단층 신경망으로 구성할 수 있다.

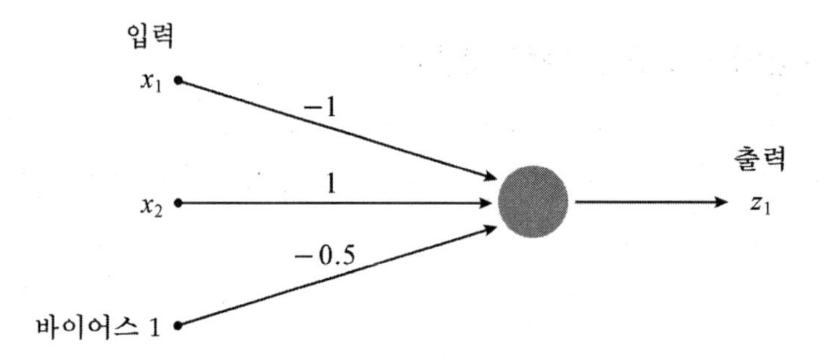

마찬가지로 판단 경계선 2는 $x_1-x_2-0.5=0$이므로 다음과 같은 단층 신경망으로 구성할 수 있다.

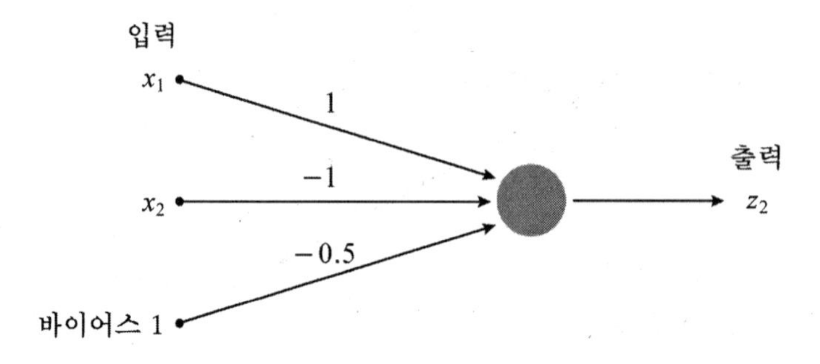

이제 판단 경계선 1의 역할을 하는 z_1과 판단 경계선 2의 역할을 하는 z_2를 뉴런

y에 연결하여 그림 6.8과 같은 다층 신경망을 구성할 수 있다. 이때의 판단 경계선은 다음과 같다.

$$z_1 + z_2 + 1 = 0$$

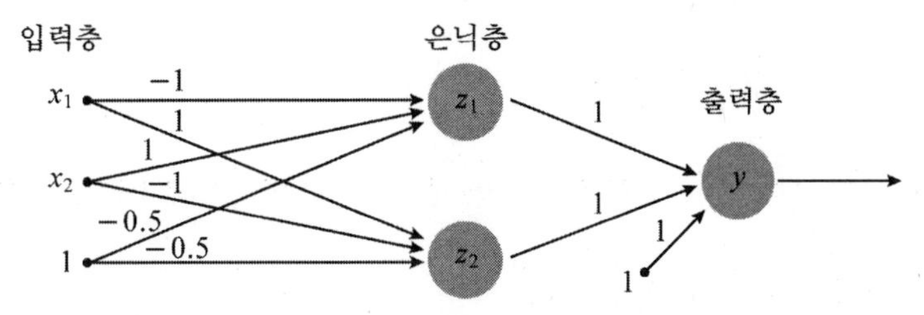

| 그림 6.8 | XOR 연산을 위한 다층 신경망 분류기

예제 6.7 :: 예제 6.6에서 설계한 다층 신경망(그림 6.8)으로 XOR 연산이 가능한지 검증해 보라. 단, 뉴런 z_1, z_2, y가 임계치 0인 양극성 계단 함수를 활성화 함수로 사용한다고 가정한다.

풀이 a. 패턴 A[0 0]이 입력되는 경우 :

은닉층 뉴런 z_1의 입력 가중합 NET와 출력 z_1은 다음과 같다.

$$\begin{aligned} NET &= 0\times(-1) + 0\times 1 + 1\times(-0.5) \\ &= -0.5 \\ z_1 &= f(-0.5) \\ &= -1 \end{aligned}$$

은닉층 뉴런 z_2의 입력 가중합 NET와 출력 z_2는 다음과 같다.

$$\begin{aligned} NET &= 0\times 1 + 0\times(-1) + 1\times(-0.5) \\ &= -0.5 \\ z_2 &= f(-0.5) \\ &= -1 \end{aligned}$$

출력층 뉴런 y의 입력 가중합 NET와 출력 y는 다음과 같다.

$$\begin{aligned} NET &= (-1)\times 1 + (-1)\times 1 + 1\times 1 \\ &= -1 \\ y &= f(-1) \\ &= \boxed{-1} \end{aligned}$$

따라서, 패턴 A[0 0]이 입력되면 출력이 -1, 즉 클러스터 1로 분류됨을 알 수 있다.

b. 패턴 B[0 1]이 입력되는 경우 :
은닉층 뉴런 z_1의 입력 가중합 NET와 출력 z_1은 다음과 같다.

$$\begin{aligned} NET &= 0\times(-1) + 1\times 1 + 1\times(-0.5) \\ &= 0.5 \\ z_1 &= f(0.5) \\ &= +1 \end{aligned}$$

은닉층 뉴런 z_2의 입력 가중합 NET와 출력 z_2는 다음과 같다.

$$\begin{aligned} NET &= 0\times 1 + 1\times(-1) + 1\times(-0.5) \\ &= -1.5 \\ z_2 &= f(-1.5) \\ &= -1 \end{aligned}$$

출력층 뉴런 y의 입력 가중합 NET와 출력 y는 다음과 같다.

$$\begin{aligned} NET &= 1\times 1 + (-1)\times 1 + 1\times 1 \\ &= +1 \\ y &= f(1) \\ &= \boxed{+1} \end{aligned}$$

따라서, 패턴 B[0 1]이 입력되면 출력이 $+1$, 즉 클러스터 2로 분류됨을 알 수 있다.

c. 패턴 C[1 0]이 입력되는 경우 :
은닉층 뉴런 z_1의 입력 가중합 *NET*와 출력 z_1은 다음과 같다.

$$NET = 1\times(-1) + 0\times1 + 1\times(-0.5)$$
$$= -1.5$$
$$z_1 = f(-1.5)$$
$$= -1$$

은닉층 뉴런 z_2의 입력 가중합 *NET*와 출력 z_2는 다음과 같다.

$$NET = 1\times1 + 0\times(-1) + 1\times(-0.5)$$
$$= 0.5$$
$$z_2 = f(0.5)$$
$$= +1$$

출력층 뉴런 y의 입력 가중합 *NET*와 출력 y는 다음과 같다.

$$NET = (-1)\times1 + 1\times1 + 1\times1$$
$$= 1$$
$$y = f(1)$$
$$= \boxed{+1}$$

따라서, 패턴 C[1 0]이 입력되면 출력이 +1, 즉 클러스터 2로 분류됨을 알 수 있다.

d. 패턴 D[1 1]이 입력되는 경우 :
은닉층 뉴런 z_1의 입력 가중합 *NET*와 출력 z_1은 다음과 같다.

$$NET = 1\times(-1) + 1\times1 + 1\times(-0.5)$$
$$= -0.5$$
$$z_1 = f(-0.5)$$
$$= -1$$

은닉층 뉴런 z_2의 입력 가중합 NET와 출력 z_2는 다음과 같다.

$$\begin{aligned} NET &= 1\times1 + 1\times(-1) + 1\times(-0.5) \\ &= -0.5 \end{aligned}$$

$$\begin{aligned} z_2 &= f(-0.5) \\ &= -1 \end{aligned}$$

출력층 뉴런 y의 입력 가중합 NET와 출력 y는 다음과 같다.

$$\begin{aligned} NET &= (-1)\times1 + (-1)\times1 + 1\times1 \\ &= -1 \end{aligned}$$

$$\begin{aligned} y &= f(-1) \\ &= \boxed{-1} \end{aligned}$$

따라서, 패턴 D[1 1]이 입력되면 출력이 -1, 즉 클러스터 1로 분류됨을 알 수 있다.

한편, 이 결과를 z_1과 z_2 좌표 상에 도시하면 $z_1+z_2+1=0$의 판단 경계선에 의하여 클러스터 1(A와 D), 클러스터 2(B와 C)가 분리되므로 다층 신경망 구조를 이용하여 XOR 연산이 가능함을 알 수 있다.

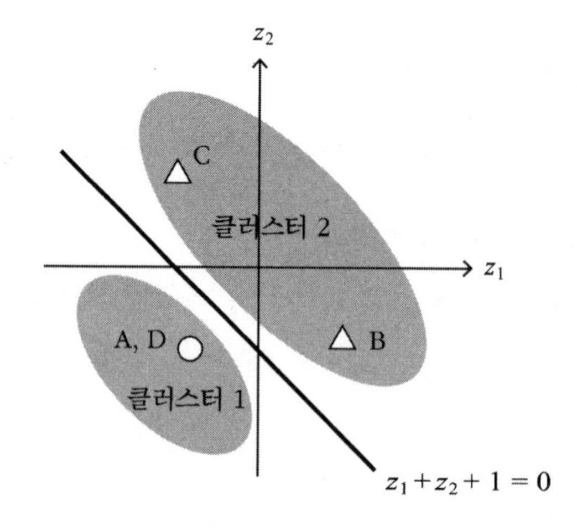

연습문제

6.1 일반적으로 패턴이라고 하는 것은 무엇을 의미하는가?

6.2 공간 패턴과 시변 패턴의 차이점에 대하여 기술하라.

6.3 다음 중 공간 패턴이 아닌 것은?
① 문자 ② 사진 ③ 그림 ④ 음성 신호

6.4 다음 중 시변 패턴이 아닌 것은?
① 사진 ② 음성 신호 ③ 온도 ④ 심전도 파형

6.5 신경망을 이용한 패턴 분류 시스템은 트랜스듀서, 특징 추출기, 분류기의 3부분으로 구성되어 있다. 이들의 기능에 대하여 기술하라.

6.6 패턴 인식에 있어서 특징을 추출하는 이유는 무엇인가?

6.7 다음과 같은 2개의 패턴들을 분류할 수 있는 단층 신경망 분류기를 설계하고, 패턴 분류가 가능함을 보여라.

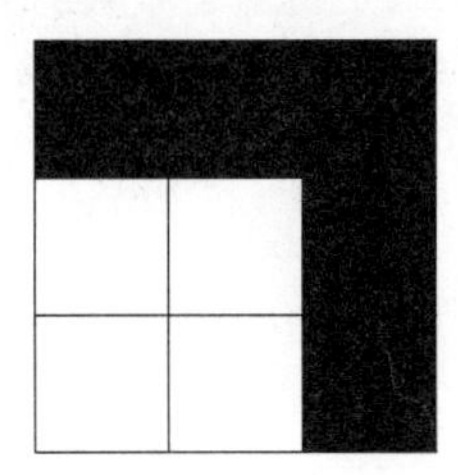

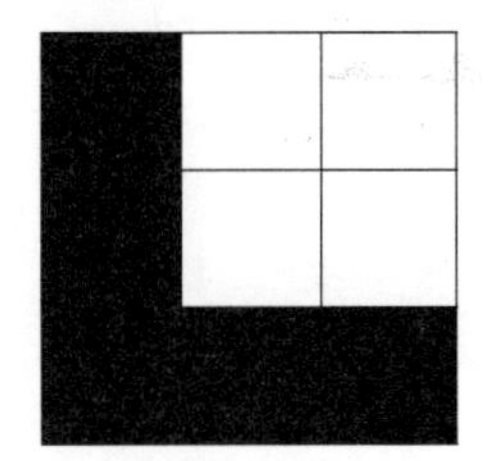

6.8 3×3 화소로 구성된 패턴을 신경망에 입력하기 위해서는 입력층에 몇 개의 뉴런을 배치하여야 하는가? 단, 바이어스 입력도 포함한다.

① 6 ② 7 ③ 9 ④ 10

6.9 그림과 같은 9×7 화소의 숫자를 인식할 수 있는 단층 신경망 분류기를 설계하라.

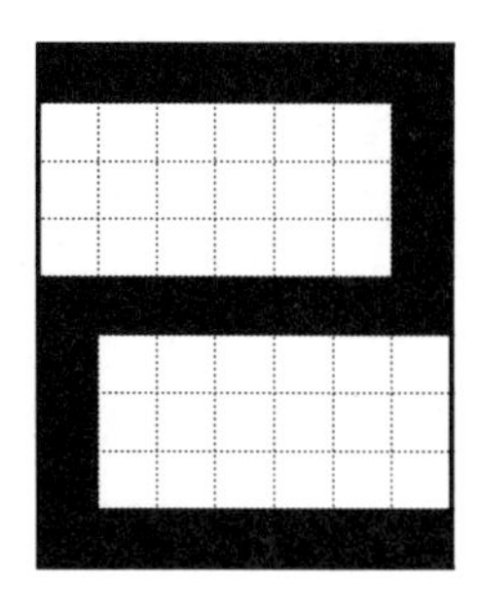

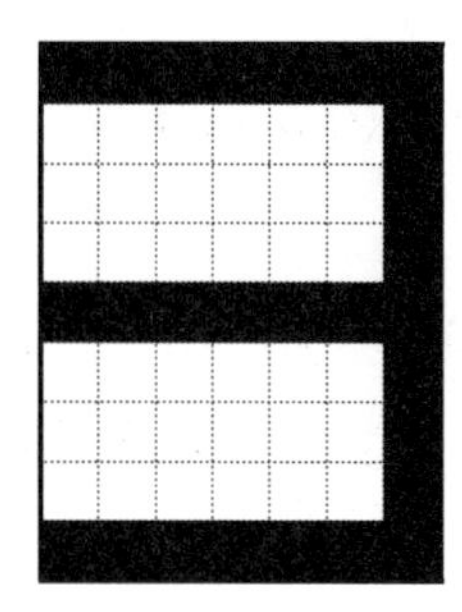

6.10 선형 분리와 판별 함수에 대하여 기술하라.

6.11 다음과 같은 4개의 패턴을 2가지 클러스터로 분류하는 신경망 분류기를 설계하라.

	입력 패턴 x_1	x_2	출력
A	[−1	−1]	−1
B	[−1	1]	+1
C	[1	−1]	+1
D	[1	1]	−1

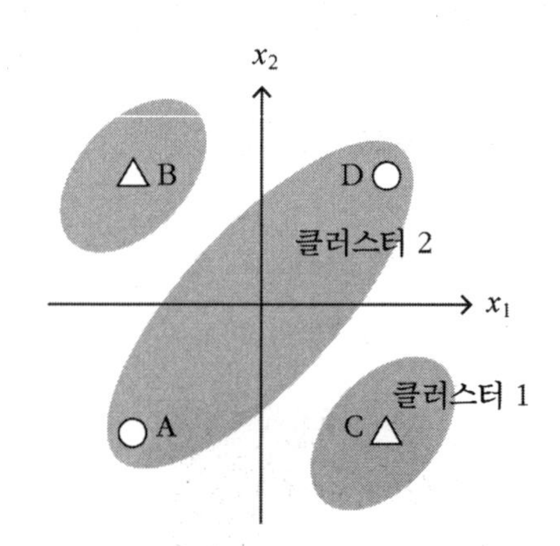

6.12 다음과 같은 4개의 패턴을 2개의 클러스터로 분류하는 신경망 분류기를 설계하라.

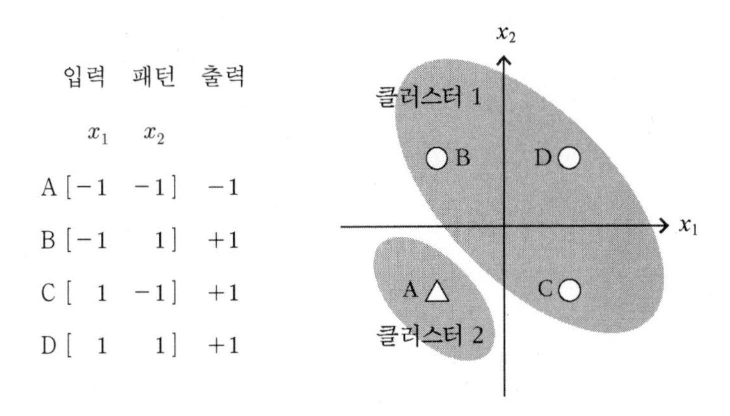

입력 패턴	x_1	x_2	출력
A	[−1	−1]	−1
B	[−1	1]	+1
C	[1	−1]	+1
D	[1	1]	+1

6.13 패턴 공간에 그림과 같이 분포되어 있는 패턴들을 2개의 클러스터로 분류하는 다층 신경망 분류기를 설계하라.

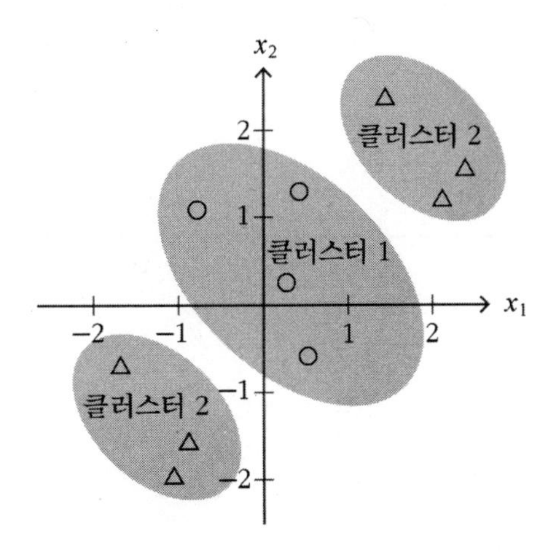

CHAPTER **07**

퍼셉트론

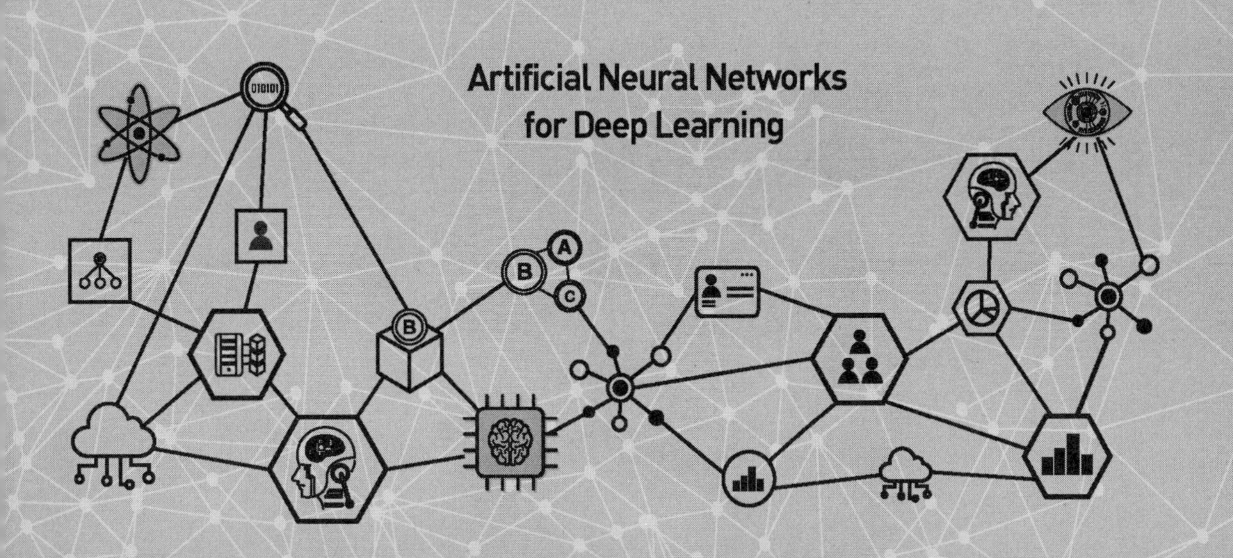

7.1 퍼셉트론의 구조

이 절에서는 최초의 신경망 모델인 퍼셉트론의 구조와 패턴 인식에 사용되는 다중 출력 퍼셉트론에 대하여 알아본다.

퍼셉트론은 본래 F. Rosenblatt가 제안한 것으로 그림 7.1과 같이 수용층, 연합층, 반응층의 3계층 구조로 되어 있다.

- **수용층** : 외부의 입력을 받아들여서 연합층에 전달하는 기능을 한다.
- **연합층** : 수용층으로부터의 입력을 반응층에 전달하는 기능을 한다.
- **반응층** : 입력 가중합을 구하여 최종 출력을 내보내는 기능을 한다.

오늘날에는 Rosenblatt의 퍼셉트론에서 수용층과 연합층을 통합하여 그림 7.2와 같이 단층 신경망 구조로 대체한 것을 퍼셉트론이라고 한다. 경우에 따라서는 분류에 사용되는 다층 신경망을 모두 다층 퍼셉트론(MLP : Multi-Layer Perceptron)이라고 부르기도 한다.

퍼셉트론의 입력 가중합 *NET*는 다음과 같다.

$$NET = \mathbf{x}\mathbf{w}^{\mathrm{T}} \tag{7.1}$$

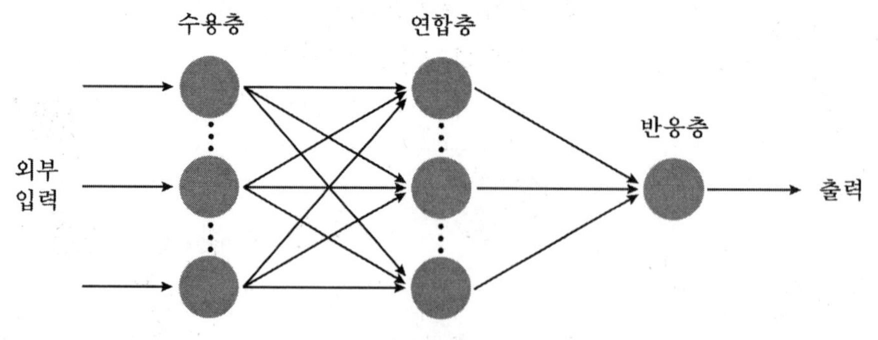

| 그림 7.1 | Rosenblatt의 퍼셉트론

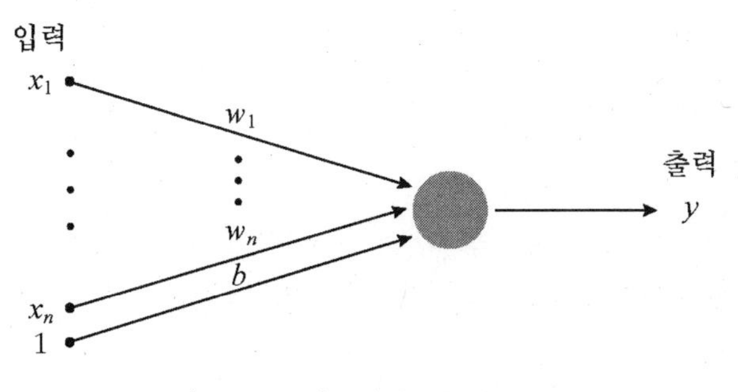

| 그림 7.2 | 퍼셉트론의 구조

퍼셉트론은 양극성 계단 함수를 활성화 함수로 사용하므로 출력 y는 다음과 같다.

$$y = f(NET) = \begin{cases} +1 & : NET > T \\ 0 & : NET = T \\ -1 & : NET < T \end{cases} \quad (7.2)$$

여기서, T는 임계치이다.

예제 7.1 :: 그림과 같은 퍼셉트론에서 외부 입력$[1 \ \ 2]$가 입력될 경우의 출력을 구하라. 단, 임계치는 2이다.

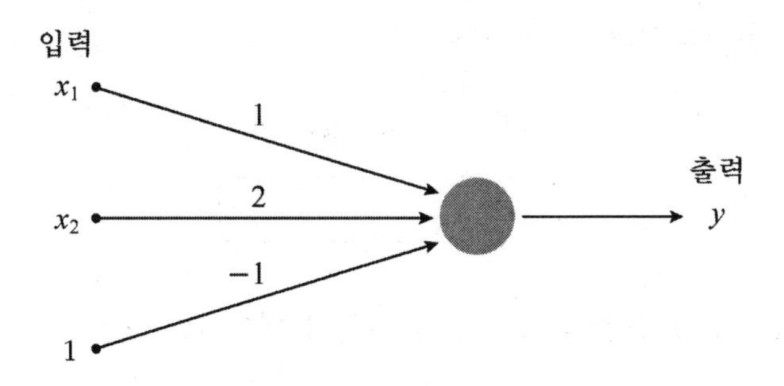

풀이 입력 가중합 NET는 식 (7.1)에 의해 구할 수 있다.

$$NET = \mathbf{x}\mathbf{w}^{T} = [1\ 2\ 1]\begin{bmatrix} 1 \\ 2 \\ -1 \end{bmatrix} = 4$$

임계치가 2인 양극성 계단 함수를 활성화 함수로 사용하므로 퍼셉트론의 출력 y는 다음과 같다.

$$y = f(NET) = f(4) = 1$$

예제 7.2 :: 그림과 같은 퍼셉트론에서 패턴 x가 입력될 경우의 출력을 구하라. 단, 임계치는 0이다.

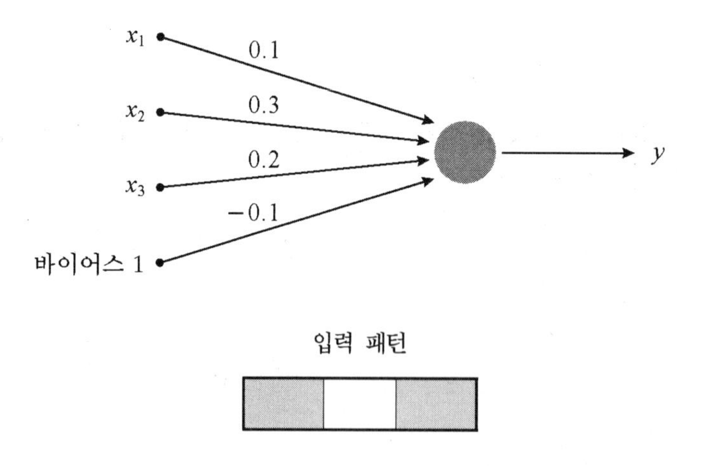

풀이 바이어스를 포함한 입력 패턴을 양극성 데이터로 표현하면 다음과 같다.

입력 패턴 : $\mathbf{x} = [1\ \ -1\ \ 1\ \ 1]$

입력 가중합 NET는 식 (7.1)에 의해 구할 수 있다.

$$
\begin{aligned}
NET &= \mathbf{xw}^{\mathrm{T}} \\
&= [1 -1 1 1] \begin{bmatrix} 0.1 \\ 0.3 \\ 0.2 \\ -0.1 \end{bmatrix} \\
&= -0.1
\end{aligned}
$$

임계치가 0인 양극성 계단 함수를 활성화 함수로 사용하므로 퍼셉트론의 출력 y는 식 (7.2)에 의해 다음과 같다.

$$
\begin{aligned}
y &= f(NET) \\
&= f(-0.1) \\
&= -1
\end{aligned}
$$

다중 출력 퍼셉트론

퍼셉트론은 출력층의 뉴런이 단지 1개이므로 2가지 유형의 패턴 분류만이 가능하다. 그렇지만, 실제 대부분의 응용에서는 여러 형태의 패턴을 분류하여야 한다.

예를 들어, 숫자 인식의 경우에는 0 ~ 9의 10가지 출력이 나와야 하고, 영문자 인식의 경우에는 A ~ Z의 26가지 출력이 나와야 한다. 이와 같이 여러 가지 출력이 요구되는 경우에는 다중 출력 퍼셉트론을 사용할 수 있다.

다중 출력 퍼셉트론은 그림 7.3과 같이 단층 신경망이지만 출력층에 여러 개의 뉴런들이 배치된 구조이다.

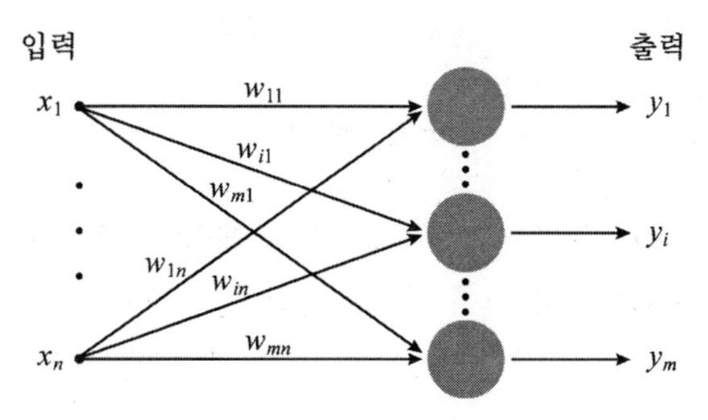

| 그림 7.3 | 다중 출력 퍼셉트론

다중 출력 퍼셉트론의 경우, 출력층 첫 번째 뉴런의 입력 가중합 NET_1과 출력 y_1은 다음과 같다.

$$
\begin{aligned}
NET_1 &= x_1 w_{11} + \cdots + x_n w_{1n} \\
&= \begin{bmatrix} x_1 & \cdots & x_n \end{bmatrix} \begin{bmatrix} w_{11} \\ \vdots \\ w_{1n} \end{bmatrix} \\
y_1 &= f(NET_1) \\
&= \begin{cases} +1 & : \quad NET_1 > T \\ 0 & : \quad NET_1 = T \\ -1 & : \quad NET_1 < T \end{cases}
\end{aligned}
\tag{7.3}
$$

마찬가지로 출력층 *m*번째 뉴런의 입력 가중합 NET_m와 출력 y_m는 다음과 같다.

$$
\begin{aligned}
NET_m &= x_1 w_{m1} + \cdots + x_n w_{mn} \\
&= \begin{bmatrix} x_1 & \cdots & x_n \end{bmatrix} \begin{bmatrix} w_{m1} \\ \vdots \\ w_{mn} \end{bmatrix} \\
y_m &= f(NET_m) \\
&= \begin{cases} +1 & : \quad NET_m > T \\ 0 & : \quad NET_m = T \\ -1 & : \quad NET_m < T \end{cases}
\end{aligned}
\tag{7.4}
$$

다중 출력 퍼셉트론의 경우에는 연결 강도 W가 매트릭스 형태이고, 목표치 d가 벡터 형태일 뿐 학습 알고리즘은 퍼셉트론 학습 방법과 동일하다.

이제 한글, 영문자, 숫자 등을 인식하는 다중 출력 퍼셉트론의 구조에 대하여 예를 통해 알아보자.

예제 7.3 :: 다음과 같은 3가지 문자를 인식하는 다중 출력 퍼셉트론을 설계하라.

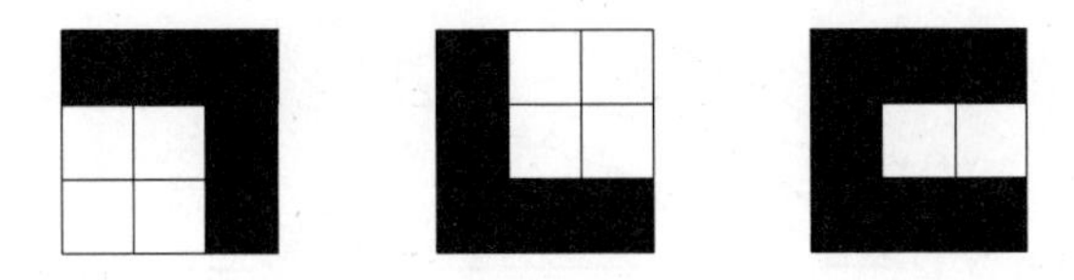

풀이 9개의 화소로 구성된 문자를 신경망에 입력하기 위해 입력층의 뉴런은 바이어스를 포함하여 10개로 하며, ㄱ, ㄴ, ㄷ의 3가지 문자를 인식하여야 함으로 출력층의 뉴런은 3개인 다중 출력 퍼셉트론을 설계할 수 있다.

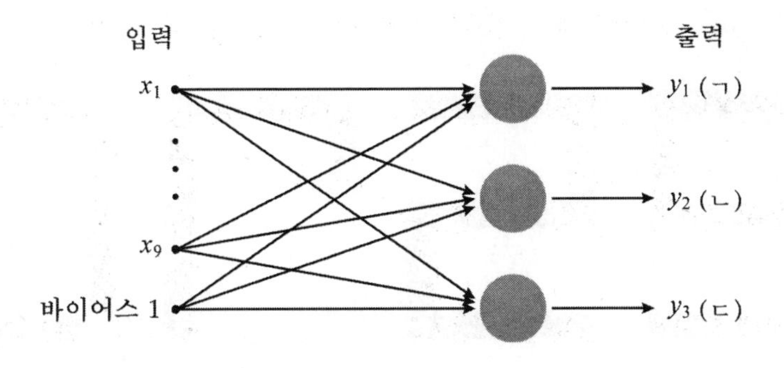

예제 7.4 :: 다음과 같은 영문자를 인식하는 다중 출력 퍼셉트론을 설계하라.

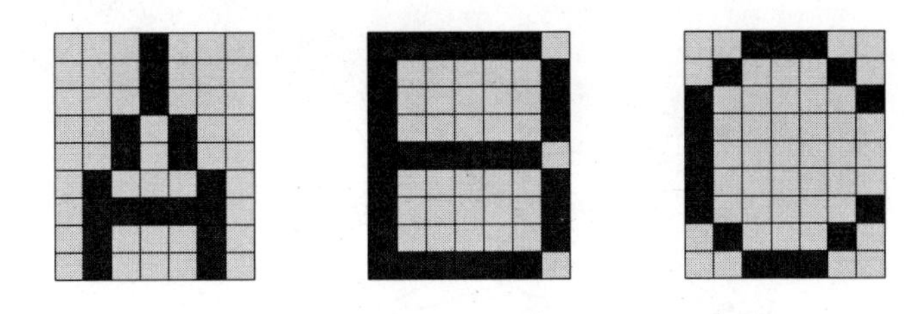

풀이 영문자가 63개의 화소로 구성되어 있으므로 바이어스를 포함한 입력층의 뉴런이 64개이며, 인식 결과는 A, B, C의 3가지 문자 중 하나이므로 출력층의 뉴런이 3개인 다중 출력 퍼셉트론을 설계할 수 있다.

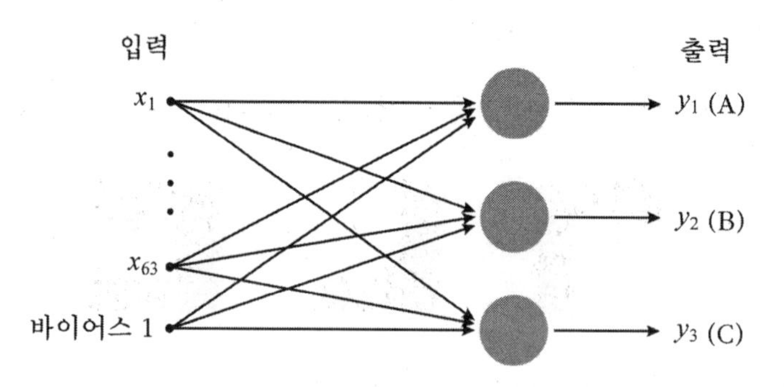

예제 7.5 :: 그림과 같은 숫자를 인식하는 다중 출력 퍼셉트론을 설계하라.

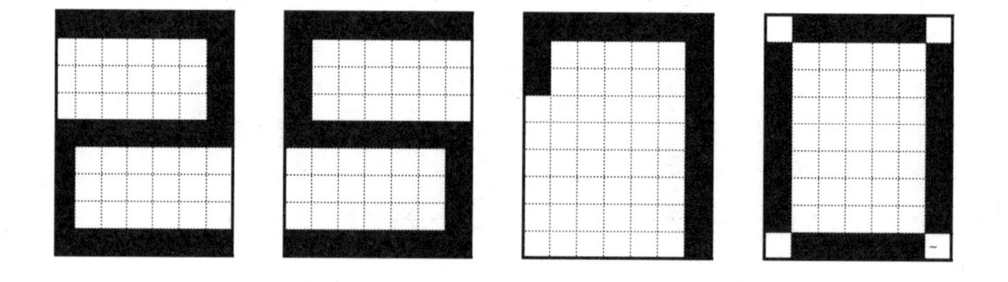

풀이 숫자가 63개의 화소로 구성되어 있으므로 바이어스를 포함한 입력층의 뉴런이 64개이며, 인식 결과는 2, 5, 7, 0의 4가지 숫자 중 하나이므로 출력층의 뉴런이 4개인 다중 출력 퍼셉트론을 설계할 수 있다.

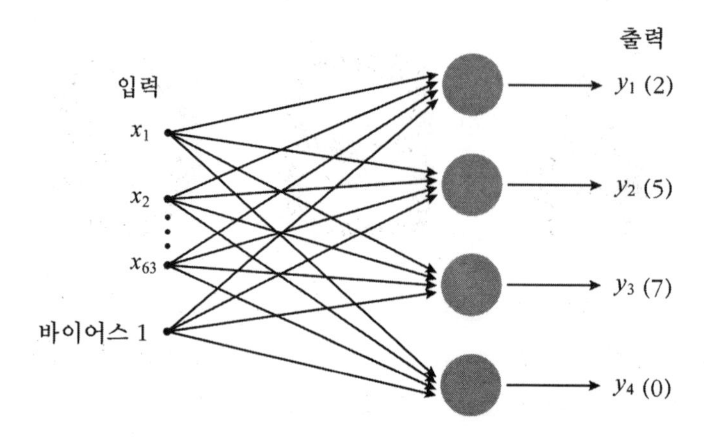

7.2 퍼셉트론의 학습 알고리즘

퍼셉트론을 특정 응용에 활용하기 위해서는 미리 학습이 수행되어야 하며, 퍼셉트론의 학습 알고리즘을 그림 7.4에 기술하였다.

- **단계 1** : 연결 강도(가중치)를 임의의 작은 값으로 초기화하고, 학습시킬 p개의 학습 패턴쌍(입력 패턴 $\mathbf{x}$, 목표치 d)들을 선정한다.

- **단계 2** : 학습률 η를 결정한다. 퍼셉트론에서는 일반적으로 학습률 η를 0에서 1 사이의 값으로 한다.

- **단계 3** : 연결 강도를 변경하기 위해 학습 패턴쌍들을 차례로 입력한다.

- **단계 4** : 입력되는 학습 패턴의 가중합 NET를 구한 다음, 임계치가 T인 양극성 계단 함수를 활성화 함수로 사용하여 출력 y를 구한다.

$$
\begin{aligned}
NET &= \mathbf{x}\mathbf{w}^{\mathrm{T}} \\
y &= \begin{cases} +1 & : \ NET > T \\ 0 & : \ NET = T \\ -1 & : \ NET < T \end{cases}
\end{aligned} \tag{7.5}
$$

- **단계 5** : 출력 y와 목표치 d를 비교한다. 만약, 출력과 목표치가 동일한 경우에는 연결 강도를 변경하지 않고, 출력이 목표치와 다른 경우에만 연결 강도를 변경한다.

- **단계 6** : 연결 강도 변화량 $\Delta\mathbf{w}$를 계산하여 다음 학습 단계에서 사용될 연결 강도 $\mathbf{w}^{k+1}$를 구한다.

$$
\begin{aligned}
\Delta\mathbf{w} &= \eta(d - y)\mathbf{x} \\
\mathbf{w}^{k+1} &= \mathbf{w}^{k} + \Delta\mathbf{w}
\end{aligned} \tag{7.6}
$$

Step 1 : Initialize weights and counter

$w \leftarrow$ *small random value*

$p \leftarrow$ *number of training pattern pairs*

$k \leftarrow 1$

Step 2 : Set learning rate η

Step 3 : For each training pattern pair$(\mathbf{x}, d)$

do Step 4 ~ 6 until $k = p$

Step 4 : Compute output

$$y = \begin{cases} +1 & : NET > T \\ 0 & : NET = T \\ -1 & : NET < T \end{cases}$$

Step 5 : Compare output and desired output

If $y = d$, $k \leftarrow k+1$ *and goto Step 3*

Step 6 : Update weights

$\mathbf{w} \leftarrow \mathbf{w} + \eta(d-y)\mathbf{x}$

Increase counter and goto Step 3

$k \leftarrow k+1$

Step 7 : Test stop condition

If no weights were changed in Step 3 ~ 6, stop

else, $k \leftarrow 1$ *and goto Step 3*

| 그림 7.4 | 퍼셉트론의 학습 알고리즘

- **단계** 7 : 학습 패턴쌍을 반복 입력하여 연결 강도를 갱신하며, 더 이상 연결 강도가 변하지 않으면 학습을 종료한다.

이제 퍼셉트론의 구조를 설계하는 방법과 퍼셉트론을 학습하는 과정에서 연결 강도가 어떻게 변하는지 예를 통해 알아보자.

예제 7.6 :: 다음과 같은 패턴을 2가지 유형으로 분류하는 퍼셉트론을 설계하고, 학습하는 과정을 기술하라.

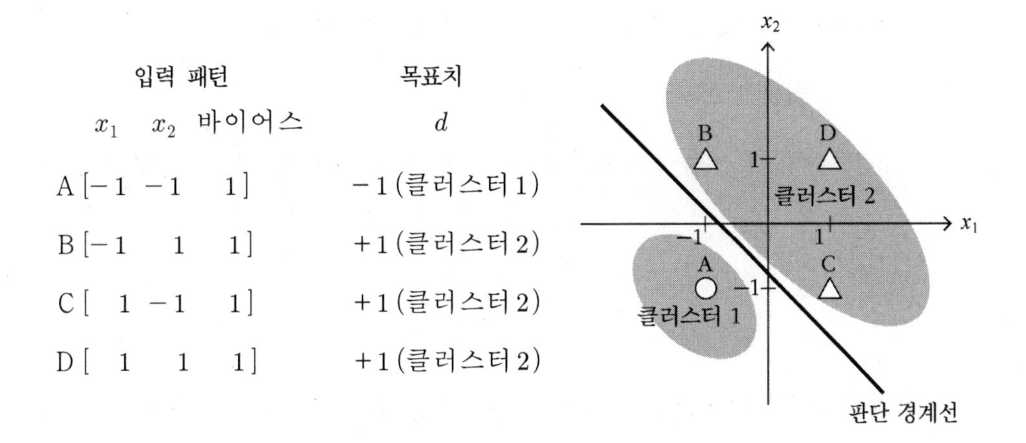

	입력 패턴			목표치
	x_1	x_2	바이어스	d
A	[−1	−1	1]	−1(클러스터 1)
B	[−1	1	1]	+1(클러스터 2)
C	[1	−1	1]	+1(클러스터 2)
D	[1	1	1]	+1(클러스터 2)

풀이 먼저, 입력이 x_1, x_2, 바이어스의 3개이므로 입력층의 뉴런이 3개이고, 출력은 +1, −1의 2가지이므로 출력층의 뉴런이 1개인 퍼셉트론을 설계한다.
초기 연결 강도 $\mathbf{w}^0 = [0.2 \quad 0.1 \quad -0.1]$을 설정하고, 퍼셉트론을 학습시킨다. 편의상 학습률 $\eta=1$, 임계치 $T=0$으로 한다.

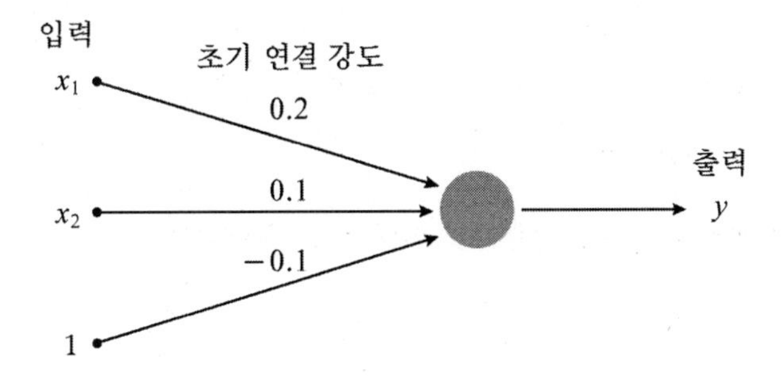

패스 1 학습 입력 패턴 A[−1 −1 1]에 의한 입력 가중합 *NET*와 출력 y는 다음과 같다.

$$
\begin{aligned}
NET &= \mathbf{x}(\mathbf{w}^0)^T \\
&= [-1 \quad -1 \quad 1]\begin{bmatrix} 0.2 \\ 0.1 \\ -0.1 \end{bmatrix} \\
&= -0.4
\end{aligned}
$$

$$
\begin{aligned}
y &= f(NET) \\
&= f(-0.4) \\
&= \boxed{-1}
\end{aligned}
$$

출력(−1)과 목표치(−1)가 동일하므로 연결 강도를 변경하지 않는다.

$$\mathbf{w}^1 = \mathbf{w}^0 = [0.2 \quad 0.1 \quad -0.1]$$

마찬가지 방법으로 학습 입력 패턴 $\mathrm{B} = [-1 \quad 1 \quad 1]$에 의한 *NET*와 y를 구할 수 있다.

$$\begin{aligned} NET &= \mathbf{x}(\mathbf{w}^1)^{\mathrm{T}} \\ &= -0.2 \\ y &= -1 \end{aligned}$$

출력(−1)과 목표치(+1)가 다르므로 연결 강도를 변경한다. 연결 강도의 변화량 $\Delta\mathbf{w}$와 다음 학습 단계의 연결 강도 $\mathbf{w}^2$는 식 (7.6)에 의해 구할 수 있다.

$$\begin{aligned} \Delta\mathbf{w} &= \eta(d - y)\mathbf{x} \\ &= 1 \times \{1 - (-1)\}[-1 \quad 1 \quad 1] \\ &= [-2 \quad 2 \quad 2] \\ \mathbf{w}^2 &= \mathbf{w}^1 + \Delta\mathbf{w} \\ &= [0.2 \quad 0.1 \quad -0.1] + [-2 \quad 2 \quad 2] \\ &= [-1.8 \quad 2.1 \quad 1.9] \end{aligned}$$

학습 입력 패턴 $\mathrm{C}[1 \quad -1 \quad 1]$에 의한 *NET*와 y는 다음과 같다.

$$\begin{aligned} NET &= \mathbf{x}(\mathbf{w}^2)^{\mathrm{T}} \\ &= -2 \\ y &= \boxed{-1} \end{aligned}$$

출력(−1)과 목표치(+1)가 다르므로 연결 강도를 변경한다.

$$\begin{aligned} \Delta\mathbf{w} &= \eta(d - y)\mathbf{x} \\ &= 1 \times \{1 - (-1)\}[1 \quad -1 \quad 1] \\ &= [2 \quad -2 \quad 2] \\ \mathbf{w}^3 &= \mathbf{w}^2 + \Delta\mathbf{w} \\ &= [-1.8 \quad 2.1 \quad 1.9] + [2 \quad -2 \quad 2] \\ &= [0.2 \quad 0.1 \quad 3.9] \end{aligned}$$

학습 입력 패턴 D[1 1 1]에 의한 *NET*와 y는 다음과 같다.

$$NET = \mathbf{x}(\mathbf{w}^3)^{\mathrm{T}}$$
$$= 4.2$$
$$y = \boxed{+1}$$

출력(+1)과 목표치(+1)가 동일하므로 연결 강도를 변경하지 않는다.

$$\mathbf{w}^4 = \mathbf{w}^3 = [0.2 \quad 0.1 \quad 3.9]$$

패스 2 패스 1과 마찬가지로 4개의 학습 패턴쌍을 이용하여 반복 학습한 결과 더 이상 연결 강도가 변하지 않으므로 퍼셉트론의 학습을 종료한다.

최종 연결 강도 : $\mathbf{w} = [2.2 \quad 2.1 \quad 1.9]$

최종 연결 강도에 의한 판단 경계선은 다음과 같으므로 원하는 결과를 얻을 수 있다.

$$\underline{2.2x_1} + \underline{2.1x_2} + \underline{1.9} = 0$$
$$\downarrow \qquad \downarrow \qquad \downarrow$$
$$w_1 \qquad w_2 \qquad b$$

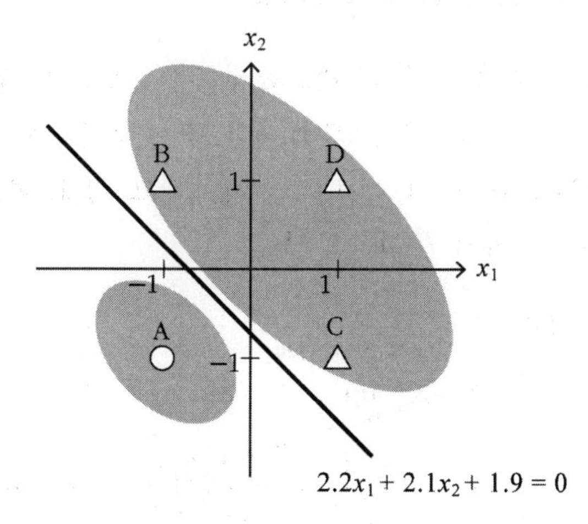

따라서, 입력 패턴을 2가지 유형으로 분류하는 퍼셉트론은 다음과 같다.

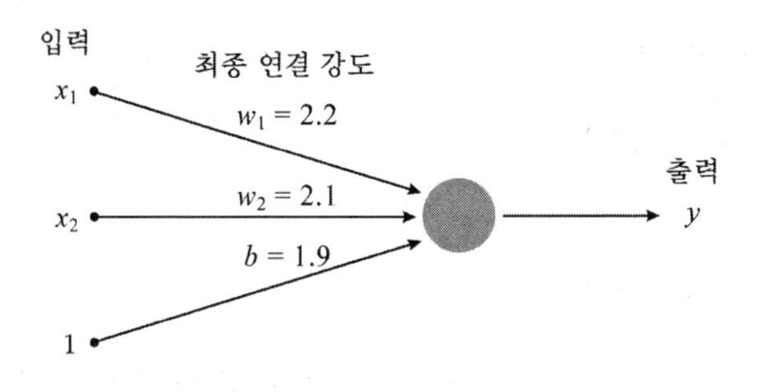

예제 7.7 :: 다음과 같은 패턴을 2가지 유형으로 분류하는 퍼셉트론을 설계하고, 학습하는 과정을 기술하라.

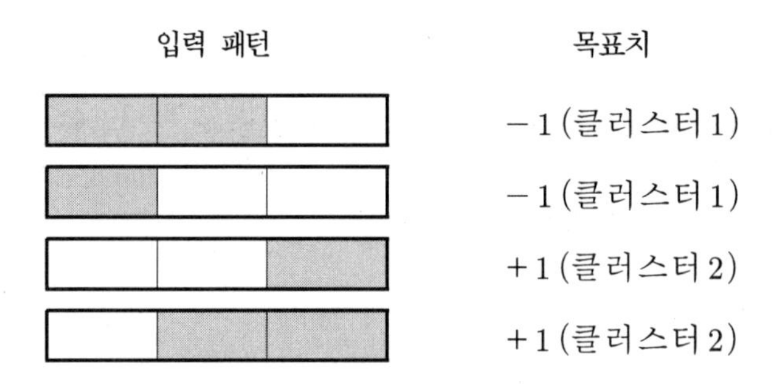

풀이 먼저, 입력 패턴들이 3개의 화소로 구성되어 있으므로 입력층의 뉴런이 3개이고, 출력은 +1, −1의 2가지이므로 출력층의 뉴런이 1개인 퍼셉트론을 설계한다. 초기 연결 강도 $\mathbf{w}^0 = [0.1 \ \ -0.1 \ \ 0.1]$을 설정하고, 퍼셉트론을 학습시킨다. 편의상 학습률 $\eta = 1$, 임계치 $T = 0$으로 한다.

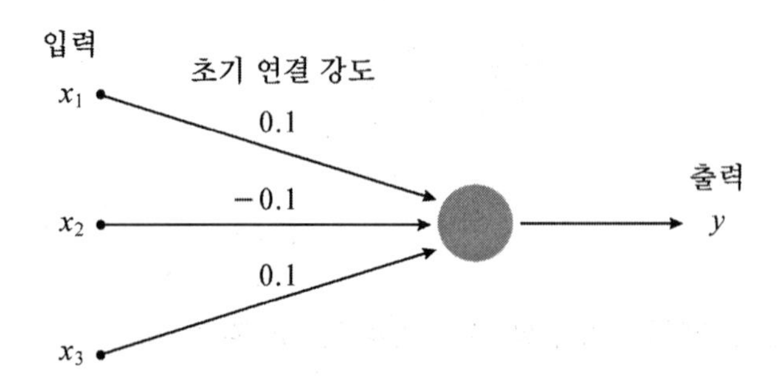

패스 1 학습 입력 패턴 A[1 1 −1]에 의한 입력 가중합 *NET*와 출력 y는 다음과 같다.

$$\begin{aligned} NET &= \mathbf{x}(\mathbf{w}^0)^{\mathrm{T}} \\ &= [1\ 1 -1]\begin{bmatrix} 0.1 \\ -0.1 \\ 0.1 \end{bmatrix} \\ &= -0.1 \end{aligned}$$

$$\begin{aligned} y &= f(NET) \\ &= f(-0.1) \\ &= \boxed{-1} \end{aligned}$$

출력(−1)과 목표치(−1)가 동일하므로 연결 강도를 변경하지 않는다.

$$\mathbf{w}^1 = \mathbf{w}^0 = [0.1\ \ -0.1\ \ 0.1]$$

마찬가지 방법으로 학습 입력 패턴 B=[1 −1 −1]에 의한 *NET*와 y를 구할 수 있다.

$$\begin{aligned} NET &= \mathbf{x}(\mathbf{w}^1)^{\mathrm{T}} \\ &= 0.1 \\ y &= \boxed{+1} \end{aligned}$$

출력(+1)과 목표치(−1)가 다르므로 연결 강도를 변경한다. 연결 강도의 변화량 $\Delta\mathbf{w}$와 다음 학습 단계의 연결 강도 $\mathbf{w}^2$는 다음과 같다.

$$\begin{aligned} \Delta\mathbf{w} &= \eta(d - y)\mathbf{x} \\ &= 1\times\{(-1)-1\}[1\ \ -1\ \ -1] \\ &= [-2\ 2\ 2] \end{aligned}$$

$$\begin{aligned} \mathbf{w}^2 &= \mathbf{w}^1 + \Delta\mathbf{w} \\ &= [0.1\ \ -0.1\ \ 0.1] + [-2\ \ 2\ \ 2] \\ &= [-1.9\ \ 1.9\ \ 2.1] \end{aligned}$$

학습 입력 패턴 C[−1 −1 1]에 의한 *NET*와 y는 다음과 같다.

$$
\begin{aligned}
NET &= \mathbf{x}(\mathbf{w}^2)^{\mathrm{T}} \\
&= 2.1 \\
y &= \boxed{+1}
\end{aligned}
$$

출력(+1)과 목표치(+1)가 동일하므로 연결 강도를 변경하지 않는다.

$$\mathbf{w}^3 = \mathbf{w}^2 = [-1.9 \quad 1.9 \quad 2.1]$$

학습 입력 패턴 D[−1 1 1]에 의한 *NET*와 y는 다음과 같다.

$$
\begin{aligned}
NET &= \mathbf{x}(\mathbf{w}^3)^{\mathrm{T}} \\
&= 5.9 \\
y &= \boxed{+1}
\end{aligned}
$$

출력(+1)과 목표치(+1)가 동일하므로 연결 강도를 변경하지 않는다.

$$\mathbf{w}^4 = \mathbf{w}^3 = [-1.9 \quad 1.9 \quad 2.1]$$

패스 2 패스 1과 마찬가지로 4개의 학습 패턴쌍을 이용하여 반복 학습한 결과 더 이상 연결 강도가 변하지 않으므로 퍼셉트론의 학습을 종료한다.

최종 연결 강도 : $\mathbf{w} = [-1.9 \quad 1.9 \quad 2.1]$

따라서, 입력 패턴을 2가지 유형으로 분류하는 퍼셉트론은 다음과 같다.

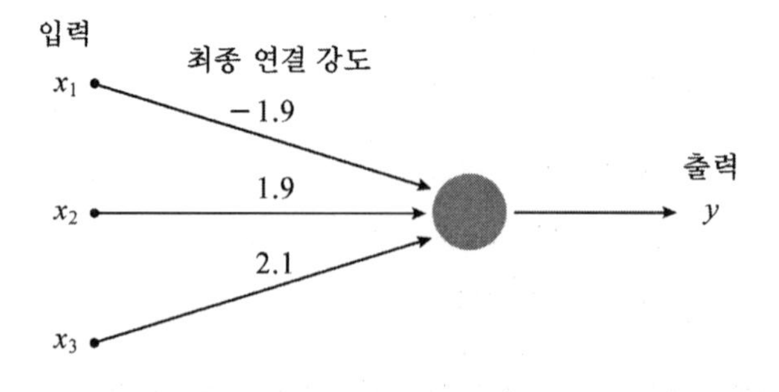

Chapter 07 연습문제

7.1 임계치가 5인 양극성 계단 함수를 활성화 함수로 사용하는 퍼셉트론에서 입력 가중합이 5인 경우의 출력은?

① 0 ② 1 ③ -1 ④ 5

7.2 임계치가 1인 양극성 계단 함수를 활성화 함수로 사용하는 퍼셉트론에서 입력 가중합이 2인 경우의 출력은?

① 0 ② 1 ③ 2 ④ -1

7.3 다음과 같은 퍼셉트론에서 외부 입력 [1 1]이 입력될 경우의 출력을 구하라. 단, 임계치는 1이다.

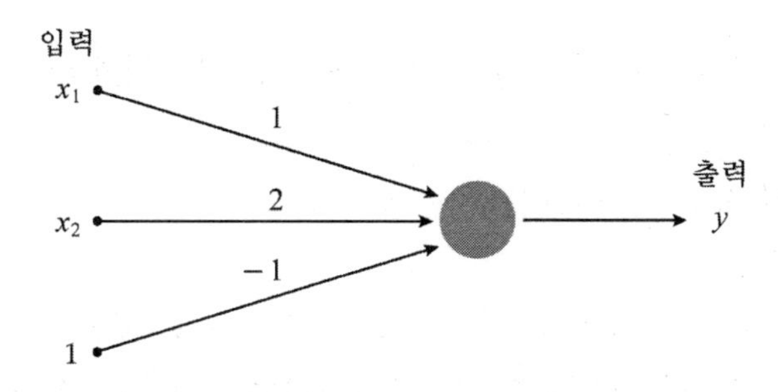

7.4 다음과 같은 퍼셉트론에서 패턴 **x**가 입력될 경우의 출력을 구하라. 단, 임계치는 0이다.

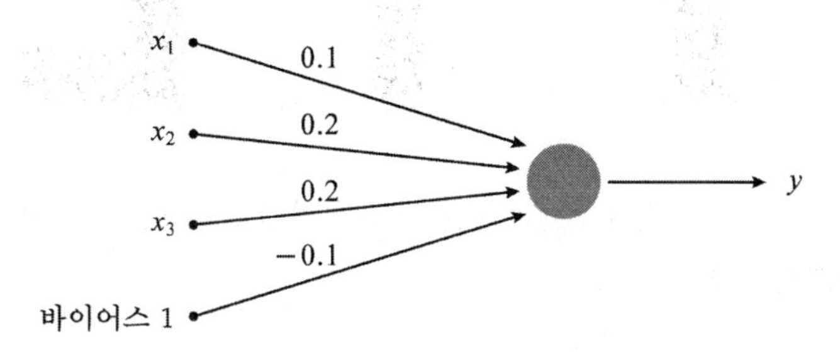

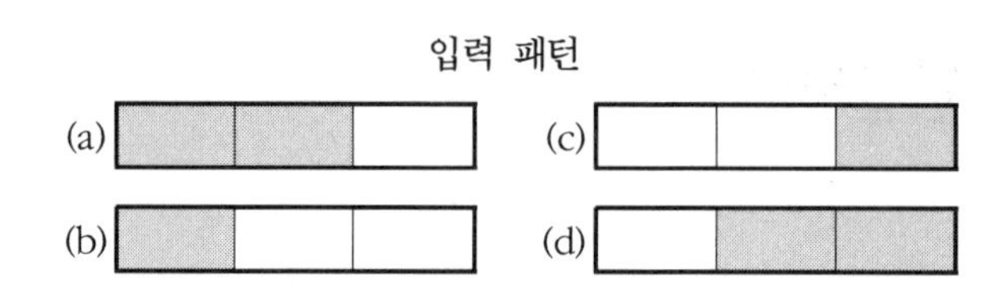

7.5 AND 연산을 위한 퍼셉트론을 설계하라.

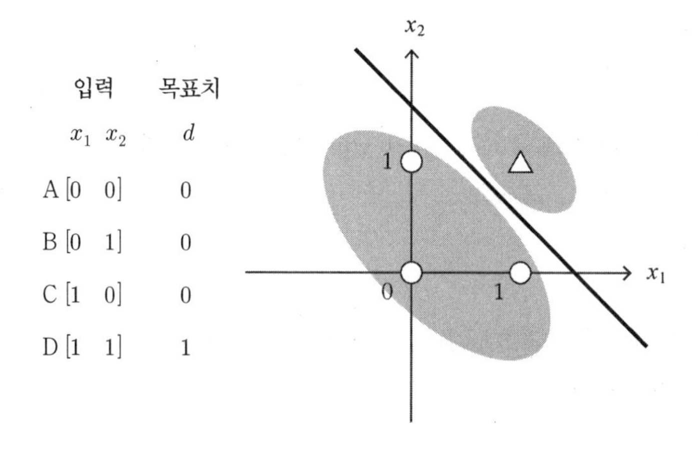

	입력		목표치
	x_1	x_2	d
A	[0	0]	0
B	[0	1]	0
C	[1	0]	0
D	[1	1]	1

7.6 문제 7.5에서 설계한 퍼셉트론을 학습하는 과정을 기술하라.

7.7 퍼셉트론의 학습 절차에 대하여 기술하라.

7.8 다중 출력 퍼셉트론을 이용하여 다음과 같은 T, I, C 세 글자를 인식하고자 한다. 이 목적에 적합한 퍼셉트론의 구조를 설계하고, 연결 강도를 학습시킬 프로그램을 작성하라.

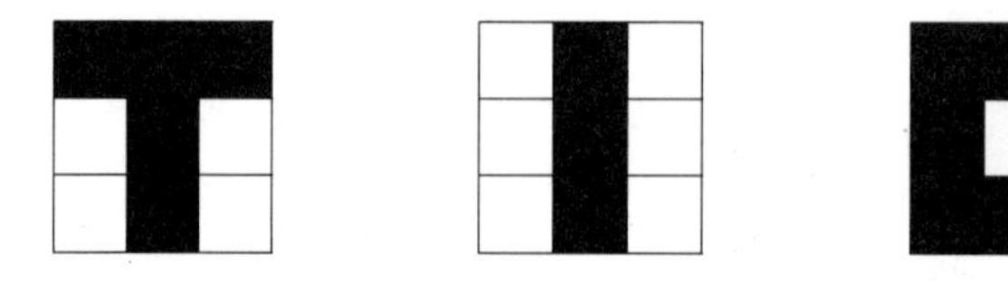

7.9 9×7 화소로 구성된 숫자를 인식하는 다중 출력 퍼셉트론을 설계하고, 이를 학습시킬 프로그램을 작성하라.

7.10 다음과 같은 학습 패턴을 이용하여 한글을 인식하기 위한 다중 출력 퍼셉트론을 구현하라.

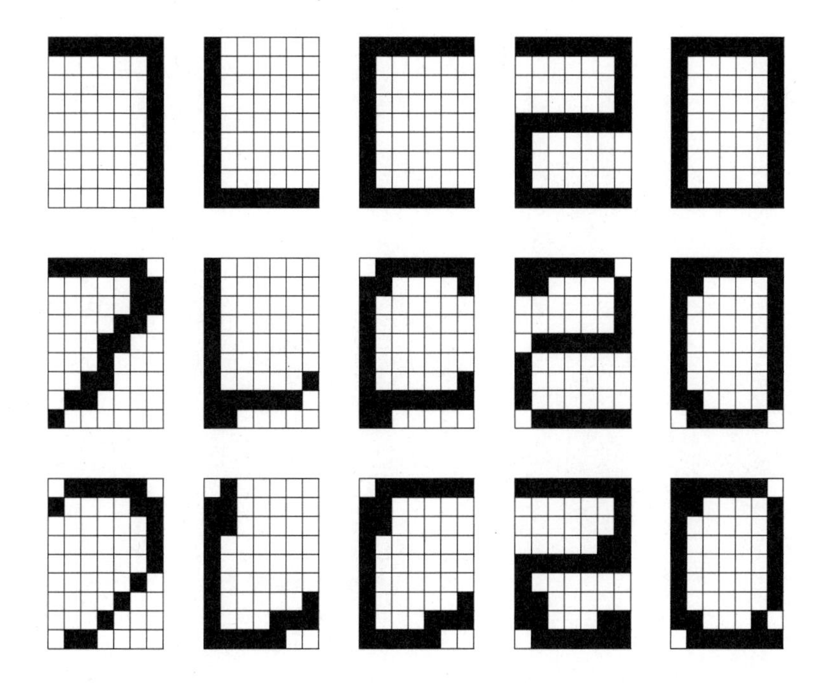

7.11 문제 7.10에서 구현한 한글 인식용 퍼셉트론에 다음과 같은 패턴들이 입력이 되는 경우의 출력은?

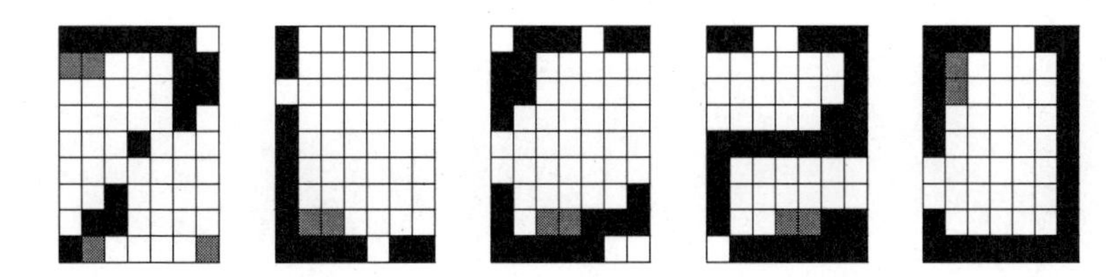

CHAPTER 08

연상 메모리

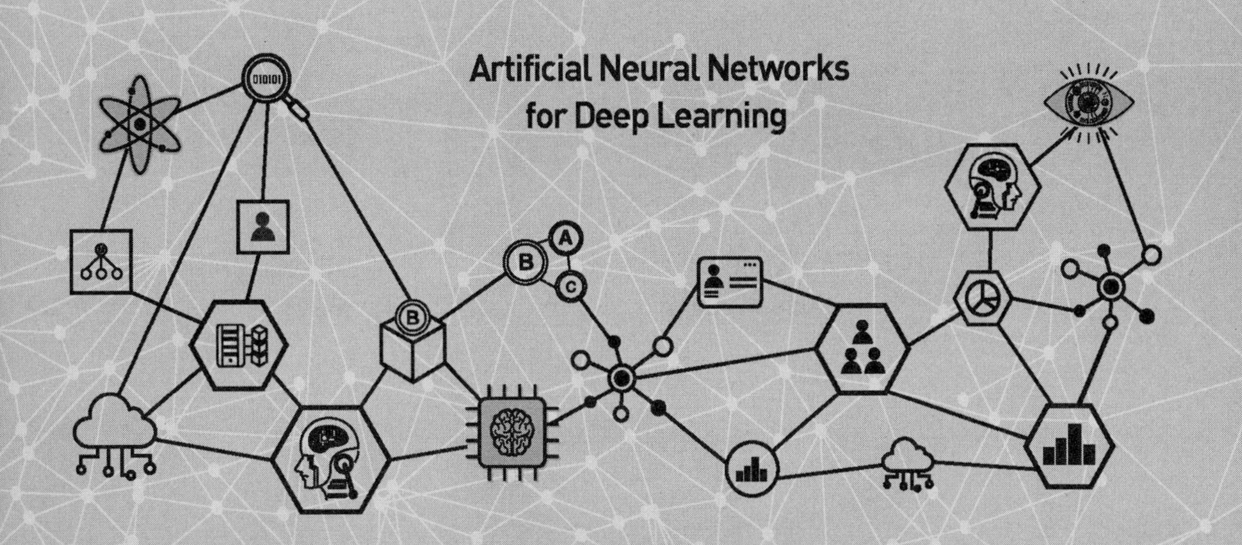

8.1 패턴 연상

연상 작용은 이미 학습을 통해 패턴들의 특징과 관련 정보가 기억되어 있을 때 어떤 패턴이 입력되면 관련된 가장 밀접한 패턴을 탐색하는 기능이다. 예를 들어, 어떤 사람의 이름만 들어도 자연스럽게 그 사람의 얼굴을 떠올리는 현상이 연상 작용이다. 연상 메모리는 인간 뇌에서의 연상 작용을 신경망 모델을 이용하여 구현한 것이다. 이 절에서는 패턴의 관계형 구조와 연상 메모리의 유형에 대하여 알아본다.

패턴의 관계형 구조

패턴들은 서로 관련성이 있으므로 이들을 관계형 구조로 표현할 수 있다. 관계형 구조는 객체, 애트리뷰트, 값의 세 항목으로 구성된 순서 세트로 표현할 수 있으며, 이를 그래프로 나타내면 다음과 같다.

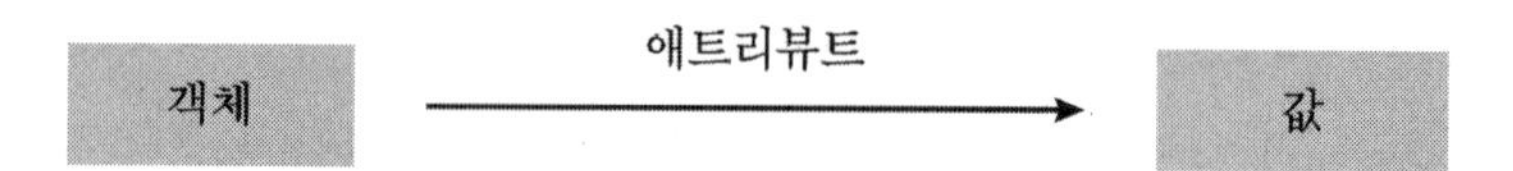

예를 들어, "춘향의 연인은 몽룡이다."라는 문장에서 객체는 춘향, 애트리뷰트는 연인, 값은 몽룡이므로 이를 관계형 구조로 나타내면 다음과 같다.

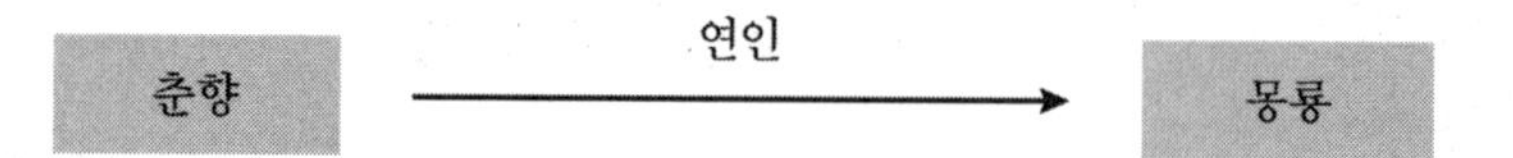

연상 작용이 일어나려면 패턴들 간에 어떤 관련성이 있어야 하며, 애트리뷰트 A가 객체 O와 값 V를 관련짓는 기능을 하므로 다음과 같은 관계형 구조로 표현할 수 있다.

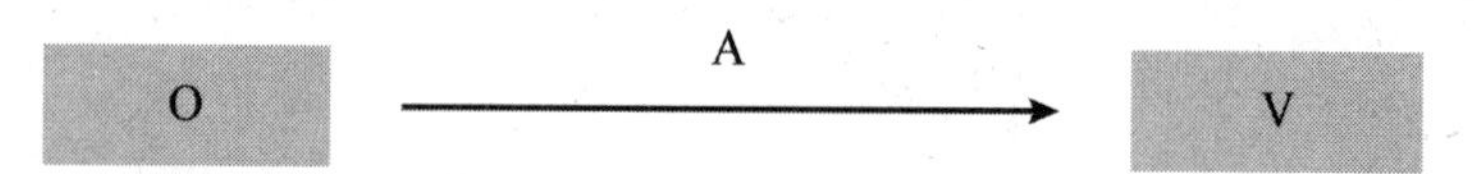

이와 유사하게 객체 O와 값 V를 각각 신경망의 입력 패턴 **x**와 출력 패턴 **y**라고 하면 애트리뷰트 A는 이들 패턴간의 관계를 기억시킨 신경망 연상 메모리 **W**라고 간주할 수 있으므로 이들 관계를 다음과 같이 표현할 수 있다.

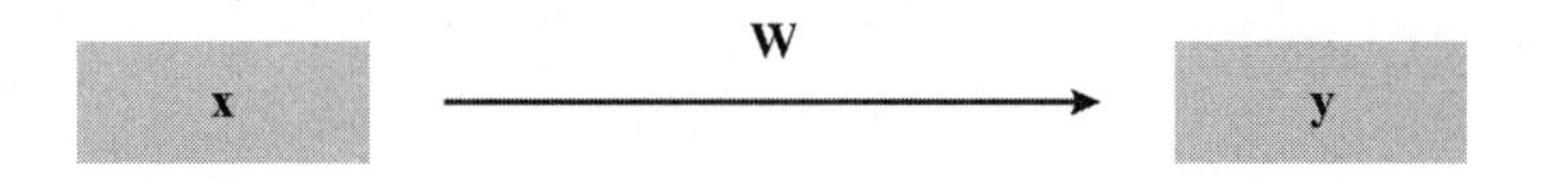

따라서, 연상 메모리 **W**는 입력 패턴 **x**가 들어오면 관련된 출력 패턴 **y**를 연상하는 기능을 하므로 다음과 같은 관계가 성립한다.

$$y = xW$$

이러한 관계형 구조를 이용하여 신경망을 이용한 연상 메모리를 구현할 수 있다.

연상 메모리의 유형

연상 메모리에서는 기억시킬 패턴들의 관련성이 연결 강도에 분산되어 기억되며, 검색할 때에는 기억된 패턴들 중 입력 패턴과 가장 유사한 패턴이 출력된다. 따라서 연상 메모리를 사용하면 부분 입력 패턴이나 오류가 섞인 패턴으로도 원하는 출력 패턴을 얻을 수 있는 장점이 있다.

연상 메모리는 관련되는 연상 패턴쌍의 형태에 따라 동질 연상 메모리와 이질 연상 메모리로 구분할 수 있다.

- **동질 연상 메모리** : 그림 8.1과 같이 입력 패턴과 연상될 출력 패턴이 동일한 형태인 연상 메모리를 말한다.
- **이질 연상 메모리** : 그림 8.2와 같이 입력 패턴과 연상될 출력 패턴이 서로 다른 형태인 연상 메모리를 말한다.

연상 메모리를 구현하는 방법에는 그림 8.3과 같이 순방향 구조인 선형 연상 메모리와 순환 구조인 순환 연상 메모리의 2가지 형태가 있다.

■ **순방향 연상 메모리**

· 선형 연상 메모리

■ **순환 연상 메모리**

· Hopfield 모델

· 양방향 연상 메모리

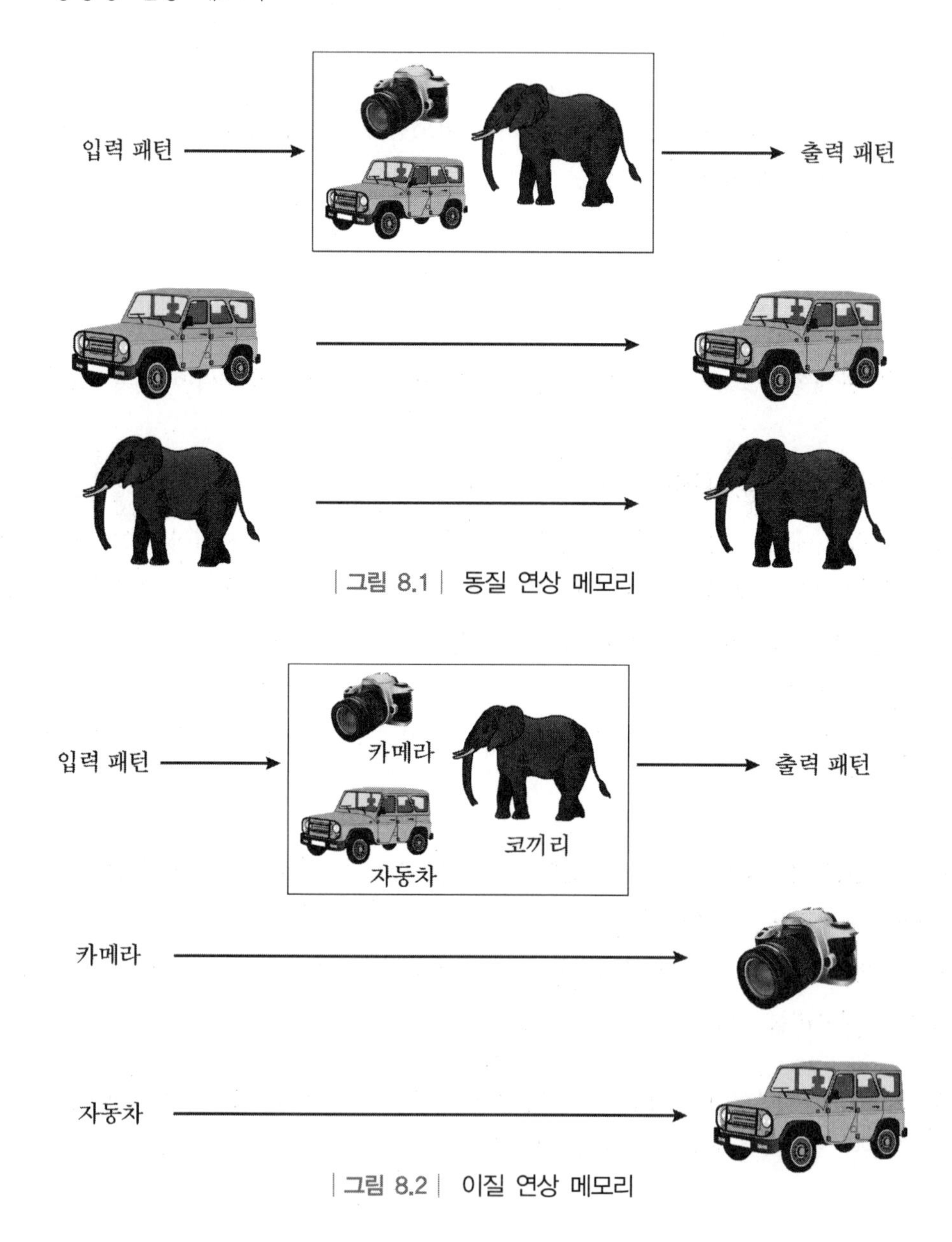

| 그림 8.1 | 동질 연상 메모리

| 그림 8.2 | 이질 연상 메모리

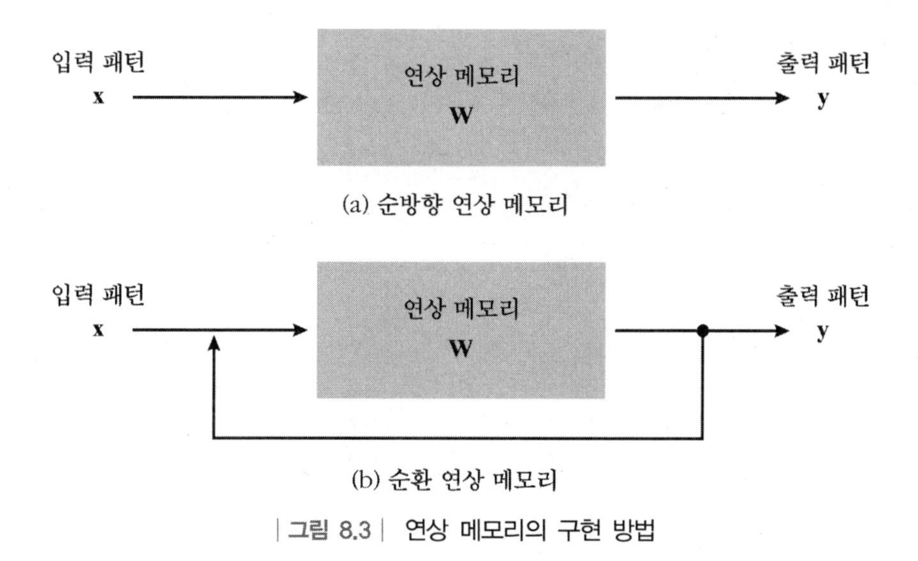

| 그림 8.3 | 연상 메모리의 구현 방법

그림 8.3(a)와 같은 순방향 단층 신경망 구조의 연상 메모리를 선형 연상 메모리라고 한다. 선형 연상 메모리에서는 입력 패턴이 **x**, 연결 강도가 **W**일 때 출력 패턴 **y**는 **x**와 **W**의 선형 결합에 의하여 구해지므로 순방향 신경망 이론이 그대로 도입될 수 있다.

선형 연상 메모리는 순방향 신경망 구조이므로 어떤 입력에 대해 출력이 나오게 되면 더 이상 연상 작용이 이루어지지 않는다. 그렇지만, 인간의 연상 능력은 이처럼 단순하지 않다.

예를 들어, 어제 있었던 일을 생각해보자. 처음에는 잘 기억나지 않지만 곰곰이 생각해 보면 차츰 시간이 지나면서 조금씩 더 선명하게 그 내용이 기억나는 것을 누구라도 경험할 수 있을 것이다.

이와 같이 어떤 일을 기억해낼 때에는 연상 작용을 반복함으로써 보다 나은 결과를 얻을 수 있으며, 이러한 순환 개념을 도입한 것이 그림 8.3(b)와 같은 순환 연상 메모리이다.

연결 강도에 의한 패턴 저장

연상 메모리를 활용하려면 먼저 입력되는 패턴과 연상되는 출력 패턴의 연관성을 저장해 두어야 한다. 연상 메모리에서는 일반적으로 기억시킬 입력 패턴 **s**와 연상되는 출력 패턴 **t**의 외적을 연결 강도 **W**로 사용한다.

기억시킬 입력 패턴 : $\mathbf{s} = [s_1 \; s_2 \; \cdots \; s_n]$

연상되는 출력 패턴 : $\mathbf{t} = [t_1 \; t_2 \; \cdots \; t_m]$

$$
\text{연결 강도 : } \quad \mathbf{W} = \mathbf{s}^{\mathrm{T}}\mathbf{t} = \begin{bmatrix} s_1 \\ s_2 \\ \vdots \\ s_n \end{bmatrix} [t_1 \; t_2 \; \cdots \; t_m] = \begin{bmatrix} s_1 t_1 & s_1 t_2 & \cdots & s_1 t_m \\ s_2 t_1 & s_2 t_2 & \cdots & s_2 t_m \\ \vdots & \vdots & & \vdots \\ s_n t_1 & s_n t_2 & \cdots & s_n t_m \end{bmatrix} \tag{8.1}
$$

p개의 패턴쌍들을 저장할 경우의 연결 강도 **W**는 다음과 같다.

$$
\begin{aligned}
\mathbf{W} &= \mathbf{W}_1 + \mathbf{W}_2 + \cdots + \mathbf{W}_p \\
&= \mathbf{s}^{\mathrm{T}}(1)\mathbf{t}(1) + \mathbf{s}^{\mathrm{T}}(2)\mathbf{t}(2) + \cdots + \mathbf{s}^{\mathrm{T}}(p)\mathbf{t}(p) \\
&= \sum_{i=1}^{p} \mathbf{s}^{\mathrm{T}}(i)\mathbf{t}(i)
\end{aligned} \tag{8.2}
$$

예제 8.1 :: 다음과 같은 2개의 패턴쌍을 기억하는 연상 메모리를 설계하라.

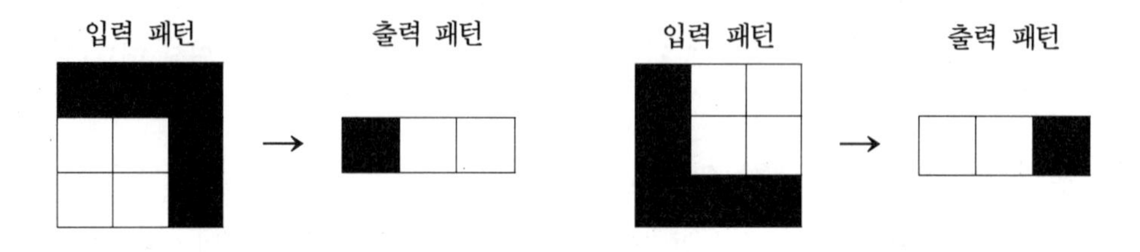

풀이 첫 번째 연상 패턴쌍 $[\mathbf{s}(1) \; \mathbf{t}(1)]$을 저장하는 연결 강도 $\mathbf{W}_1$은 다음과 같다.

$$\mathbf{s}(1) = [1\ \ 1\ \ 1\ -1\ -1\ \ 1\ -1\ -1\ \ 1]$$

$$\mathbf{t}(1) = [1\ -1\ -1]$$

$$\mathbf{W}_1 = \mathbf{s}(1)^T\mathbf{t}(1)$$

$$= \begin{bmatrix} 1 \\ 1 \\ 1 \\ -1 \\ -1 \\ 1 \\ -1 \\ -1 \\ 1 \end{bmatrix} [1\ -1\ -1]$$

$$= \begin{bmatrix} 1 & -1 & -1 \\ 1 & -1 & -1 \\ 1 & -1 & -1 \\ -1 & 1 & 1 \\ -1 & 1 & 1 \\ 1 & -1 & -1 \\ -1 & 1 & 1 \\ -1 & 1 & 1 \\ 1 & -1 & -1 \end{bmatrix}$$

마찬가지 방법으로 두 번째 연상 패턴쌍 $[\mathbf{s}(2)\ \mathbf{t}(2)]$를 저장하는 연결 강도 $\mathbf{W}_2$도 구할 수 있다.

$$\mathbf{s}(2) = [1\ -1\ -1\ \ 1\ -1\ -1\ \ 1\ \ 1\ \ 1]$$

$$\mathbf{t}(2) = [-1\ -1\ \ 1]$$

$$\mathbf{W}_2 = \mathbf{s}(2)^T\mathbf{t}(2)$$

$$= \begin{bmatrix} -1 & -1 & 1 \\ 1 & 1 & -1 \\ 1 & 1 & -1 \\ -1 & -1 & 1 \\ 1 & 1 & -1 \\ 1 & 1 & -1 \\ -1 & -1 & 1 \\ -1 & -1 & 1 \\ -1 & -1 & 1 \end{bmatrix}$$

따라서, 두 패턴쌍을 저장하는 연결 강도 **W**는 다음과 같다.

$$\mathbf{W} = \mathbf{W}_1 + \mathbf{W}_2$$

$$= \begin{bmatrix} 1 & -1 & -1 \\ 1 & -1 & -1 \\ 1 & -1 & -1 \\ -1 & 1 & 1 \\ -1 & 1 & 1 \\ 1 & -1 & -1 \\ -1 & 1 & 1 \\ -1 & 1 & 1 \\ 1 & -1 & -1 \end{bmatrix} + \begin{bmatrix} -1 & -1 & 1 \\ 1 & 1 & -1 \\ 1 & 1 & -1 \\ -1 & -1 & 1 \\ 1 & 1 & -1 \\ 1 & 1 & -1 \\ -1 & -1 & 1 \\ -1 & -1 & 1 \\ -1 & -1 & 1 \end{bmatrix}$$

$$= \begin{bmatrix} 0 & -2 & 0 \\ 2 & 0 & -2 \\ 2 & 0 & -2 \\ -2 & 0 & 2 \\ 0 & 2 & 0 \\ 2 & 0 & -2 \\ -2 & 0 & 2 \\ -2 & 0 & 2 \\ 0 & -2 & 0 \end{bmatrix}$$

○ 저장된 패턴의 삭제

사람들은 살아가면서 슬픈 일이나 괴로운 일 등은 가능한 한 빨리 잊기 위하여 노력하지만 그다지 수월하게 잊히지 않고 상당한 시간이 경과되어야만 이런 기억들이 뇌리에서 사라진다.

그렇지만 연상 메모리에서는 기억된 패턴 중 어떤 패턴을 지우는 작업이 상당히 간단하다. 만약, 여러 개의 패턴쌍이 기억되어 있는 상황에서 어떤 패턴쌍을 지우는 것은 단지 연결 강도 **W**에서 해당 패턴쌍을 저장하는 연결 강도를 빼면 된다.

○ 연상에 의한 패턴 복원

선형 연상 메모리의 경우에는 단순히 순방향 신경망의 출력을 구하는 방법과 동일하게 연상된 패턴이 출력되지만 순환 연상 메모리의 경우에는 출력이 입력에 귀환되기 때문에 연상되는 출력 패턴을 구하는 데 유의하여야 한다.

순환 연상 메모리에서 저장된 패턴을 연상해내는 과정은 다음과 같다. 먼저, 외부에서 입력 패턴 $\mathbf{x}$를 입력하여 출력 $\mathbf{y}^1$을 구한다. 외부 입력을 제거하고, 출력 $\mathbf{y}^1$을 입력으로 하여 출력 $\mathbf{y}^2$를 구한다. 출력이 더 이상 변하지 않고 특정 패턴에 수렴할 때까지 이러한 과정을 반복한다.

$$\begin{aligned} \mathbf{x} &\longrightarrow \mathbf{y}^1 \\ \mathbf{y}^1 &\longrightarrow \mathbf{y}^2 \\ &\vdots \\ \mathbf{y}^k &\longrightarrow \mathbf{y}^{k+1} \\ &\vdots \end{aligned}$$

일반적으로 순환 연상 메모리는 부분 입력이나 오류가 섞인 입력에 대한 연상 능력이 선형 연상 메모리보다 우수하지만 출력의 상태가 변하는 특성이 있다. 그러므로 순환 연상 메모리가 정확히 동작하기 위해서는 그림 8.4(a)와 같이 몇 번의 반복 과정을 진행하더라도 최종적으로는 특정 패턴에 수렴하여야 한다. 만약, 그림 8.4(b)와 같이 반복 과정이 진행될 때마다 출력의 값이 달라진다면 영원히 최종 출력을 얻을 수 없게 된다.

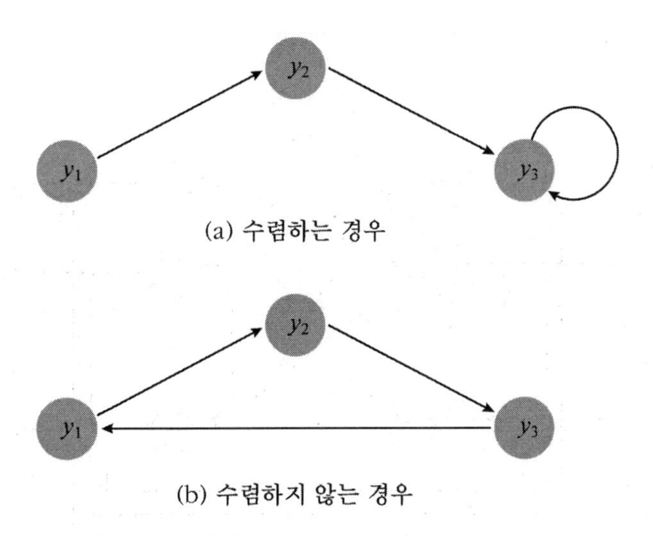

| 그림 8.4 | 순환 연상 메모리의 출력 상태 천이도

8.2 Hopfield 모델

Hopfield 모델은 1982년에 J. Hopfield가 제안한 순환 연상 메모리이며, 그 당시 신경망의 연구에 새로운 전기를 마련한 신경망 모델이다. 이 절에서는 Hopfield 모델의 구조와 학습 알고리즘에 대하여 알아본다.

Hopfield 모델의 구조

Hopfield 모델은 그림 8.5와 같이 일반적인 순환 연상 메모리와 유사한 구조이지만 다음과 같은 차이가 있다.

- 최종 출력을 얻을 때까지 외부 입력을 계속 활용한다.
- 연결 강도 **W**가 대칭 구조이며, 대각 요소가 0이다.

$$W_{ij} = W_{ji}$$

$$W_{ii} = 0$$

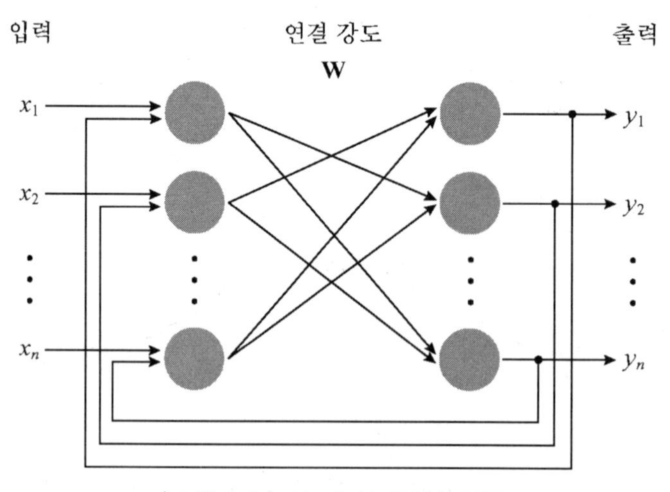

| 그림 8.5 | Hopfield 모델의 구조

한편, Hopfield 모델은 동질 연상 메모리이므로 기억시킬 입력 패턴 **s**와 연상되는 출력 패턴이 동일하기 때문에 연결 강도 **W**는 다음과 같이 구할 수 있다.

$$W = s^T(i)s(i) - I \tag{8.3}$$

따라서, p개의 패턴들을 저장하는 연결 강도 **W**는 다음과 같이 구할 수 있다.

$$W = \sum_{i=1}^{p} s^T(i)s(i) - pI \tag{8.4}$$

여기서, **I**는 단위 매트릭스이다.

이제 Hopfield 모델의 연상 메모리에 패턴을 저장하는 방법을 예를 통해 알아보자.

예제 8.2 :: 다음과 같은 2개의 패턴을 저장하는 Hopfield 모델의 연상 메모리를 설계하라.

$s(1) = [1 \ \ 1 \ -1 \ -1]$ $s(2) = [-1 \ -1 \ \ 1 \ \ 1]$

풀이 Hopfield 모델의 연상 메모리의 연결 강도 **W**는 다음과 같이 구할 수 있다.

$$W_1 = s(1)^T s(1) - I$$

$$= \begin{bmatrix} 1 \\ 1 \\ -1 \\ -1 \end{bmatrix} [1 \ \ 1 \ -1 \ -1] - I$$

$$= \begin{bmatrix} 1 & 1 & -1 & -1 \\ 1 & 1 & -1 & -1 \\ -1 & -1 & 1 & 1 \\ -1 & -1 & 1 & 1 \end{bmatrix} - \begin{bmatrix} 1 & 0 & 0 & 0 \\ 0 & 1 & 0 & 0 \\ 0 & 0 & 1 & 0 \\ 0 & 0 & 0 & 1 \end{bmatrix}$$

$$= \begin{bmatrix} 0 & 1 & -1 & -1 \\ 1 & 0 & -1 & -1 \\ -1 & -1 & 0 & 1 \\ -1 & -1 & 1 & 0 \end{bmatrix}$$

$$W_2 = s(2)^T s(2) - I$$

$$= \begin{bmatrix} -1 \\ -1 \\ 1 \\ 1 \end{bmatrix} [-1 \; -1 \; 1 \; 1] - I$$

$$= \begin{bmatrix} 0 & 1 & -1 & -1 \\ 1 & 0 & -1 & -1 \\ -1 & -1 & 0 & 1 \\ -1 & -1 & 1 & 0 \end{bmatrix}$$

$$W = W_1 + W_2$$

$$= \begin{bmatrix} 0 & 1 & -1 & -1 \\ 1 & 0 & -1 & -1 \\ -1 & -1 & 0 & 1 \\ -1 & -1 & 1 & 0 \end{bmatrix} + \begin{bmatrix} 0 & 1 & -1 & -1 \\ 1 & 0 & -1 & -1 \\ -1 & -1 & 0 & 1 \\ -1 & -1 & 1 & 0 \end{bmatrix}$$

$$= \begin{bmatrix} 0 & 2 & -2 & -2 \\ 2 & 0 & -2 & -2 \\ -2 & -2 & 0 & 2 \\ -2 & -2 & 2 & 0 \end{bmatrix}$$

따라서, 두 패턴을 저장하는 Hopfield 모델의 연상 메모리는 다음과 같다.

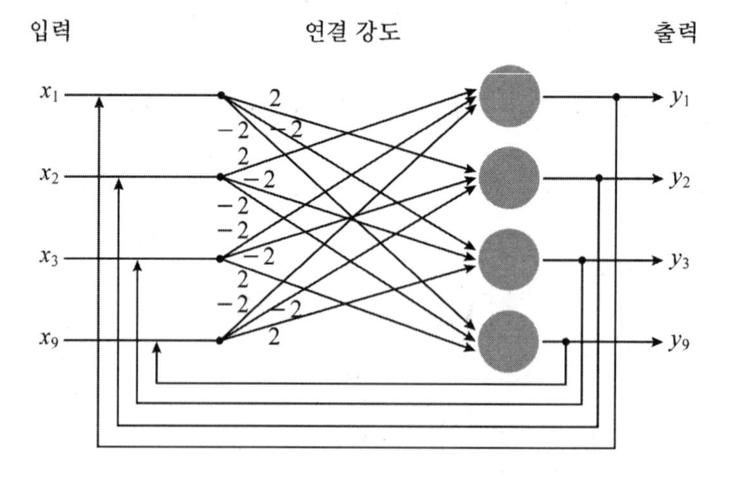

Hopfield 모델의 연상 알고리즘

Hopfield 모델의 연상 메모리에 저장된 패턴을 연상하는 절차(그림 8.6)는 다음과 같이 비동기식으로 수행된다.

먼저, 외부 입력 패턴 $\mathbf{x}$를 입력하여 뉴런 1의 입력 가중합 NET와 출력 y_1을 구한다.

$$
\begin{aligned}
NET &= x_1 + \mathbf{y}\mathbf{w}^{\mathrm{T}} \\
y_1 &= f(NET) \\
&= \begin{cases} 1 & : NET > 0 \\ y_1 & : NET = 0 \\ -1 & : NET < 0 \end{cases}
\end{aligned}
\tag{8.5}
$$

Step 1 : Compute weights to store p patterns

$$\mathrm{W} = \sum_{i=1}^{p} \mathrm{s}^{\mathrm{T}}(i)\mathrm{s}(i) - p\mathrm{I}$$

Step 2 : Determine update order

Step 3 : Set initial output

$$\mathbf{y} \leftarrow \mathbf{x}$$

Step 4 : For each unit Y_i

Do Step 5 ~ 7

Step 5 : Compute NET

$$NET = x_i + \mathbf{y}\mathbf{w}^{\mathrm{T}}$$

Step 6 : Update intermediate output

$$y_i = \begin{cases} 1 & : NET > 0 \\ y_i & : NET = 0 \\ -1 & : NET < 0 \end{cases}$$

Step 7 : Test stop condition

If $\mathbf{y}$ is converged, stop

else, change i according to predetermined order

and goto Step 4

| 그림 8.6 | Hopfield 모델의 연상 알고리즘

갱신된 출력 **y**를 입력 측에 귀환하여 뉴런 2의 입력 가중합 NET와 출력 y_2를 구한다.

$$
\begin{aligned}
NET &= x_2 + \mathbf{y}\mathbf{w}^{\mathrm{T}} \\
y_2 &= f(NET) \\
&= \begin{cases} 1 & : \; NET > 0 \\ y_2 & : \; NET = 0 \\ -1 & : \; NET < 0 \end{cases}
\end{aligned}
\tag{8.6}
$$

출력이 특정 패턴에 수렴할 때까지 동일한 방법으로 미리 정해진 순서대로 출력 **y**를 구하는 과정을 반복한다.

이제 Hopfield 모델의 연상 메모리에 저장되어 있는 패턴을 연상하는 과정에서 출력 패턴이 어떻게 변하는지 예를 통해 알아보자.

예제 8.3 :: 예제 8.2에서 설계한 Hopfield 모델의 연상 메모리에 다음과 같은 패턴이 입력되는 경우, 출력되는 패턴이 변화되는 과정을 보여라. 단, 출력은 y_1, y_3, y_2, y_4 순서로 갱신하며, 초기 출력은 [1 −1 −1 −1]이다.

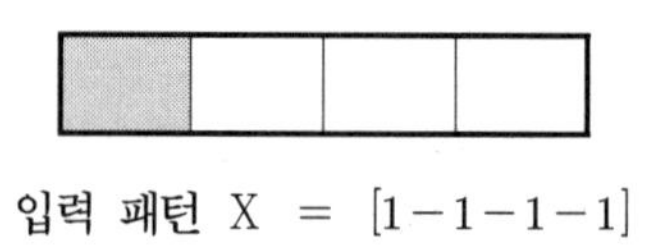

입력 패턴 X = [1 −1 −1 −1]

풀이 예제 8.2에서 설계한 Hopfield 모델의 연결 강도 **W**는 다음과 같다.

$$
\text{연결 강도 W} = \begin{bmatrix} 0 & 2 & -2 & -2 \\ 2 & 0 & -2 & -2 \\ -2 & -2 & 0 & 2 \\ -2 & -2 & 2 & 0 \end{bmatrix}
$$

a. 출력층의 첫 번째 뉴런 y_1의 갱신 :

입력 가중합 NET와 출력 y_1은 다음과 같이 구할 수 있다.

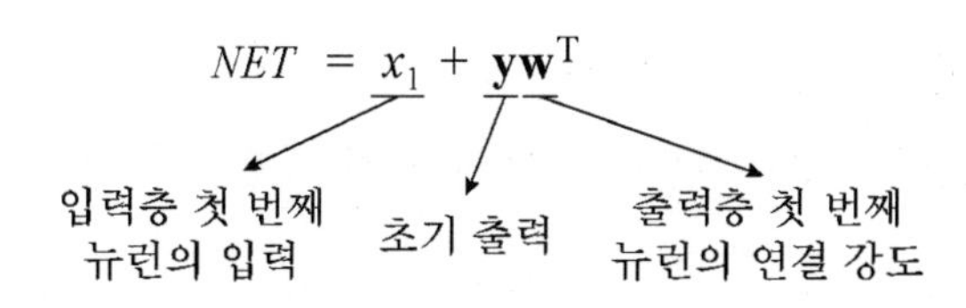

$$NET = 1 + [1 \ -1 \ -1 \ -1]\begin{bmatrix} 0 \\ 2 \\ -2 \\ -2 \end{bmatrix}$$
$$= 3$$

$$y_1 = f(NET)$$
$$= f(3)$$
$$= 1$$

따라서, 출력 패턴 $\mathbf{y} = [\underline{\mathbf{1}} -1 \ -1 \ -1]$이다.

출력 패턴 :	■			

b. 출력층의 세 번째 뉴런 y_3의 갱신 :

마찬가지 방법으로 입력 가중합 NET와 출력 y_3을 구할 수 있다.

$$NET = x_3 + \mathbf{yw}^{\mathrm{T}}$$
$$= -1 + [1 \ -1 \ -1 \ -1]\begin{bmatrix} -2 \\ -2 \\ 0 \\ 2 \end{bmatrix}$$
$$= -3$$

$$y_3 = f(NET)$$
$$= f(-3)$$
$$= -1$$

따라서, 출력 패턴 $\mathbf{y} = [1 \ -1 \ \underline{\mathbf{-1}} \ -1]$이다.

출력 패턴 :	■			

c. 출력층의 두 번째 뉴런 y_2의 갱신 :

마찬가지 방법으로 입력 가중합 NET와 출력 y_2를 구할 수 있다.

$$\begin{aligned} NET &= x_2 + \mathbf{y}\mathbf{w}^{\mathrm{T}} \\ &= -1 + [1\ \ -1\ \ -1\ \ -1]\begin{bmatrix} 2 \\ 0 \\ -2 \\ -2 \end{bmatrix} \\ &= 5 \end{aligned}$$

$$\begin{aligned} y_2 &= f(NET) \\ &= f(5) \\ &= 1 \end{aligned}$$

따라서, 출력 패턴 $\mathbf{y} = [1\ \ \underline{\mathbf{1}}\ \ -1\ \ -1]$이다.

출력 패턴 : ■■□□

d. 출력층의 네 번째 뉴런 y_4의 갱신 :

마찬가지 방법으로 입력 가중합 NET와 출력 y_4를 구할 수 있다.

$$\begin{aligned} NET &= x_4 + \mathbf{y}\mathbf{w}^{\mathrm{T}} \\ &= -1 + [1\ \ 1\ \ -1\ \ -1]\begin{bmatrix} -2 \\ -2 \\ 2 \\ 0 \end{bmatrix} \\ &= -7 \end{aligned}$$

$$\begin{aligned} y_4 &= f(NET) \\ &= f(-7) \\ &= -1 \end{aligned}$$

따라서, 출력 패턴 $\mathbf{y} = [1\ \ 1\ \ -1\ \ \underline{\mathbf{-1}}]$이다.

출력 패턴 : ■■□□

8.3 양방향 연상 메모리

선형 연상 메모리나 Hopfield 모델의 연상 메모리는 단방향으로만 연상 작용이 가능하다. 그렇지만, 우리들은 친구의 사진을 보면 이름을 생각할 수 있을 뿐만 아니라 친구의 이름을 들으면 얼굴을 연상할 수 있는 능력을 갖고 있다. 다시 말하자면 관련된 패턴쌍들을 양방향으로 연상할 수 있다.

이와 같이 양방향으로 연상 작용을 하는 메모리를 양방향 연상 메모리라고 한다. 이 절에서는 양방향 연상 메모리인 BAM(Bidirectional Associative Memory)의 구조와 연상 알고리즘에 대하여 알아본다.

BAM의 구조

BAM은 1985년에 B. Kosko가 제안하였으며, 양방향의 연상 작용이 가능한 양방향 연상 메모리이다.

BAM은 그림 8.7과 같이 단층 구조이지만 입출력층이 명확하게 구분되지 않은 X층과 Y층으로 구성되어 있어서 만약, X층에서 입력되면 Y층에서 출력이 나오며, 반대로 Y층에서 입력되면 X층에서 출력이 나오는 독특한 형태의 이질 연상 메모리이다.

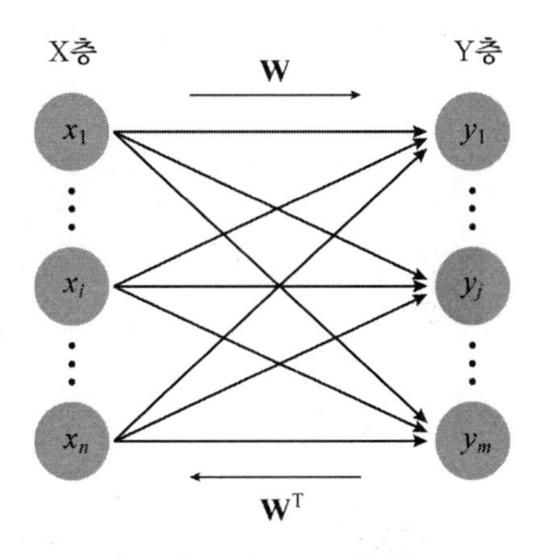

| 그림 8.7 | BAM의 구조

BAM에서는 다음과 같이 기억시킬 X층 패턴 **s**와 연상되는 Y층 패턴 **t**의 외적을 연결 강도 **W**로 사용한다.

기억시킬 X층 패턴 : $\mathbf{s} = [s_1\ s_2 \cdots s_n]$

연상되는 Y층 패턴 : $\mathbf{t} = [t_1\ t_2 \cdots t_m]$

$$\text{연결 강도 :}\quad \mathbf{W} = \mathbf{s}^T\mathbf{t} = \begin{bmatrix} s_1 \\ s_2 \\ \vdots \\ s_n \end{bmatrix} [t_1\, t_2 \cdots t_m] \tag{8.7}$$

만약, p개의 패턴쌍들을 저장할 경우의 연결 강도 **W**는 다음과 같다.

$$\begin{aligned} \mathbf{W} &= \mathbf{W}_1 + \mathbf{W}_2 + \cdots + \mathbf{W}_p \\ &= \sum_{i=1}^{p} \mathbf{s}^T(i)\mathbf{t}(i) \\ &= \mathbf{s}^T(1)\mathbf{t}(1) + \mathbf{s}^T(2)\mathbf{t}(2) + \cdots + \mathbf{s}^T(p)\mathbf{t}(p) \end{aligned} \tag{8.8}$$

예제 8.4 :: 그림과 같은 2개의 패턴쌍을 저장하는 BAM을 설계하라.

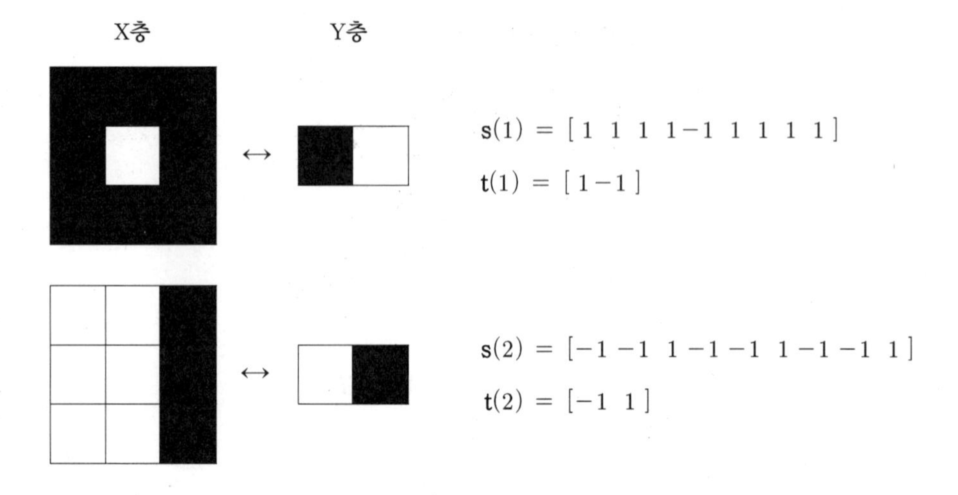

$\mathbf{s}(1) = [1\ 1\ 1\ 1\ -1\ 1\ 1\ 1\ 1]$

$\mathbf{t}(1) = [1\ -1]$

$\mathbf{s}(2) = [-1\ -1\ 1\ -1\ -1\ 1\ -1\ -1\ 1]$

$\mathbf{t}(2) = [-1\ 1]$

풀이 두 패턴쌍을 저장하는 BAM의 연결 강도 **W**는 다음과 같이 구할 수 있다.

$$
\begin{aligned}
W &= \mathbf{s}^{T}(1)\mathbf{t}(1) + \mathbf{s}^{T}(2)\mathbf{t}(2) \\
&= \begin{bmatrix} 1 \\ 1 \\ 1 \\ 1 \\ -1 \\ 1 \\ 1 \\ 1 \\ 1 \end{bmatrix} [1 -1] + \begin{bmatrix} -1 \\ -1 \\ 1 \\ -1 \\ -1 \\ 1 \\ -1 \\ -1 \\ 1 \end{bmatrix} [-1 1] \\
&= \begin{bmatrix} 2 & -2 \\ 2 & -2 \\ 0 & 0 \\ 2 & -2 \\ 0 & 0 \\ 0 & 0 \\ 2 & -2 \\ 2 & -2 \\ 0 & 0 \end{bmatrix}
\end{aligned}
$$

따라서, X층은 9개의 뉴런, Y층은 2개의 뉴런으로 구성되고 연결 강도가 **W**인 BAM을 설계할 수 있다.

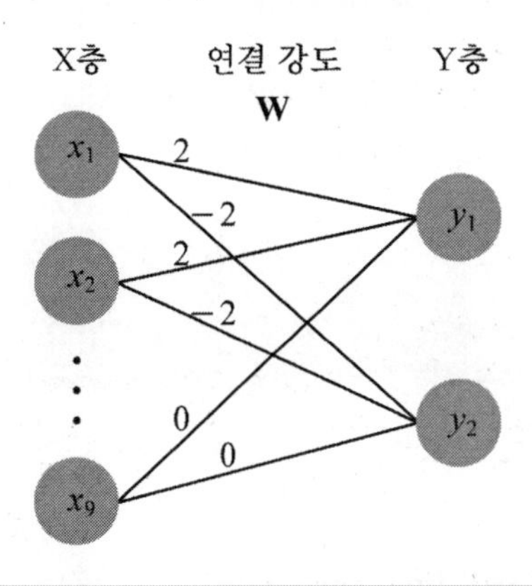

BAM의 연상 알고리즘

BAM에 패턴들을 저장하고 연상하는 절차(그림 8.8)는 다음과 같다.

- **단계 1** : p개의 패턴쌍을 저장할 연결 강도 **W**를 구한다.

$$\mathrm{W} = \sum_{i=1}^{p} \mathbf{s}^{\mathrm{T}}(i)\mathbf{t}(i)$$

- **단계 2** : 입력 패턴 x를 X층에 입력한다. 양방향 연상 메모리이므로 입력 패턴 **y**를 Y층에 입력하는 경우에는 연상되는 패턴 **x**가 X층에서 출력된다.

- **단계 3** : Y층의 입력 가중합 NET_y를 구한다.

$$NET_y = \mathbf{x}\mathrm{W} \tag{8.9}$$

BAM에서는 양극성 계단 함수를 활성화 함수로 사용하므로 Y층의 첫 번째 출력 $\mathbf{y}^1$을 구한다.

Step 1 : Set weights to store P patterns

$$\mathrm{W} = \sum_{i=1}^{p} \mathbf{s}^{\mathrm{T}}(i)\mathbf{t}(i)$$

Step 2 : Input pattern **x** *to X layer*

Step 3 : Compute **y**

$$NET_y = \mathbf{x}\mathrm{W}$$

$$\mathbf{y} = \begin{cases} 1 & : NET_y > 0 \\ y & : NET_y = 0 \\ -1 & : NET_y < 0 \end{cases}$$

Step 4 : Compute **x**

$$NET_x = \mathbf{y}\mathrm{W}^{\mathrm{T}}$$

$$\mathbf{x} = \begin{cases} 1 & : NET_x > 0 \\ x & : NET_x = 0 \\ -1 & : NET_x < 0 \end{cases}$$

Step 5 : Test stop condition

If **y** is *converged, stop*

else, goto Step 3

| 그림 8.8 | BAM의 연상 알고리즘

$$\mathbf{y}^1 = f(NET_y) = \begin{cases} 1 & : NET_y > 0 \\ y^1 & : NET_y = 0 \\ -1 & : NET_y < 0 \end{cases} \quad (8.10)$$

- **단계 4** : Y층의 출력 $\mathbf{y}^1$을 입력하여 X층의 입력 가중합 NET_x를 구한다. 이 경우에는 연결 강도 **W**의 치환 매트릭스인 W^T를 사용한다.

$$NET_x = \mathbf{y}^1 W^T \quad (8.11)$$

X층의 첫 번째 출력 $\mathbf{x}^1$을 구한다.

$$\mathbf{x}^1 = f(NET_x) = \begin{cases} 1 & : NET_x > 0 \\ x^1 & : NET_x = 0 \\ -1 & : NET_x < 0 \end{cases} \quad (8.12)$$

- **단계 5** : X층의 출력 $\mathbf{x}^1$을 입력하여 X층의 두 번째 출력 $\mathbf{y}^2$를 구한다. 그리고 나서 $\mathbf{y}^2$를 입력하여 $\mathbf{x}^2$를 구한다. 이러한 과정을 반복하여 출력이 더 이상 변하지 않고 특정 패턴에 수렴할 때까지 학습 과정을 반복한다.

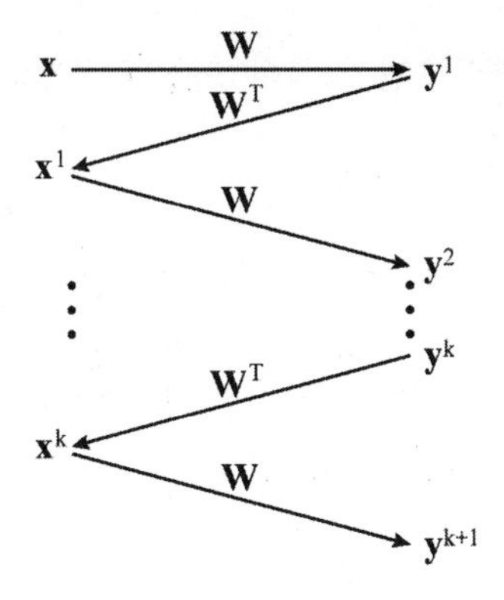

예제 8.5 :: 예제 8.4에서 설계한 BAM에 다음과 같은 패턴 **x**가 X층에 입력될 경우, 연상되는 출력 패턴은?

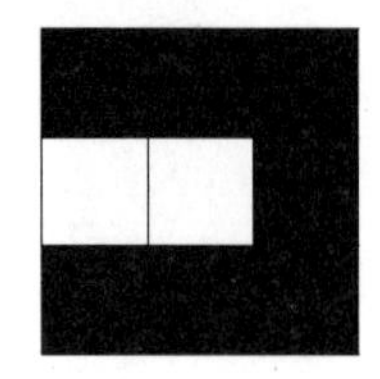

$$\mathbf{x} = [1\ 1\ 1\ -1\ -1\ 1\ 1\ 1\ 1]$$

풀이 Y층의 입력 가중합 NET_y는 식 (8.9)에 의해 구할 수 있다.

$$\begin{aligned} NET_y &= \mathbf{x}\mathbf{W} \\ &= [1\ \ 1\ \ 1\ \ -1\ \ -1\ \ 1\ \ 1\ \ 1\ \ 1]\begin{bmatrix} 2 & -2 \\ 2 & -2 \\ 0 & 0 \\ 2 & -2 \\ 0 & 0 \\ 0 & 0 \\ 2 & -2 \\ 2 & -2 \\ 0 & 0 \end{bmatrix} \\ &= [6\ \ -6] \end{aligned}$$

Y층의 첫 번째 출력 $\mathbf{y}^1$은 식 (8.10)에 의해 구할 수 있다.

$$\begin{aligned} \mathbf{y}^1 &= f(NET_y) \\ &= f([6\ \ -6]) \\ &= [1\ \ -1] \end{aligned}$$

Y층의 첫 번째 출력 $\mathbf{y}^1$을 X층에 입력하였을 때 X층의 입력 가중합 NET_x는 식 (8.11)에 의해 구할 수 있다.

$$\begin{aligned} NET_x &= \mathbf{y}^1\mathbf{W}^T \\ &= [1\ \ -1]\begin{bmatrix} 2 & 2 & 0 & 2 & 0 & 0 & 2 & 2 & 0 \\ -2 & -2 & 0 & -2 & 0 & 0 & -2 & -2 & 0 \end{bmatrix} \\ &= [4\ 4\ 0\ 4\ 0\ 0\ 4\ 4\ 0] \end{aligned}$$

X층의 첫 번째 출력 $\mathbf{x}^1$은 식 (8.12)에 의해 구할 수 있다.

$$\begin{aligned}\mathbf{x}^1 &= f(NET_x) \\ &= f([4\ 4\ 0\ 4\ 0\ 0\ 4\ 4\ 0]) \\ &= [1\ 1\ 1\ {-1}\ 1\ 1\ 1\ 1]\end{aligned}$$

이런 과정을 반복하면 최종 출력은 [1 -1]이다.

Y층의 출력 패턴 : ■□

따라서, 저장되어 있는 패턴에 오류가 있는 패턴이 BAM에 입력되어도 원하는 패턴이 정확히 연상됨을 알 수 있다.

연습문제

8.1 패턴의 관계형 구조란 무엇인가? 또한, 자기를 중심으로 가족 구성원을 관계형 구조로 표현하라.

8.2 다음 중 순방향 구조의 연상 메모리는?

① 선형 연상 메모리　　② 순환 연상 메모리

③ Hopfield 모델　　④ 양방향 연상 메모리

8.3 이질 연상 메모리와 동질 연상 메모리의 차이점에 대하여 기술하라.

8.4 다음과 같은 패턴을 저장할 수 있는 동질 연상 메모리의 연결 강도를 구하라.

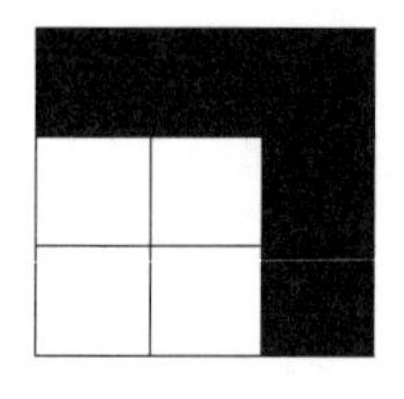

8.5 다음과 같은 패턴들을 저장할 수 있는 이질 연상 메모리의 연결 강도를 구하라.

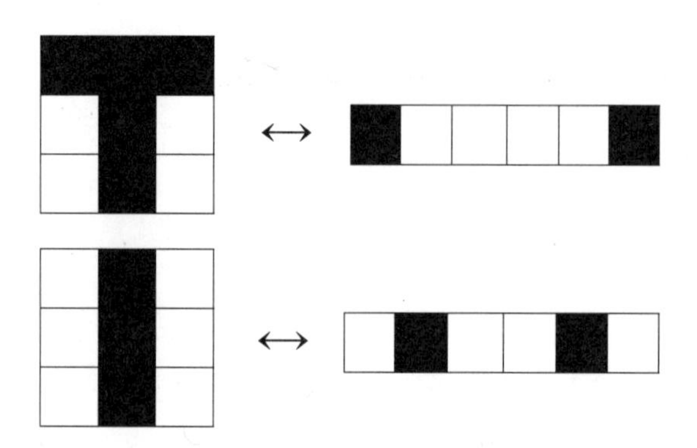

8.6 Hopfield 모델의 연상 메모리와 순환 연상 메모리의 가장 큰 차이점에 대하여 기술하라.

8.7 다음과 같은 2개의 패턴을 저장할 수 있는 Hopfield 모델의 연상 메모리를 설계하라.

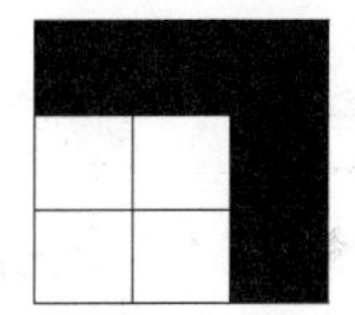 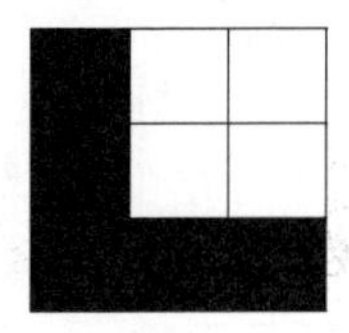

8.8 다음과 같은 패턴들을 저장할 수 있는 Hopfield 연상 메모리의 프로그램을 작성하라.

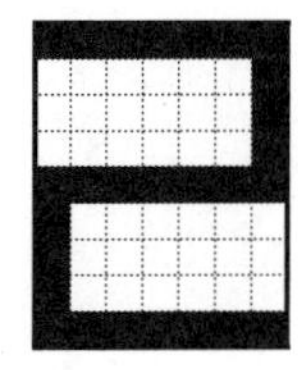 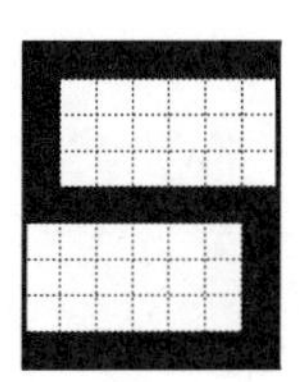 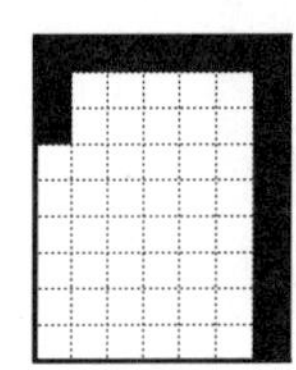 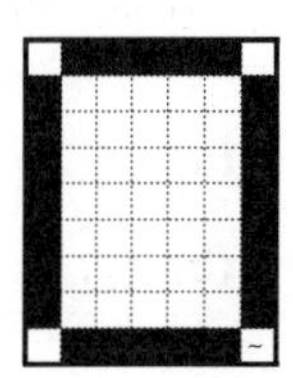

8.9 다음과 같은 패턴들을 저장할 수 있는 Hopfield 연상 메모리의 프로그램을 작성하라.

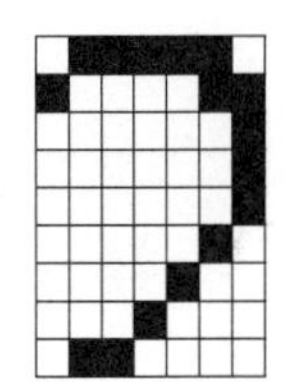 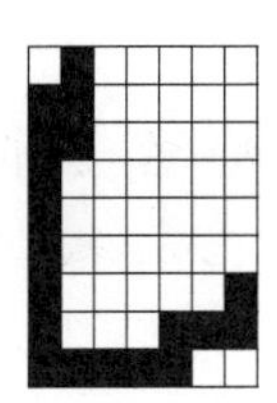 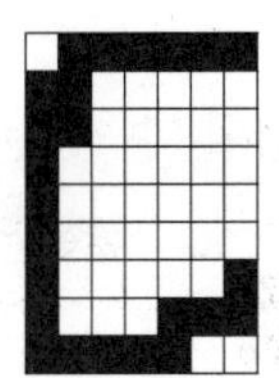 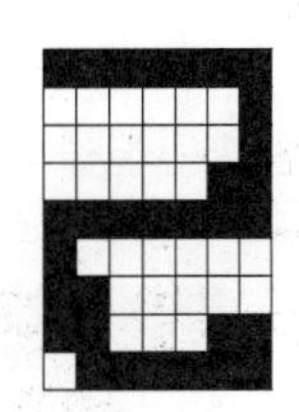 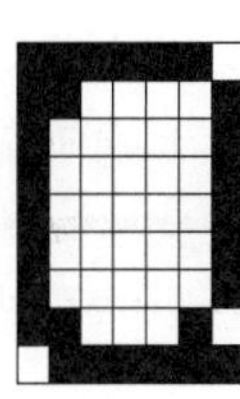

8.10 문제 8.9에서 구현한 Hopfield 모델의 연상 메모리에 다음과 같은 패턴이 입력될 경우의 출력 패턴을 구하라.

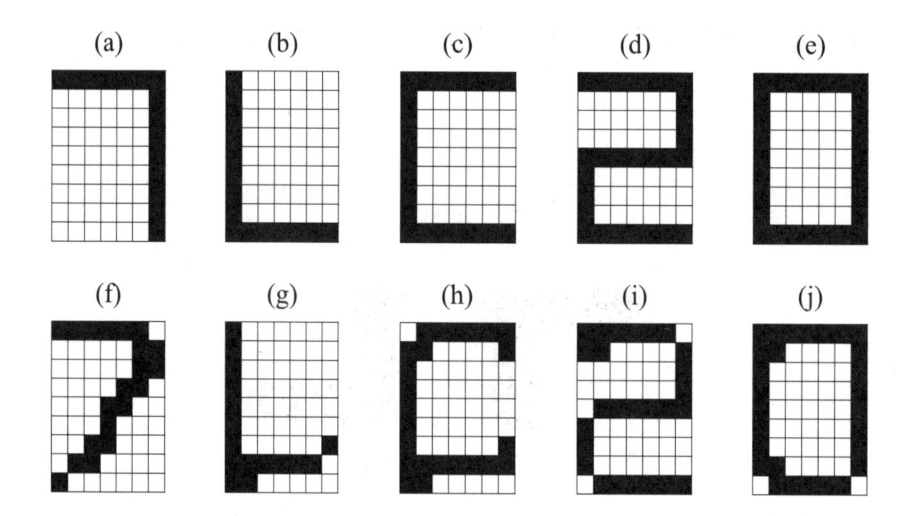

8.11 예제 8.3과 동일한 조건에서 출력을 다음과 같은 순서로 변경할 때 출력 패턴이 변하는 과정을 비교하라.

(a) y_2, y_1, y_4, y_3

(b) y_4, y_1, y_3, y_2

8.12 BAM의 특징과 구조에 대하여 기술하라.

8.13 BAM의 연상 알고리즘에 대하여 기술하라.

8.14 다음과 같은 패턴들을 저장할 수 있는 BAM을 설계하라.

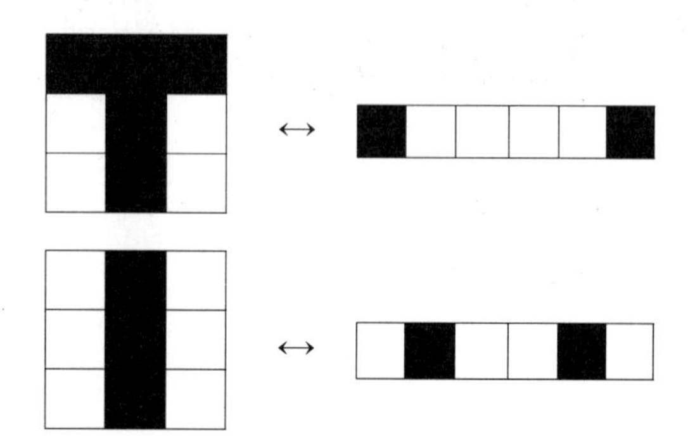

8.15 문제 8.14에서 구현한 BAM에 다음과 같은 패턴이 입력될 경우의 출력 패턴을 구하라.

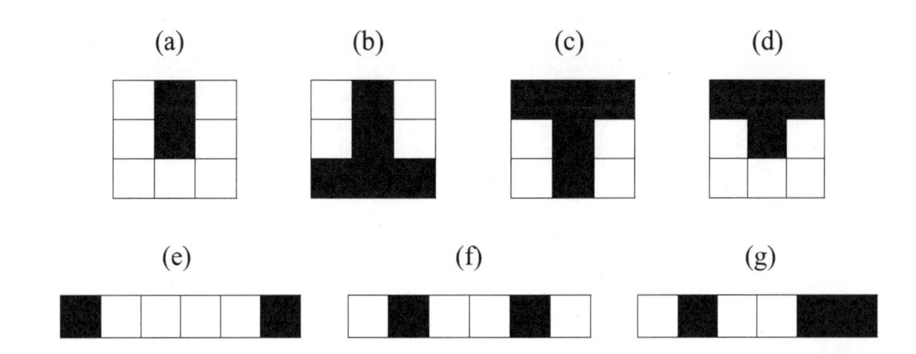

8.16 BAM에 다음과 같은 패턴쌍들을 저장할 수 있는 프로그램을 작성하라.

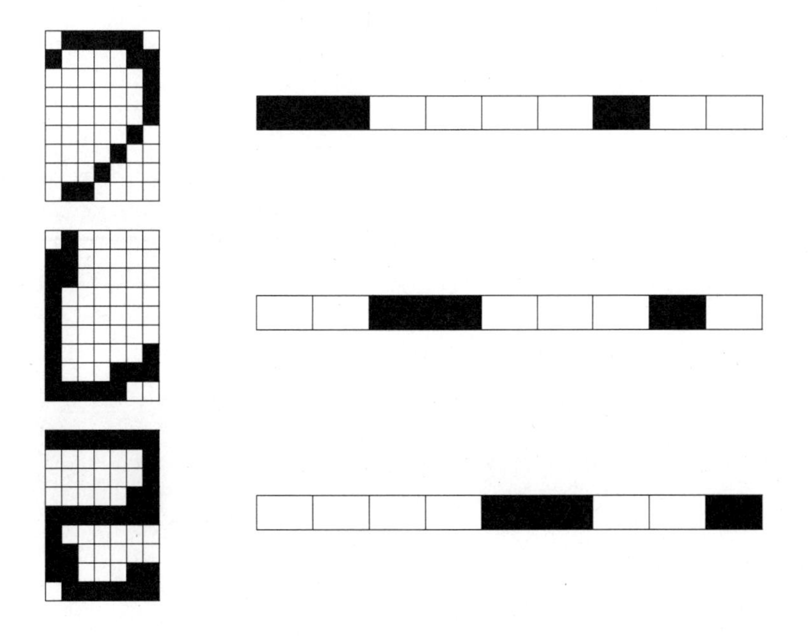

CHAPTER **09**

자율 신경망

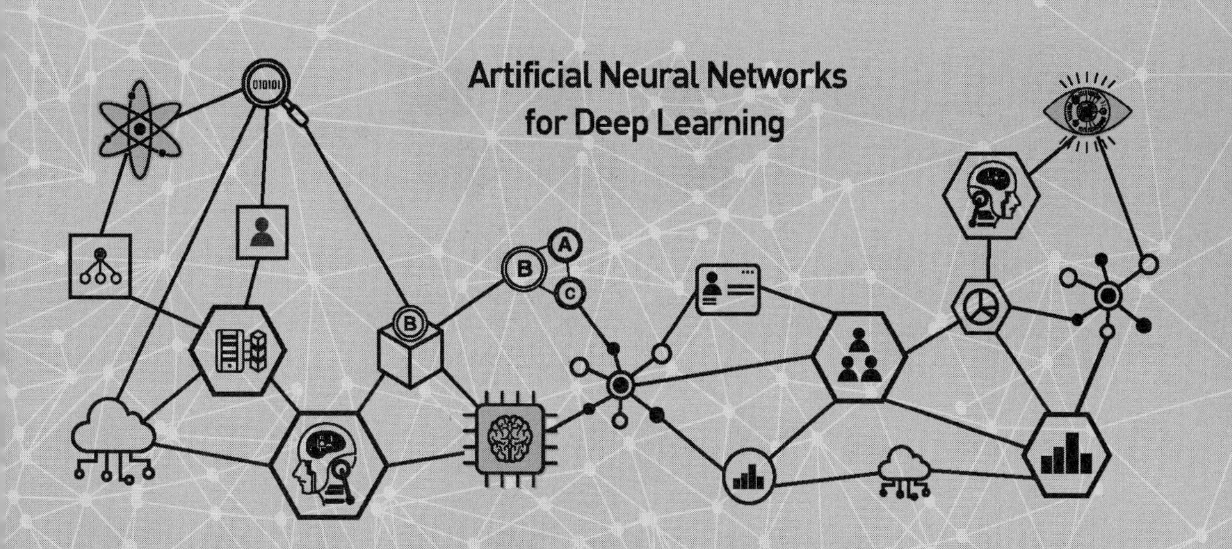

9.1 SOM

인간의 자율적인 학습과 유사한 형태로 학습이 이루어지는 신경망을 자율 신경망이라고 하며, 대표적인 자율 신경망 모델에는 T. Kohonen이 개발한 SOM(Self Organizing Map)이 있다. 이 절에서는 SOM의 구조와 학습 방법에 대하여 알아본다.

SOM의 구조

SOM은 입력층과 출력층으로 구성된 순방향 단층 신경망 구조이며, 그림 9.1과 같이 출력층 뉴런을 2차원으로 배열한다.

또한, 2차원 배열에는 그림 9.2와 같이 사각형 배열과 육각형 배열의 2가지 형태가 있다. 이러한 출력층 뉴런의 형태는 SOM의 성능에 영향을 미친다.

SOM의 학습

SOM의 연결 강도는 표본 패턴과 같은 역할을 하며, 입력 패턴과 가장 유사한 연결 강도를 갖는 출력층 뉴런이 winner가 된다. SOM에서는 winner 뉴런 J를 중심으로 반경 r을 설정하고, 이 범위 내에 있는 뉴런들의 연결 강도를 변경한다. SOM의 학습 절차는 다음과 같다.

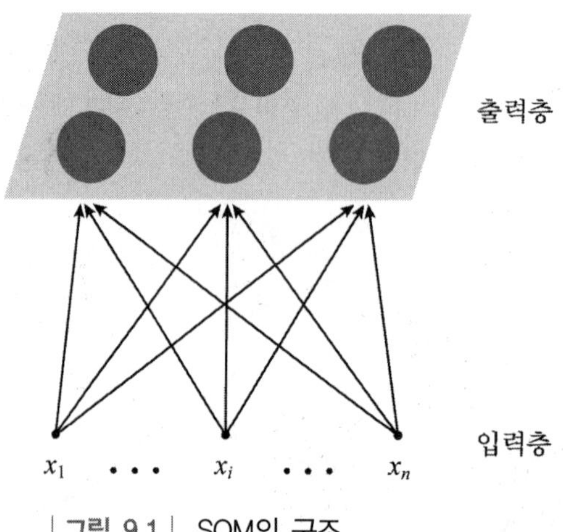

| 그림 9.1 | SOM의 구조

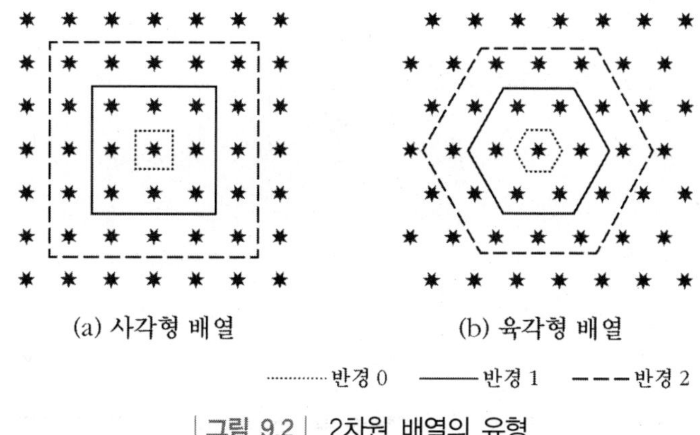

| 그림 9.2 | 2차원 배열의 유형

- **단계 1 :** 연결 강도 **w**를 초기화한다.
- **단계 2 :** 연결 강도를 변경시킬 범위 r을 설정하고 학습률 η를 결정한다.
- **단계 3 :** 표본 패턴 **x**를 입력하여 유사도 D를 계산하고, D가 가장 작은 뉴런을 winner로 선정한다.

$$D(j) = \sum_i (w_{ji} - x_i)^2 \tag{9.1}$$

- **단계 4 :** winner 뉴런 J로부터 반경 r의 범위 내에 있는 연결 강도를 변경한다. $k+1$ 학습 단계에서의 연결 강도 $\mathbf{w}^{k+1}$은 다음과 같다.

$$\begin{aligned} \Delta w_{Ji}^{k} &= \eta(x_i - w_{Ji}^{k}) \\ w_{Ji}^{k+1} &= w_{Ji}^{k} + \eta(x_i - w_{Ji}^{k}) \end{aligned} \tag{9.2}$$

  여기서, η는 학습률이다.

- **단계 5 :** 규정된 반복 횟수만큼 학습이 진행되면 반경 r과 학습률 η를 감소시킨 다음 학습 과정을 반복한다.

SOM의 학습 알고리즘을 그림 9.3에 기술하였다.

Step 1 : Initialize weights

$\mathbf{w} \leftarrow$ *random value*

Step 2 : Set topological neighborhood and learning rate

$r \leftarrow$ *integer*

$\eta \leftarrow$ *small number* $(0 < \eta < 1)$

Step 3 : While stop condition is not satisfied,
do Step 4 ~ 8

Step 4 : For each input $\mathbf{x}$
do Step 5 ~ 8

Step 5 : Compute distance

$$D(j) = \sum_i (w_{ji} - x_i)^2$$

Step 6 : Find winner neuron y_J

Step 7 : Update weights within radius

$$w_{Ji}^{k+1} = w_{Ji}^{k} + \eta(x_i - w_{Ji}^{k})$$

Step 8 : Reduce learning rate and radius

Step 9 : Test stop condition

| 그림 9.3 | SOM의 학습 알고리즘

예제 9.1 :: 다음과 같은 4개의 패턴을 두 클래스로 분류하는 Kohonen의 SOM에서 학습 과정을 1단계만 기술하라. 단, 학습률은 $\eta = 0.6$ 이다.

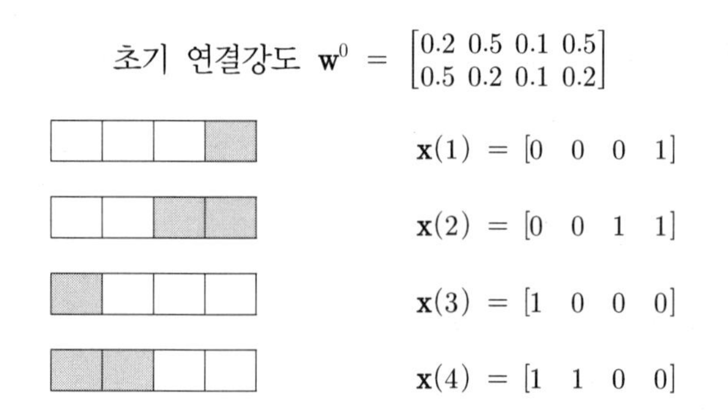

풀이 패턴의 요소가 4개이므로 입력층 뉴런수는 4개이고, 2개의 클래스로 분류하기 때문에 출력층의 뉴런이 2개인 SOM의 신경망 구조는 다음과 같다.

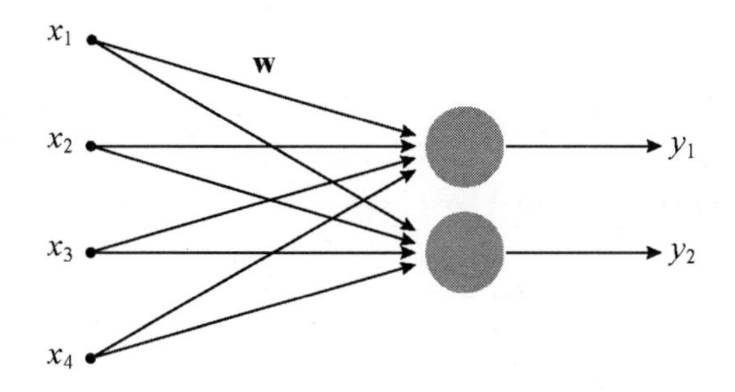

입력 패턴 **x**(1)과 연결강도 $\mathbf{w}^0$ 간의 유클리드 거리의 제곱은 다음과 같다.

$$
\begin{aligned}
D(1) &= \sum_i (w_{1i}^0 - x_i)^2 \\
&= (0.2-0)^2 + (0.5-0)^2 + (0.1-0)^2 + (0.5-1)^2 \\
&= 0.55
\end{aligned}
$$

$$
\begin{aligned}
D(2) &= \sum_i (w_{2i}^0 - x_i)^2 \\
&= (0.5-0)^2 + (0.2-0)^2 + (0.1-0)^2 + (0.2-1)^2 \\
&= 0.94
\end{aligned}
$$

$D(1) < D(2)$이므로 뉴런 1이 winner이며, 뉴런 1에의 연결강도 w_{1i}^1는 다음과 같이 구할 수 있다.

$$
\begin{aligned}
w_{1i}^1 &= w_{1i}^0 + \eta(x_i - w_{1i}^0) \\
&= (1-\eta)w_{1i}^0 + \eta x_i \\
&= 0.4[0.2 \quad 0.5 \quad 0.1 \quad 0.5] + 0.6[0 \quad 0 \quad 0 \quad 1] \\
&= [0.08 \quad 0.2 \quad 0.04 \quad 0.8]
\end{aligned}
$$

$$
\therefore \mathbf{w}^1 = \begin{bmatrix} 0.08 & 0.2 & 0.04 & 0.8 \\ 0.5 & 0.2 & 0.1 & 0.2 \end{bmatrix}
$$

입력 패턴 **x**(2)에 대하여도 마찬가지 방법으로 winner 뉴런을 구한다.

$$\begin{aligned} D(1) &= \sum_i (w_{1i}^1 - x_i)^2 \\ &= (0.08-0)^2 + (0.2-0)^2 + (0.04-1)^2 + (0.8-1)^2 \\ &= 1.008 \end{aligned}$$

$$\begin{aligned} D(2) &= \sum_i (w_{2i}^1 - x_i)^2 \\ &= (0.5-0)^2 + (0.2-0)^2 + (0.1-1)^2 + (0.2-1)^2 \\ &= 1.74 \end{aligned}$$

$D(1) < D(2)$이므로 뉴런 1이 winner이며, 뉴런 1에의 연결강도 w_{1i}^2는 다음과 같다.

$$\begin{aligned} w_{1i}^2 &= w_{1i}^1 + \eta(x_i - w_{1i}^1) \\ &= 0.4[0.08 \quad 0.2 \quad 0.04 \quad 0.8] + 0.6[0 \quad 0 \quad 1 \quad 1] \\ &= [0.032 \quad 0.08 \quad 0.616 \quad 0.92] \end{aligned}$$

$$\therefore \mathbf{w}^2 = \begin{bmatrix} 0.032 & 0.08 & 0.616 & 0.92 \\ 0.5 & 0.2 & 0.1 & 0.2 \end{bmatrix}$$

입력 패턴 **x**(3)에 대하여도 마찬가지 방법으로 winner 뉴런을 구한다.

$$\begin{aligned} D(1) &= \sum_i (w_{1i}^2 - x_i)^2 \\ &= (0.032-1)^2 + (0.08-0)^2 + (0.616-0)^2 + (0.92-0)^2 \\ &= 2.169 \end{aligned}$$

$$\begin{aligned} D(2) &= \sum_i (w_{2i}^2 - x_i)^2 \\ &= (0.5-1)^2 + (0.2-0)^2 + (0.1-0)^2 + (0.2-0)^2 \\ &= 0.34 \end{aligned}$$

$D(1) > D(2)$이므로 뉴런 2가 winner이며, 뉴런 2에의 연결강도 w_{2i}^3는 다음과 같다.

$$
\begin{aligned}
w_{2i}^3 &= w_{2i}^2 + \eta(x_i - w_{2i}^2) \\
&= 0.4[0.5 \quad 0.2 \quad 0.1 \quad 0.2] + 0.6[1 \quad 0 \quad 0 \quad 0] \\
&= [0.8 \quad 0.08 \quad 0.04 \quad 0.08]
\end{aligned}
$$

$$
\therefore \mathbf{w}^3 = \begin{bmatrix} 0.032 & 0.08 & 0.616 & 0.92 \\ 0.8 & 0.08 & 0.04 & 0.08 \end{bmatrix}
$$

입력 패턴 $\mathbf{x}(4)$에 대하여도 마찬가지 방법으로 winner 뉴런을 구한다.

$$
\begin{aligned}
D(1) &= \sum_i (w_{1i}^3 - x_i)^2 \\
&= (0.032 - 1)^2 + (0.08 - 1)^2 + (0.616 - 0)^2 + (0.92 - 0)^2 \\
&= 3.009
\end{aligned}
$$

$$
\begin{aligned}
D(2) &= \sum_i (w_{2i}^3 - x_i)^2 \\
&= (0.8 - 1)^2 + (0.08 - 1)^2 + (0.04 - 0)^2 + (0.08 - 0)^2 \\
&= 0.8944
\end{aligned}
$$

$D(1) > D(2)$이므로 뉴런 2가 winner이며, 뉴런 2에의 연결강도 w_{2i}^4는 다음과 같다.

$$
\begin{aligned}
w_{2i}^4 &= w_{2i}^3 + \eta(x_i - w_{2i}^3) \\
&= 0.4[0.8 \quad 0.08 \quad 0.04 \quad 0.08] + 0.6[1 \quad 1 \quad 0 \quad 0] \\
&= [0.92 \quad 0.632 \quad 0.016 \quad 0.032]
\end{aligned}
$$

$$
\therefore \mathbf{w}^4 = \begin{bmatrix} 0.032 & 0.08 & 0.616 & 0.92 \\ 0.92 & 0.632 & 0.016 & 0.032 \end{bmatrix}
$$

SOM의 응용

여기서는 T. Kohonen이 개발한 음성 타자기에 대하여 알아본다. 음성 타자기는 입력한 음성을 인식하여 상응하는 문자를 출력하며, 자율 학습 신경망인 SOM을 음성 인식용 포노토픽 맵 작성에 활용하였다.

입력층은 200Hz ~ 5kHz의 음성 신호를 15개 스펙트럼으로 분해하여 입력하기 위해

15개의 뉴런으로 구성하였고, 출력층은 포노토픽 맵을 형성하기 위해 96개의 뉴런을 2차원의 육각형 배열로 구성하였다.

학습이 완료된 후, 입력된 음성에 가장 잘 반응하는 출력층의 뉴런에 해당 문자를 할당하면 그림 9.4와 같은 포노토픽 맵이 형성된다. 실험 결과, SOM을 이용한 음성 타자기는 *k, p, t* 음소의 경우에는 명확성이 떨어지지만 화자에 따라 92% ~ 97% 정도 정확하게 음성 인식이 가능하였다.

그림 9.5는 핀란드 말 "*humppila*"를 발음하였을 때 포노토픽 맵의 반응 시퀀스이다. 화살표 각각은 음성 파형이 분석되는 9.83ms의 시간에 해당한다.

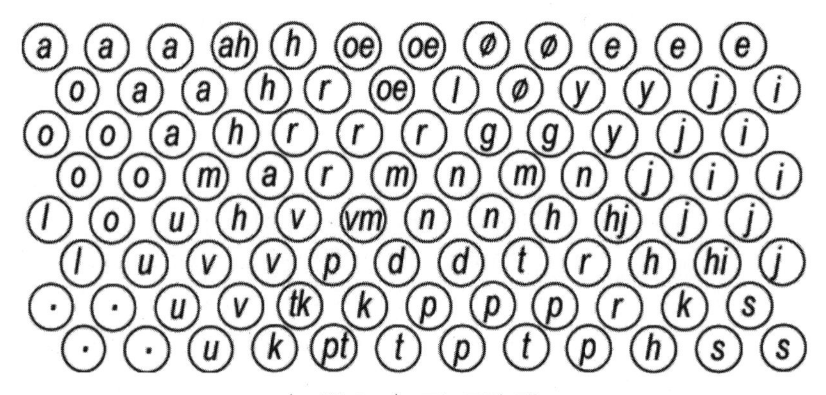

| 그림 9.4 | 포노토픽 맵

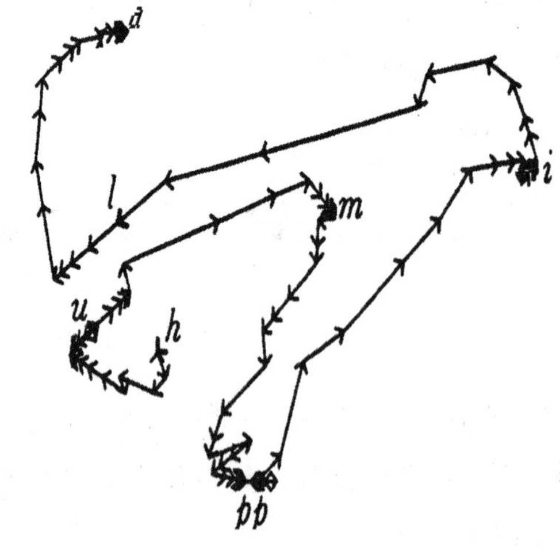

| 그림 9.5 | 핀란드어 humppila에 대한 반응 시퀀스

9.2 ART

현존하는 거의 대부분의 신경망 모델에서는 학습이 완료된 상태, 즉 연결 강도가 특정한 값으로 고정된 상태에서 새로운 패턴을 학습시키고자 할 경우에는 처음부터 다시 신경망을 학습시켜야 하는 문제점이 있다.

이러한 문제점을 개선하여 학습되지 않은 새로운 패턴이 들어오면 새로운 클러스터를 형성함으로써 이미 학습된 패턴들에 영향을 주지 않는 신경망 모델이 ART(Adaptive Resonance Theory)이다. 이 절에서는 ART의 구조와 학습 방법에 대하여 알아본다.

ART의 구조

ART는 G. Carpenter와 S. Grossberg가 개발한 자율 신경망이며, 그림 9.6과 같이 입력층, 비교층, 인식층으로 구성된 3계층 구조이다.

ART에서는 비교층과 인식층간에 b와 t의 2가지 연결 강도를 사용하는 특징이 있으며, 경계 파라미터를 사용하여 입력 패턴이 어떤 클러스터에 속하는지를 판단한다.

ART의 학습

ART의 학습에 있어서는 학습 패턴들을 입력하는 순서, 경계 파라미터의 값, 클러스터의 수에 따라 최종 연결 강도의 값이 상당히 달라진다. ART의 학습 절차는 다음과 같다.

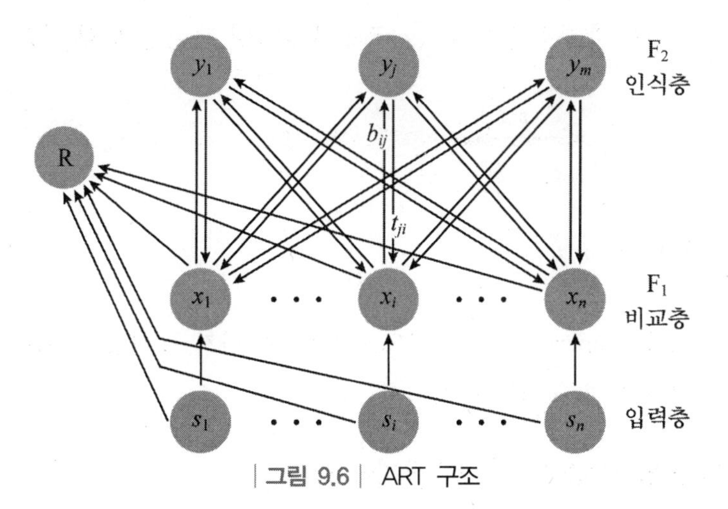

| 그림 9.6 | ART 구조

- **단계 1** : 입력층 뉴런의 수가 n일 경우, 비교층에서 인식층으로의 연결 강도 b_{ji}와 인식층에서 비교층으로의 연결 강도 t_{ij}를 초기화한다.

$$b_{ji}^{o} = \frac{1}{1+n}$$
$$t_{ij}^{o} = 1 \tag{9.3}$$

- **단계 2** : 외부 입력 s가 들어오면 일단 비교층으로 보낸다.

$$x_i = s_i$$
$$||\mathbf{x}|| = \sum_i x_i \tag{9.4}$$

인식층의 출력 y_i를 구하여 가장 큰 출력이 나오는 뉴런 J를 winner로 선정한다.

$$y_J = \sum_i b_{Ji} x_i \tag{9.5}$$

- **단계 3** : winner 뉴런 J에 대하여 유사도 시험(경계 파라미터 ρ를 사용)을 한다.

$$\frac{1}{||x||}\sum_{i=1}^{n} x_i t_{iJ} > \rho$$

- **단계 4** : 유사도 시험을 통과하면 winner 뉴런 J에 관련된 연결 강도를 변경한다.

$$b_{Ji}^{k+1} = \frac{x_i\, t_{iJ}^{k}}{0.5 + \sum_{i=1}^{n} x_i t_{iJ}^{k}}$$
$$t_{iJ}^{k+1} = x_i\, t_{iJ}^{k} \tag{9.6}$$

만약, winner 뉴런이 유사도 시험을 통과하지 못하면 새로운 winner 뉴런을 찾아 학습 과정을 반복한다.

ART1의 학습 알고리즘을 그림 9.7에 기술하였다.

Step 1 : Initialize weights and counter

$$b_{ji} \leftarrow \frac{1}{1+n}$$

$$t_{ij} \leftarrow 1$$

Step 2 : Set vigilance parameter

$$0 < \rho \leq 1$$

Step 3 : While stop condition is not satisfied
do Step 4 ~ 10

Step 4 : For each training input,
do Step 5 ~ 10

Step 5 : Send input to F_1 *layer*

$$x_i \leftarrow s_i$$

Step 6 : Compute output of F_2 *layer*

$$y_j = \sum_i x_i b_{ji}$$

Step 7 : Find winner neuron J

Step 8 : Test similarity for neuron J

$$\frac{1}{||\mathbf{x}||}\sum_{i=1}^{n} x_i t_{iJ} > \rho$$

If test is not passed, $y_J \leftarrow -1$, *and goto Step 5*

Step 9 : Update weights for neuron J

$$b_{J_i}^{k+1} = \frac{x_i t_{iJ}^k}{0.5 + \sum_{i=1}^{n} x_i t_{iJ}^k}$$

$$t_{iJ}^{k+1} = x_i t_{iJ}^k$$

Step 10 : Test stop condition

| 그림 9.7 | ART의 학습 알고리즘

ART의 응용

L. Fausett은 ART를 이용하여 영문자 인식 실험을 하였다. 그림 9.8은 학습에 사용된 패턴이다. 표 9.1과 같이 동일한 학습 패턴에 대해서도 경계 파라미터의 값에 따라 ART의 성능이 상당히 달라짐을 알 수 있다.

또한, 표 9.2와 같이 학습 패턴을 입력하는 순서에 따라서도 인식 결과가 달라짐을 알 수 있다.

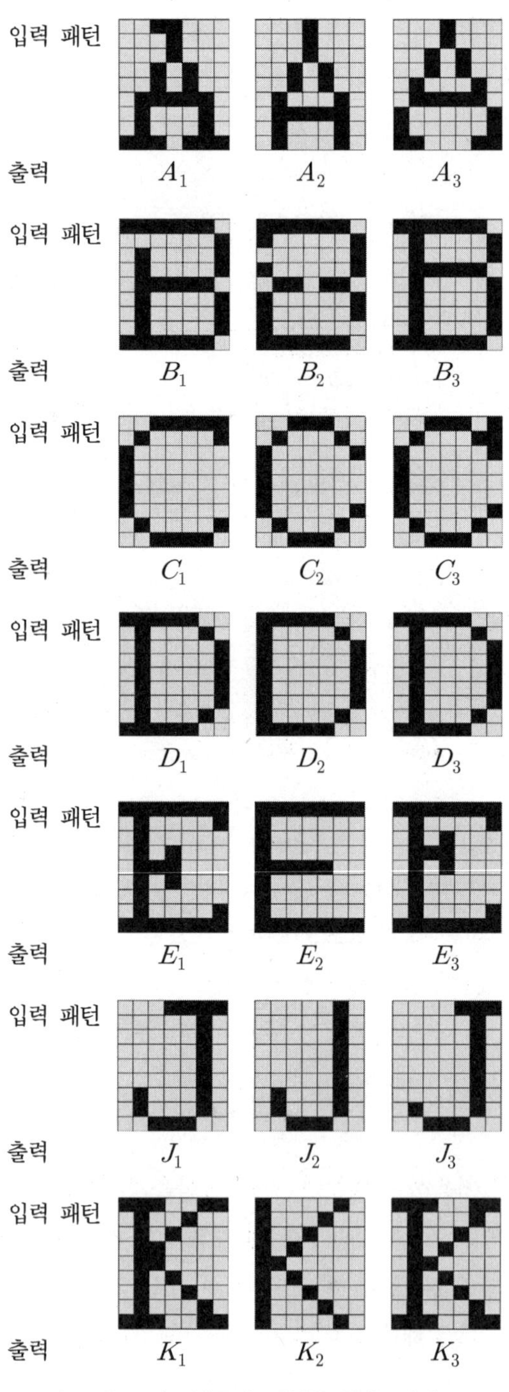

| 그림 9.8 | 영문자 인식용 학습 패턴

| 표 9.1 | 경계 파라미터의 값에 따른 인식 결과(클러스터 수 10인 경우)

클러스터	경계 파라미터		클러스터	경계 파라미터	
	0.3	0.7		0.3	0.7
1	C_1	A_2	7	B_1, D_1, E_1, K_1 B_3, D_3, E_3, K_3	D_2
2	J_2	A_3	8		E_1, E_3
3	A_1, A_2	B_1, B_2	9		E_2
4	B_2, D_2, E_2, K_2	B_3, D_1, D_3	10		J_1, J_2, J_3
5	A_3	C_1, C_2	인식불능		A_1, K_1, K_2, K_3
6	J_1, C_2, C_3, J_3	C_3	인식불능		A_1, K_1, K_2, K_3

| 표 9.2 | 학습 순서에 따른 인식 결과(경계 파라미터 0.7, 클러스터 수 15인 경우)

클러스터	학습 순서	
	A_1, B_1, C_1, …	A_1, A_2, A_3, …
1	A_2	A_2
2	B_1, D_1, D_3	A_3
3	C_1, C_2	B_1, B_2
4	E_1, K_1, K_3	B_3, D_1, D_3
5	J_1, J_2, J_3	C_1, C_2
6	B_2, D_2	C_3
7	E_2	D_2
8	K_2	E_1, E_3
9	A_3	E_2
10	B_3, E_3	J_1, J_2, J_3
11	C_3	K_2
12	A_1	A_1

Chapter 09 연습문제

9.1 Kohonen이 개발한 SOM은 주로 어떤 응용 분야에 활용되는가?

9.2 SOM에서 출력층 뉴런을 2차원으로 배열하는 2가지 형태를 기술하라.

9.3 SOM의 구조 및 학습 알고리즘에 대하여 기술하라.

9.4 다음과 같은 4개의 패턴을 두 클래스로 분류하는 Kohonen의 SOM에서 학습 과정을 2단계까지 기술하라. 단, 학습률은 0.5이며, 초기 연결 강도는 다음과 같다.

$$\mathbf{w} = \begin{bmatrix} 0.5 & 0.5 & 0.3 & 0.5 & 0.3 & 0.2 & 0.4 & 0.5 & 0.1 \\ 0.5 & 0.4 & 0.1 & 0.2 & 0.3 & 0.2 & 0.4 & 0.5 & 0.1 \end{bmatrix}$$

 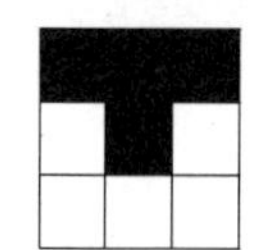 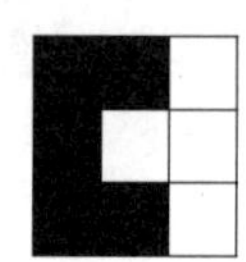 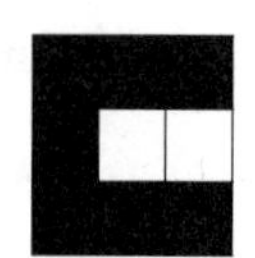

9.5 다음과 같은 4개의 패턴을 두 클래스로 분류하는 Kohonen의 SOM에서 학습 과정을 2단계까지 기술하라. 단, 학습률은 0.5이며, 초기 연결 강도는 다음과 같다.

$$\mathbf{w} = \begin{bmatrix} 0.3 & 0.5 & 0.2 & 0.1 \\ 0.1 & 0.2 & 0.4 & 0.2 \end{bmatrix}$$

   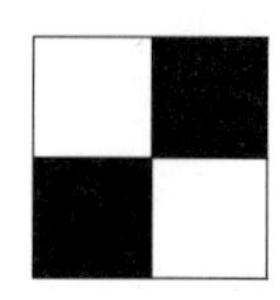

9.6 ART와 다른 신경망 모델과의 가장 큰 차이점은 무엇인가?

9.7 ART에서의 유사도 시험에 대하여 기술하라.

9.8 ART의 구조 및 학습 알고리즘에 대하여 기술하라.

9.9 ART를 학습하는 데 있어서 만약 입력층 뉴런이 9개라면 비교층에서 인식층으로의 초기 연결 강도는 얼마로 하여야 하는가?

① 0.1 ② 0.2 ③ 0.3 ④ 0.5

9.10 ART를 학습하는 데 있어서 만약 입력층 뉴런이 5개라면 인식층에서 비교층으로의 초기 연결 강도는 얼마로 하여야 하는가?

① 1 ② 2 ③ 3 ④ 5

9.11 ART를 이용한 문자 인식에 경계 파라미터의 값이 어떤 영향을 미치는지에 대하여 표 9.1을 참고하여 기술하라.

9.12 그림 9.8의 학습 패턴을 이용하여 다음과 같은 방법으로 ART를 학습시켰을 때의 인식 결과를 비교하라.

(a) ρ = 0.5, 클러스터 수 = 10

학습 순서 : $A_1A_2A_3B_1B_2 \cdot\cdot\cdot J_3K_1K_2K_3$

(b) ρ = 0.5, 클러스터 수 = 10

학습 순서 : $A_1B_1C_1D_1E_1 \cdot\cdot\cdot C_3D_3E_3J_3K_3$

(c) ρ = 0.9, 클러스터 수 = 15

학습 순서 : $A_1A_2A_3B_1B_2 \cdot\cdot\cdot J_3K_1K_2K_3$

(d) ρ = 0.9, 클러스터 수 = 15

학습 순서 : $A_1B_1C_1D_1E_1 \cdot\cdot\cdot C_3D_3E_3J_3K_3$

CHAPTER 10

경쟁식 신경망

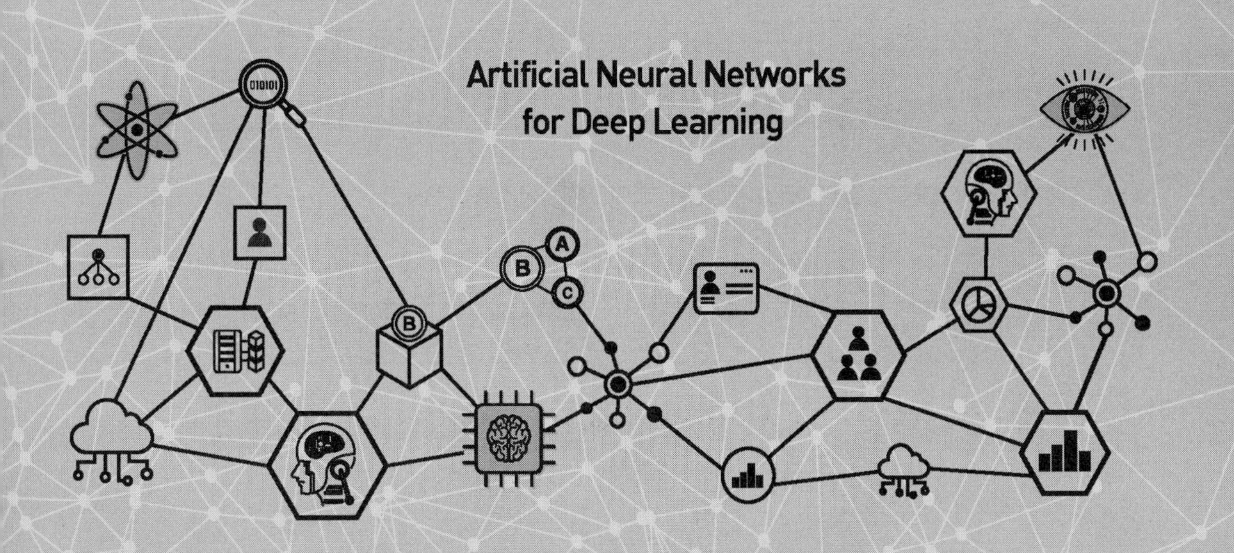

10.1 패턴의 유사도

일반적으로 패턴들 간에는 전혀 관계가 없을 수도 있지만 어느 정도 서로 관련되어 있다. 패턴들 간의 유사도를 활용하여 학습하거나 응용하는 신경망을 경쟁식 신경망이라고 하며, 대표적인 경쟁식 신경망 모델에는 Hamming Net과 CP(Counter Propagation) Net이 있다. 이 절에서는 경쟁식 신경망에서 패턴들 간의 유사도를 측정하는 도구인 해밍 거리와 유클리드 거리에 대하여 알아본다.

유사도 측정 도구

패턴의 유사도는 패턴들 간의 연관성을 알아보기 위해 서로 일치하는 정도를 정량적으로 표현한 것이며, 경쟁식 신경망에서는 일반적으로 다음과 같은 도구를 사용하여 유사도를 측정한다.

- **해밍 거리** : 패턴들을 비교하였을 때 값이 다른 비트들의 개수이며, 해밍 거리가 작을수록 유사하다.
- **유클리드 거리** : 패턴 공간에서 패턴들 간의 거리이며, 유클리드 거리가 작을수록 유사하다.

해밍 거리에 의해 이진 패턴들 간의 유사도를 측정하는 방법을 예를 통해 알아보자.

예제 10.1 :: 다음과 같은 두 이진 패턴 간의 해밍 거리를 구하라.

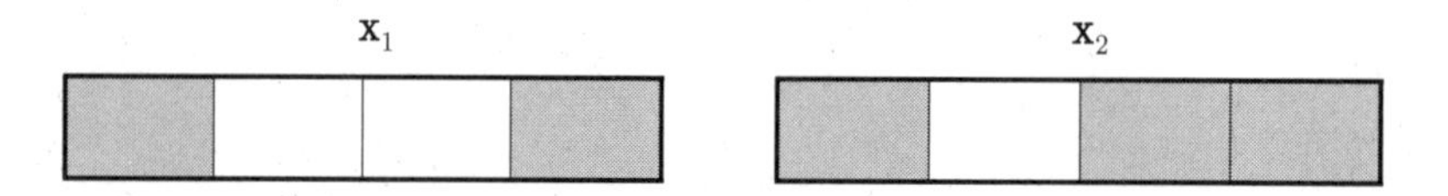

풀이 검은 부분을 1, 흰 부분을 0으로 하여 두 패턴을 표현하면 다음과 같다.

$$\mathbf{x}_1 = [\ 1\ \ 0\ \ \underline{\mathbf{0}}\ \ 1\ ]$$
$$\updownarrow$$
$$\mathbf{x}_2 = [\ 1\ \ 0\ \ \underline{\mathbf{1}}\ \ 1\ ]$$

패턴 $\mathbf{x}_1$과 패턴 $\mathbf{x}_2$는 단지 1비트만 다르므로 해밍 거리 $H_d = 1$이다.

예제 10.2 :: 다음은 9×7 화소로 나타낸 한글 'ㄱ', 'ㄴ', 'ㄷ' 문자이다. 'ㄴ'은 'ㄱ'과 'ㄷ' 중 어떤 문자와 더 유사한가?

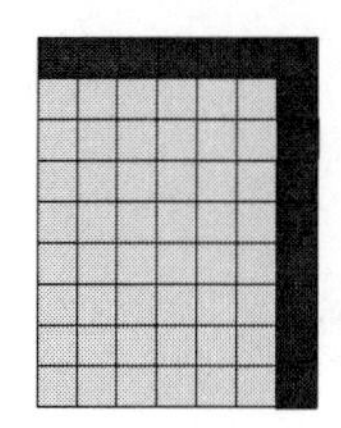 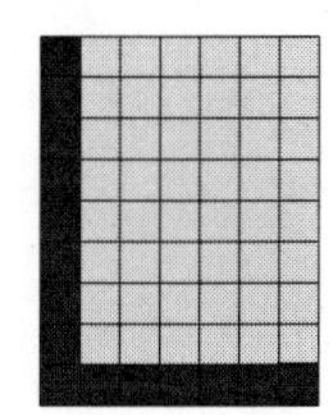 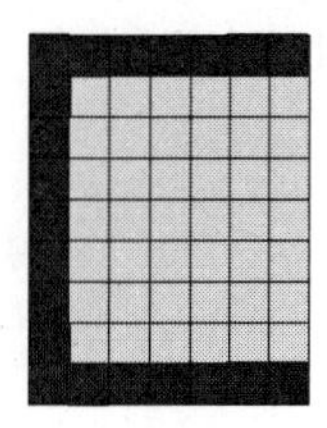

풀이 'ㄴ'과 'ㄱ' : 26개의 화소가 다르므로 해밍 거리는 26.
'ㄴ'과 'ㄷ' : 6개의 화소가 다르므로 해밍 거리는 6.
따라서, 'ㄴ'은 'ㄷ'과 더 유사하다고 할 수 있다.

예제 10.3 :: 다음은 9×7 화소로 나타낸 영문자 'A', 'B', 'C'이다. 각 문자 간의 해밍 거리는 얼마인가?

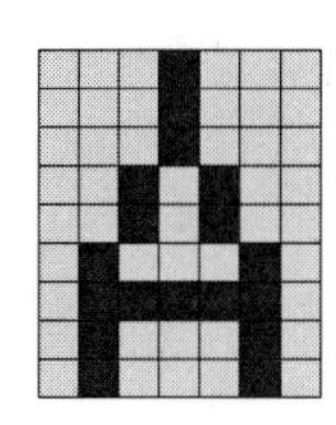 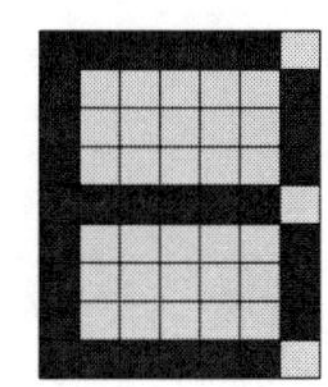 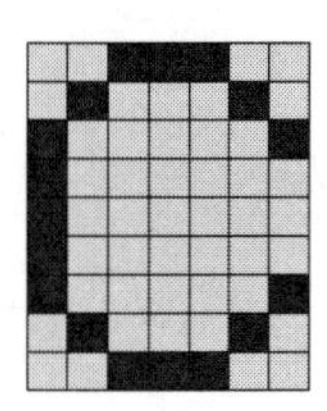

풀이 'A'와 'B' : 38개의 화소가 다르므로 해밍 거리는 38.

'A'와 'C' : 29개의 화소가 다르므로 해밍 거리는 29.

'B'와 'C' : 21개의 화소가 다르므로 해밍 거리는 21.

패턴 공간에서의 유클리드 거리에 의해 패턴들 간의 유사도를 측정하는 방법을 예를 통해 알아보자.

예제 10.4 :: 패턴 $\mathbf{x} = [1\ 0]$은 표본 패턴 $\mathbf{x}_1 = [2\ 1]$과 $\mathbf{x}_2 = [-1\ 1]$ 중 어느 패턴과 더 유사하다고 할 수 있는가?

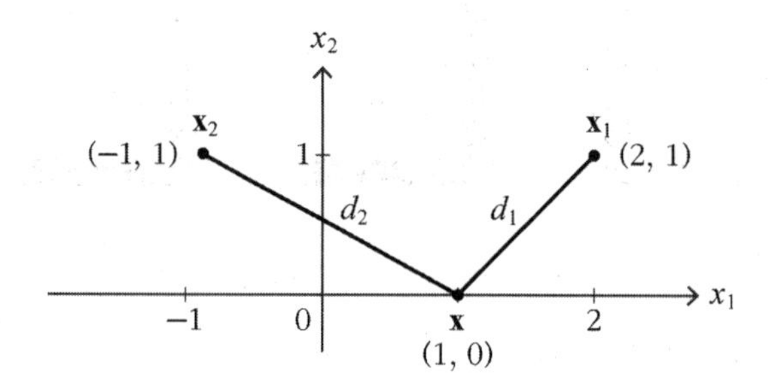

풀이 패턴 $\mathbf{x}$와 표본 패턴 $\mathbf{x}_1$의 유클리드 거리 d_1은 다음과 같다.

$$\begin{aligned} d_1 &= \sqrt{(1-2)^2 + (0-1)^2} \\ &= \sqrt{2} \end{aligned}$$

패턴 $\mathbf{x}$와 표본 패턴 $\mathbf{x}_2$의 유클리드 거리 d_2는 다음과 같다.

$$\begin{aligned} d_2 &= \sqrt{[1-(-1)]^2 + (0-1)^2} \\ &= \sqrt{5} \end{aligned}$$

$d_1 < d_2$이므로 패턴 $\mathbf{x}$는 표본 패턴 $\mathbf{x}_1$과 더 유사하다고 판단할 수 있다.

10.2 Hamming Net

Hamming Net은 입력 패턴에 대하여 해밍 거리 H_d가 최소인 표본 패턴을 식별하는 신경망이다. Hamming Net은 그림 10.1과 같이 순방향 단층 신경망 구조이며, 패턴이 n개의 화소로 구성되고, 표본 패턴의 수가 m이면 Hamming Net의 입력층과 출력층은 각각 n개와 m개의 뉴런들로 구성된다.

Hamming Net의 연결 강도 **W**는 별도의 학습을 하지 않고 식 (10.1)을 이용하여 표본 패턴 **s**로부터 직접 구할 수 있다.

표본 패턴 바이어스

$$W = \begin{bmatrix} \frac{s_1(1)}{2} & \frac{s_2(1)}{2} & \cdots & \frac{s_n(1)}{2} & \frac{n}{2} \\ \frac{s_1(2)}{2} & \frac{s_2(2)}{2} & \cdots & \frac{s_n(2)}{2} & \frac{n}{2} \\ \vdots & \vdots & & \vdots & \vdots \\ \frac{s_1(m)}{2} & \frac{s_2(m)}{2} & \cdots & \frac{s_n(m)}{2} & \frac{n}{2} \end{bmatrix} \tag{10.1}$$

여기서, $s_i(k)$는 k번째 표본 패턴의 i번째 요소이다.

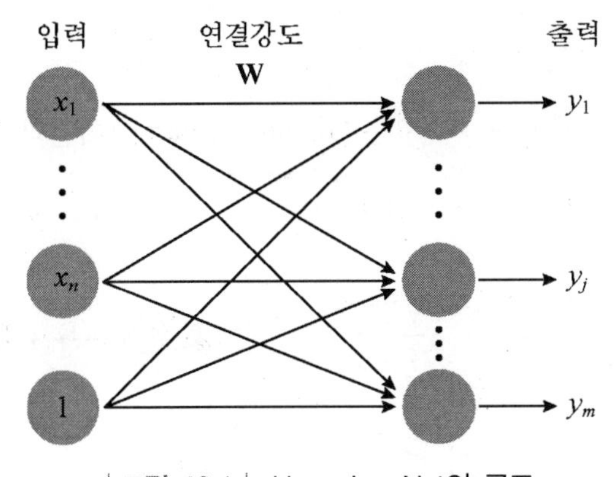

| 그림 10.1 | Hamming Net의 구조

표본 패턴 저장

이제 표본 패턴들을 저장하기 위한 Hamming Net을 설계하는 방법을 예를 통해 알아보자.

예제 10.5 :: 다음과 같은 2개의 표본 패턴 T와 C를 저장하는 Hamming Net을 설계하라.

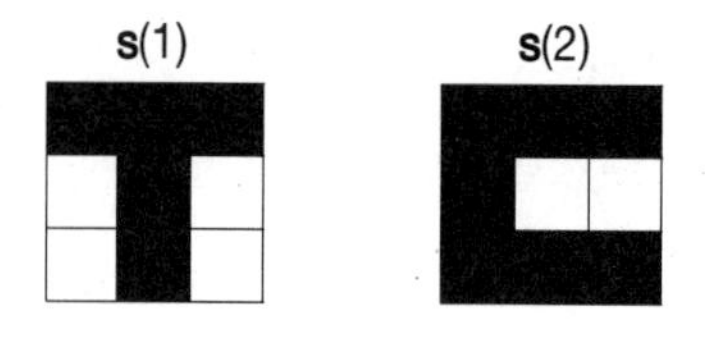

풀이 Hamming Net은 양극성 이진 데이터를 사용하므로 표본 패턴들은 다음과 같이 표현할 수 있다.

$$T \; : \; \mathbf{s}(1) = [1 \; 1 \; 1 \; -1 \;\; 1 \; -1 \; -1 \;\; 1 \; -1]$$

$$C \; : \; \mathbf{s}(2) = [1 \; 1 \; 1 \;\; 1 \; -1 \; -1 \;\; 1 \;\; 1 \;\; 1]$$

패턴이 9개의 화소로 구성되어 있고, 표본 패턴이 2개이므로 Hamming Net의 입력층 뉴런은 바이어스를 포함하여 10개, 출력층의 뉴런은 2개이며, 연결 강도 **W**는 다음과 같다.

$$W = \begin{bmatrix} \frac{1}{2} & \frac{1}{2} & \frac{1}{2} & -\frac{1}{2} & \frac{1}{2} & -\frac{1}{2} & -\frac{1}{2} & \frac{1}{2} & -\frac{1}{2} & \frac{9}{2} \\ \frac{1}{2} & \frac{1}{2} & \frac{1}{2} & \frac{1}{2} & -\frac{1}{2} & -\frac{1}{2} & \frac{1}{2} & \frac{1}{2} & \frac{1}{2} & \frac{9}{2} \end{bmatrix}$$

따라서, 표본 패턴 T와 C를 저장하는 Hamming Net은 다음과 같다.

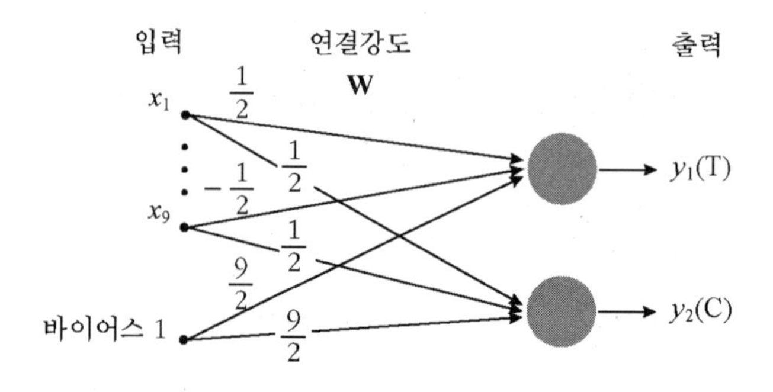

예제 10.6 :: 다음과 같은 3개의 표본 패턴을 저장하는 Hamming Net을 설계하라.

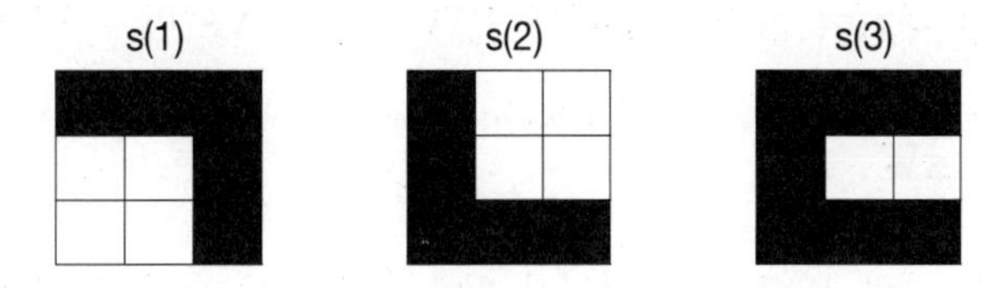

풀이 Hamming Net은 양극성 이진 데이터를 사용하므로 표본 패턴들은 다음과 같이 표현할 수 있다.

$$\text{ㄱ} : \mathbf{s}(1) = [1 \;\; 1 \;\; 1 -1 -1 \;\; 1 -1 -1 \;\; 1]$$

$$\text{ㄴ} : \mathbf{s}(2) = [1 -1 -1 \;\; 1 -1 -1 \;\; 1 \;\; 1 \;\; 1]$$

$$\text{ㄷ} : \mathbf{s}(3) = [1 \;\; 1 \;\; 1 \;\; 1 -1 -1 \;\; 1 \;\; 1 \;\; 1]$$

패턴이 9개의 화소로 구성되어 있고, 표본 패턴이 3개이므로 Hamming Net의 입력층 뉴런은 바이어스를 포함하여 10개, 출력층의 뉴런은 3개이며, 연결 강도 **W**는 다음과 같다.

$$\mathbf{W} = \begin{bmatrix} \frac{1}{2} & \frac{1}{2} & \frac{1}{2} & -\frac{1}{2} & -\frac{1}{2} & \frac{1}{2} & -\frac{1}{2} & -\frac{1}{2} & \frac{1}{2} & \frac{9}{2} \\ \frac{1}{2} & -\frac{1}{2} & -\frac{1}{2} & \frac{1}{2} & -\frac{1}{2} & -\frac{1}{2} & \frac{1}{2} & \frac{1}{2} & \frac{1}{2} & \frac{9}{2} \\ \frac{1}{2} & \frac{1}{2} & \frac{1}{2} & \frac{1}{2} & -\frac{1}{2} & -\frac{1}{2} & \frac{1}{2} & \frac{1}{2} & \frac{1}{2} & \frac{9}{2} \end{bmatrix}$$

따라서, 표본 패턴 T와 C를 저장하는 Hamming Net은 다음과 같다.

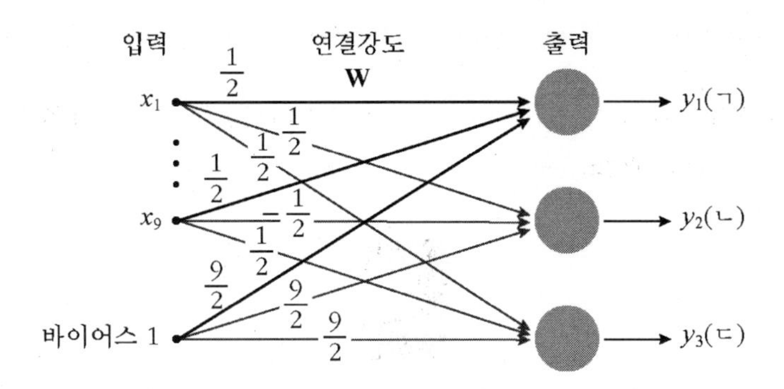

Hamming Net의 응용

Hamming Net에서 입력 패턴과 가장 유사한 표본 패턴을 출력하는 과정은 다음과 같다. 입력 패턴 **x**에 대하여 출력층 뉴런의 입력 가중합 NET를 구한다.

$$NET = \mathbf{x}\mathrm{W}^{\mathrm{T}} \tag{10.2}$$

Hamming Net은 그림 10.2와 같은 경사 함수를 활성화 함수로 사용하므로 출력 y는 다음과 같다.

$$\begin{aligned} y &= f(NET) \\ &= \frac{1}{n}NET \quad : \quad 0 \le NET \le n \end{aligned} \tag{10.3}$$

여기서, n은 패턴 벡터의 구성 요소수이다.

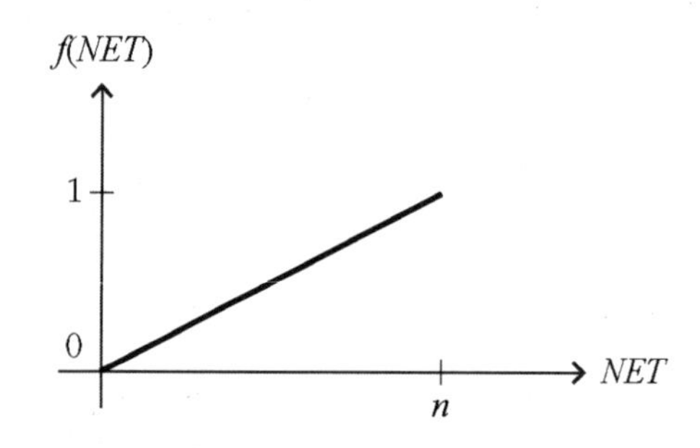

| 그림 10.2 | Hamming Net의 활성화 함수

예제 10.7 :: 예제 10.5에서 설계한 Hamming Net에 다음과 같은 패턴이 입력되는 경우의 출력 패턴을 구하라.

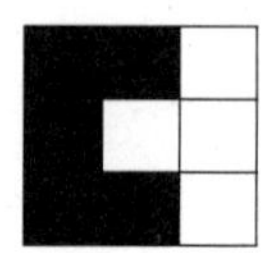

입력 패턴 : $\mathbf{x} = [1\ \ 1\ -1\ \ 1\ -1\ -1\ \ 1\ \ 1\ -1]$

풀이 출력층 뉴런의 입력 가중합 NET는 식 (10.2)에 의해 구할 수 있다.

$$
\begin{aligned}
NET &= \mathbf{x}\mathbf{W}^T \\
&= [1 \;\; 1 \; -1 \;\; 1 \; -1 \; -1 \;\; 1 \;\; 1 \; -1 \;\; 1] \\
&\cdot \begin{bmatrix} \frac{1}{2} & \frac{1}{2} & \frac{1}{2} & -\frac{1}{2} & \frac{1}{2} & -\frac{1}{2} & -\frac{1}{2} & \frac{1}{2} & -\frac{1}{2} & \frac{9}{2} \\ \frac{1}{2} & \frac{1}{2} & \frac{1}{2} & \frac{1}{2} & -\frac{1}{2} & -\frac{1}{2} & \frac{1}{2} & \frac{1}{2} & \frac{1}{2} & \frac{9}{2} \end{bmatrix}^{\mathrm{T}} \\
&= [5 \;\; 7]
\end{aligned}
$$

↓ 출력층 두 번째 뉴런의 NET값

↓ 출력층 첫 번째 뉴런의 NET값

출력층 첫 번째 뉴런의 출력 y_1은 식 (10.3)에 의해 구할 수 있다.

$$
\begin{aligned}
y_1 &= \frac{1}{n} NET \\
&= \frac{1}{9} \times 5 \\
&= 0.56
\end{aligned}
$$

마찬가지 방법으로 출력층 두 번째 뉴런의 출력 y_2를 구할 수 있다.

$$
\begin{aligned}
y_2 &= \frac{1}{n} NET \\
&= \frac{1}{9} \times 7 \\
&= 0.78
\end{aligned}
$$

출력층 두 번째 뉴런의 출력 y_2가 첫 번째 뉴런의 출력 y_1보다 크기 때문에 입력 패턴을 $\mathbf{s}(2)$, 즉 'c'라고 판단한다.

예제 10.8 :: 예제 10.6에서 설계한 Hamming Net에 다음과 같은 패턴이 입력되는 경우의 출력 패턴을 구하라.

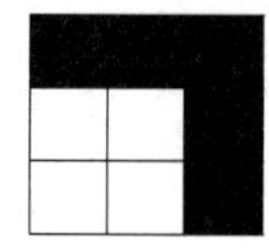

입력 패턴 : $\mathbf{x} = [1 \ \ 1 \ \ 1 \ \ -1 \ \ -1 \ \ 1 \ \ -1 \ \ -1 \ \ 1]$

풀이 출력층 뉴런의 입력 가중합 NET는 식 (10.2)에 의해 구할 수 있다.

$$
\begin{aligned}
NET &= \mathbf{x}\mathbf{W}^T \\
&= [1 \ \ 1 \ \ 1 \ \ -1 \ \ -1 \ \ 1 \ \ -1 \ \ -1 \ \ 1 \ \ 1] \\
&\quad \cdot \begin{bmatrix} \frac{1}{2} & \frac{1}{2} & \frac{1}{2} & -\frac{1}{2} & -\frac{1}{2} & \frac{1}{2} & -\frac{1}{2} & -\frac{1}{2} & \frac{1}{2} & \frac{9}{2} \\ \frac{1}{2} & -\frac{1}{2} & -\frac{1}{2} & \frac{1}{2} & -\frac{1}{2} & -\frac{1}{2} & \frac{1}{2} & \frac{1}{2} & \frac{1}{2} & \frac{9}{2} \\ \frac{1}{2} & \frac{1}{2} & \frac{1}{2} & \frac{1}{2} & -\frac{1}{2} & -\frac{1}{2} & \frac{1}{2} & \frac{1}{2} & \frac{1}{2} & \frac{9}{2} \end{bmatrix}^{\mathrm{T}} \\
&= [9 \ \ 3 \ \ 5]
\end{aligned}
$$

출력층 첫 번째 뉴런의 출력 y_1은 다음과 같다.

$$
\begin{aligned}
y_1 &= \frac{1}{n} NET \\
&= \frac{1}{9} \times 9 \\
&= 1
\end{aligned}
$$

마찬가지 방법으로 출력층 두 번째 뉴런의 출력 y_2와 세 번째 뉴런의 출력 y_3를 구할 수 있다.

$$\begin{aligned} y_2 &= \frac{1}{n} NET \\ &= \frac{1}{9} \times 3 \\ &= 0.33 \end{aligned}$$

$$\begin{aligned} y_3 &= \frac{1}{n} NET \\ &= \frac{1}{9} \times 5 \\ &= 0.56 \end{aligned}$$

출력층 첫 번째 뉴런의 출력 y_1이 다른 뉴런들의 출력 y_2, y_3보다 크기 때문에 입력 패턴을 **s**(1), 즉 'ㄱ'이라고 판단한다.

10.3 CP Net

CP(ounter-Propagation) Net은 근사값 계산, 패턴 분류, 데이터 압축 등의 여러 분야에 응용되는 순방향 다층 신경망이다. CP Net은 그림 10.3과 같이 입력층, Kohonen층(은닉층), Grossberg층(출력층)의 3계층 구조로 되어 있다.

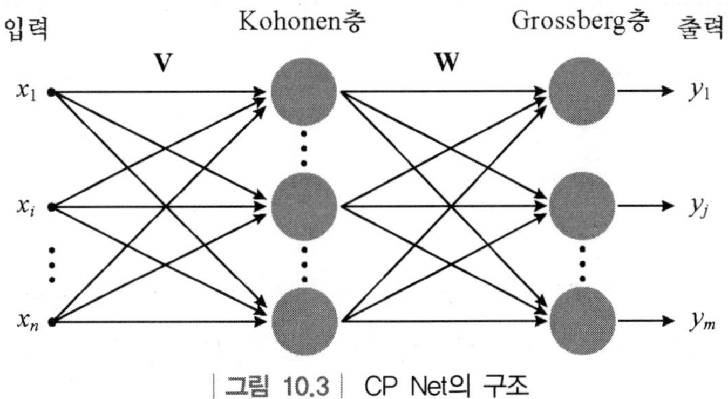

| 그림 10.3 | CP Net의 구조

CP Net의 학습

입력층과 Kohonen층 간의 연결 강도 **V**의 학습에는 instar 학습법을 사용한다. 따라서, Kohonen층의 winner 뉴런 J로 들어오는 연결 강도만을 변경한다. $k+1$ 학습 단계에서의 연결강도 v_{Ji}^{k+1}은 다음과 같다.

$$\begin{aligned} \Delta v_{Ji}^{k} &= \alpha(x_i - v_{Ji}^{k}) \qquad i = 1, \cdots, n \\ v_{Ji}^{k+1} &= v_{J_i}^{k} + \alpha(x_i - v_{Ji}) \\ &= (1-\alpha)\, v_{Ji}^{k} + \alpha x_i \end{aligned} \tag{10.4}$$

여기서, α는 학습률이며, $0.5 < \alpha < 0.8$ 범위의 값이다.

반면에 Kohonen층과 Grossberg층 간의 연결 강도 **W**의 학습에는 outstar 학습법을 사용한다. 따라서, Kohonen층의 winner 뉴런 J로부터 Grossberg층으로 나가는 연결 강도 **W**만을 변경한다. $k+1$ 학습 단계에서의 연결강도 w_{lJ}^{k+1}은 다음과 같다.

$$\begin{aligned} \Delta w_{lJ}^{k} &= \beta(y_l - w_{lJ}^{k}) \qquad l = 1, \cdots, m \\ w_{lJ}^{k+1} &= w_{lJ}^{k} + \beta(y_l - w_{lJ}^{k}) \\ &= (1-\beta) w_{lJ}^{k} + \beta y_l \end{aligned} \tag{10.5}$$

여기서, β는 학습률이며, $0 < \beta < 1$의 범위이다.

CP Net에 있어서 Kohonen층의 winner 뉴런이란 연결 강도가 입력과 가장 유사한 뉴런을 말하며, winner 뉴런 J의 출력은 1이고, winner가 아닌 나머지 뉴런들의 출력은 0이 된다.

$$z_j = \begin{cases} 1 & ; \quad j = J \\ 0 & ; \quad j \neq J \end{cases}$$

한편, 학습률 α와 β는 학습이 진행되는 동안 서서히 감소시켜서 보다 정확한 학습이 이루어지게 한다. CP Net의 학습 알고리즘을 그림 10.4에 기술하였다.

Step 1 : *Initialize weights and learning rate*
$\mathbf{V}, \mathbf{W} \leftarrow$ *random value*
$\alpha \leftarrow$ *small number* $(0.5 < \alpha < 0.8)$
$\beta \leftarrow$ *small number* $(0 < \beta < 1)$
Step 2 : *While stop condition for Kohonen learning is not satisfied,*
do Step 3 ~ 7
Step 3 : *For each training input* $\mathbf{x}$
do Step 4 ~ 7
Step 4 : *Find winner neuron* z_J
Step 5 : *Update weights into neuron* z_J
$$v_{Ji}^{k+1} = (1-\alpha)v_{Ji}^{k} + \alpha x_i$$
Step 6 : *Reduce learning rate* α
Step 7 : *Test stop condition*
Step 8 : *While stop condition for Grossberg learning is not satisfied,*
do Step 9 ~ 13
Step 9 : *For each training pair* $(\mathbf{x}, \mathbf{y})$
do Step 10 ~ 11
Step 10 : *Find winner neuron* z_J
Step 11 : *Update weights from neuron* z_J
$$w_{lJ}^{k+1} = (1-\beta)w_{lJ}^{k} + \beta y_l$$
Step 12 : *Reduce learning rate* β
Step 13 : *Test stop condition*

| 그림 10.4 | CP Net의 학습 알고리즘

예제 10.9 :: 입력층, 은닉층, 출력층의 뉴런수가 각각 4, 2, 3인 3계층 신경망을 경쟁식 학습법을 이용하여 학습하고자 한다. 만약, 은닉층 뉴런들의 출력이 각각 0, 1이면 어떤 연결 강도를 변경하는가?

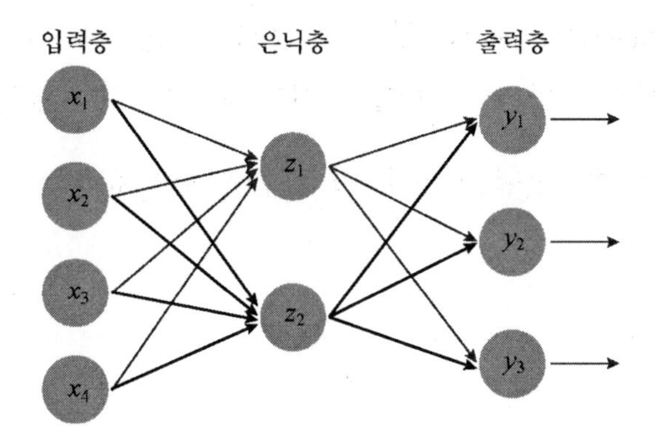

풀이 3계층 신경망을 경쟁식 학습법으로 학습시키는 경우에는 은닉층의 winner 뉴런을 찾은 다음, winner 뉴런과 입력층 뉴런들 간의 연결 강도는 instar 학습법, winner 뉴런과 출력층 뉴런들 간의 연결 강도는 outstar 학습법으로 학습한다.

이 경우에는 은닉층의 z_2가 winner 뉴런이므로 그림에서 진하게 표시한 연결 강도만을 변경한다.

이제 학습이 완료된 CP Net을 이용하여 근사값을 구하는 방법을 예를 통해 알아보자.

예제 10.10 :: 다음과 같이 $y = x^2$의 근사값을 구할 수 있도록 학습된 CP Net에 $x = 2.7$이 입력되는 경우의 출력값은?

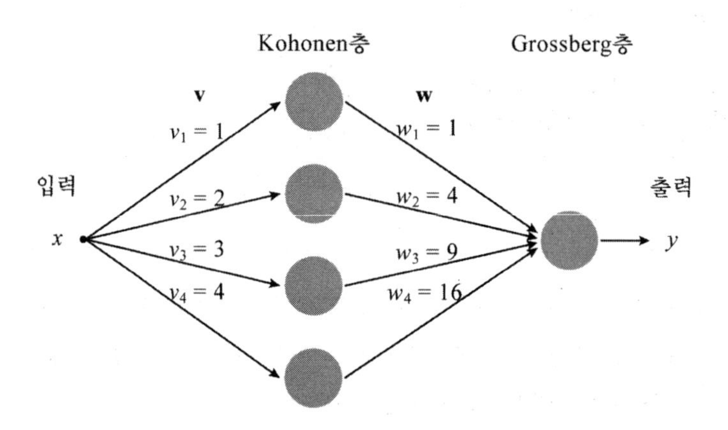

풀이 먼저, Kohonen층의 winner 뉴런을 결정하기 위해 입력 x와 가장 유사한 연결 강도 v를 찾는다. 유클리드 거리를 유사도 측정 도구로 사용한다.

a. Kohonen층 첫 번째 뉴런의 연결 강도와 입력 간의 유클리드 거리 D_1 :

$$\begin{aligned} D_1 &= (x - v_1)^2 \\ &= (2.7 - 1)^2 \\ &= 2.89 \end{aligned}$$

b. Kohonen층 두 번째 뉴런의 연결 강도와 입력 간의 유클리드 거리 D_2 :

$$\begin{aligned} D_2 &= (x - v_2)^2 \\ &= (2.7 - 2)^2 \\ &= 0.49 \end{aligned}$$

c. Kohonen층 세 번째 뉴런의 연결 강도와 입력 간의 유클리드 거리 D_3 :

$$\begin{aligned} D_3 &= (x - v_3)^2 \\ &= (2.7 - 3)^2 \\ &= 0.09 \end{aligned}$$

d. Kohonen층 네 번째 뉴런의 연결 강도와 입력 간의 유클리드 거리 D_4 :

$$\begin{aligned} D_4 &= (x - v_4)^2 \\ &= (2.7 - 4)^2 \\ &= 1.69 \end{aligned}$$

연결 강도 v_3가 입력과 가장 유사하므로 Kohonen층의 세 번째 뉴런이 winner 뉴런이 된다. 그러므로, 세 번째 뉴런에서만 1이 출력되고, 나머지 뉴런들의 출력은 0이다. 따라서, Kohonen층의 출력을 **z**라고 하면 CP Net의 최종 출력 y는 다음과 같다.

$$\begin{aligned} y &= \mathbf{z}\mathbf{w}^{\mathrm{T}} \\ &= [0 \ \ 0 \ \ 1 \ \ 0]\begin{bmatrix} 1 \\ 4 \\ 9 \\ 16 \end{bmatrix} \\ &= 9 \end{aligned}$$

예제 10.11 :: 다음과 같이 $y = e^x$의 근사값을 구할 수 있도록 학습된 CP Net에 $x = 3.8$이 입력되는 경우의 출력은?

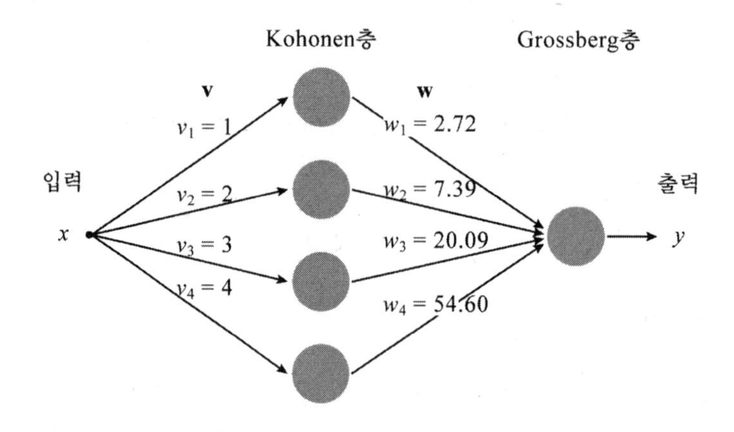

풀이 유클리드 거리를 이용하여 Kohonen층의 winner 뉴런을 찾는다.

a. Kohonen층 첫 번째 뉴런의 연결 강도와 입력 간의 유클리드 거리 D_1 :

$$D_1 = (x - v_1)^2$$
$$= (3.8 - 1)^2$$
$$= 7.84$$

b. Kohonen층 두 번째 뉴런의 연결 강도와 입력 간의 유클리드 거리 D_2 :

$$D_2 = (x - v_2)^2$$
$$= (3.8 - 2)^2$$
$$= 3.24$$

c. Kohonen층 세 번째 뉴런의 연결 강도와 입력 간의 유클리드 거리 D_3 :

$$D_3 = (x - v_3)^2$$
$$= (3.8 - 3)^2$$
$$= 0.64$$

d. Kohonen층 네 번째 뉴런의 연결 강도와 입력 간의 유클리드 거리 D_4 :

$$\begin{aligned} D_4 &= (x - v_4)^2 \\ &= (3.8 - 4)^2 \\ &= 0.04 \end{aligned}$$

연결 강도 v_4가 입력 x와 가장 유사하므로 Kohonen층의 네 번째 뉴런이 winner 뉴런이 된다. 그러므로, 네 번째 뉴런에서만 1이 출력되고, 나머지 뉴런들의 출력은 0이다. 따라서, Kohonen층의 출력을 **z**라고 하면 CP Net의 최종 출력 y는 다음과 같다.

$$\begin{aligned} y &= \mathbf{z}\mathbf{w}^{\mathrm{T}} \\ &= [0\ \ 0\ \ 0\ \ 1]\begin{bmatrix} 2.72 \\ 7.39 \\ 20.09 \\ 54.60 \end{bmatrix} \\ &= 54.60 \end{aligned}$$

예제 10.12 :: 다음과 같이 $y = \log x$의 근사값을 구할 수 있도록 학습된 CP Net에 $x = 2.45$가 입력되는 경우의 출력은?

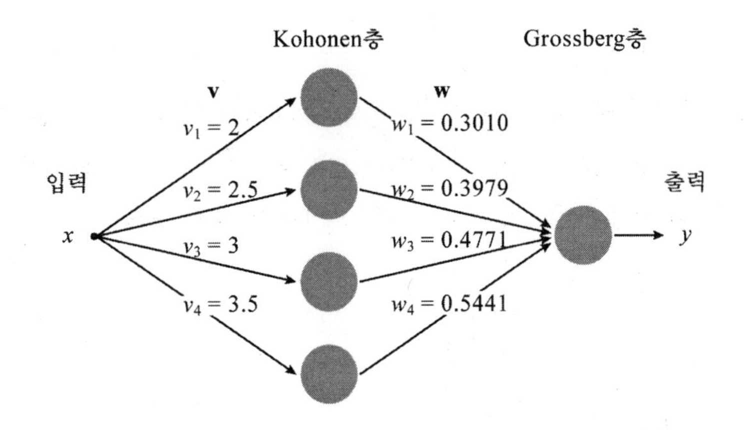

풀이 유클리드 거리를 이용하여 Kohonen층의 winner 뉴런을 찾는다.

a. Kohonen층 첫 번째 뉴런의 연결 강도와 입력 간의 유클리드 거리 D_1 :

$$\begin{aligned} D_1 &= (x - v_1)^2 \\ &= (2.45 - 2)^2 \\ &= 0.2025 \end{aligned}$$

b. Kohonen층 두 번째 뉴런의 연결 강도와 입력 간의 유클리드 거리 D_2 :

$$\begin{aligned} D_2 &= (x - v_2)^2 \\ &= (2.45 - 2.5)^2 \\ &= 0.0025 \end{aligned}$$

c. Kohonen층 세 번째 뉴런의 연결 강도와 입력 간의 유클리드 거리 D_3 :

$$\begin{aligned} D_3 &= (x - v_3)^2 \\ &= (2.45 - 3)^2 \\ &= 0.3025 \end{aligned}$$

d. Kohonen층 네 번째 뉴런의 연결 강도와 입력 간의 유클리드 거리 D_4 :

$$\begin{aligned} D_4 &= (x - v_4)^2 \\ &= (2.45 - 3.5)^2 \\ &= 1.1025 \end{aligned}$$

연결 강도 v_2가 입력 x와 가장 유사하므로 Kohonen층의 두 번째 뉴런이 winner 뉴런이 된다. 그러므로, 두 번째 뉴런에서만 1이고, 나머지 뉴런들의 출력은 0이다. 따라서, Kohonen층의 출력을 **z**라고 하면 CP Net의 최종 출력 y는 다음과 같다.

$$\begin{aligned} y &= \mathbf{z}\mathbf{w}^{\mathrm{T}} \\ &= \begin{bmatrix} 0 & 1 & 0 & 0 \end{bmatrix} \begin{bmatrix} 0.3010 \\ 0.3979 \\ 0.4771 \\ 0.5441 \end{bmatrix} \\ &= 0.3979 \end{aligned}$$

연습문제

10.1 패턴 간의 유사도를 측정하는 방법에 대하여 기술하라.

10.2 다음 패턴들 간의 해밍 거리를 구하라.

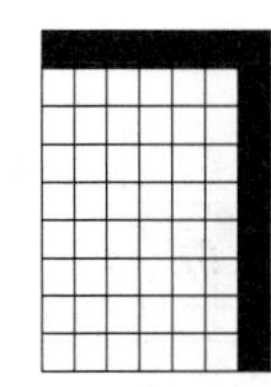
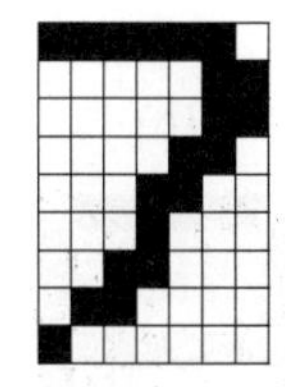
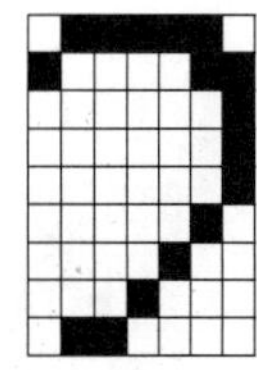

10.3 패턴 $\mathbf{x} = [1\ 1]$은 표본 패턴 $\mathbf{x}_1 = [2\ 0]$과 $\mathbf{x}_2 = [-1\ 0]$ 중 어느 패턴과 더 유사하다고 할 수 있는가?

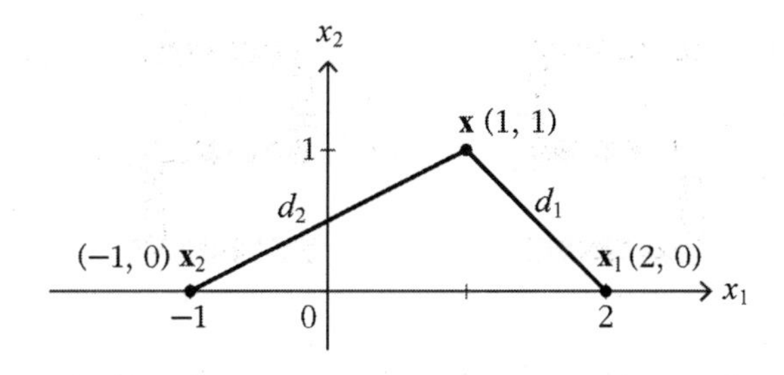

10.4 다음과 같은 2개의 표본 패턴을 저장하는 Hamming Net을 설계하라.

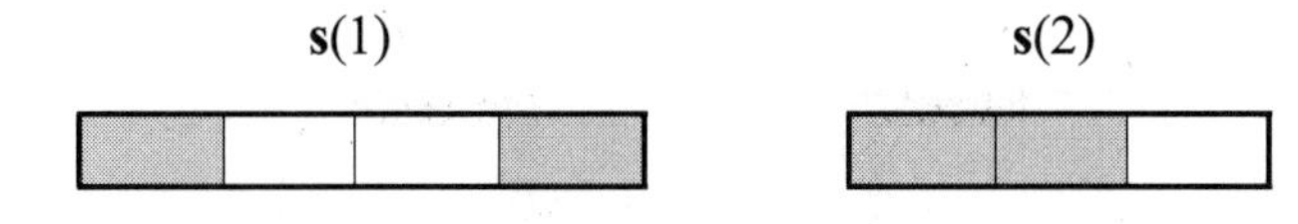

10.5 다음과 같은 세 문자를 저장하는 Hamming Net을 설계하라.

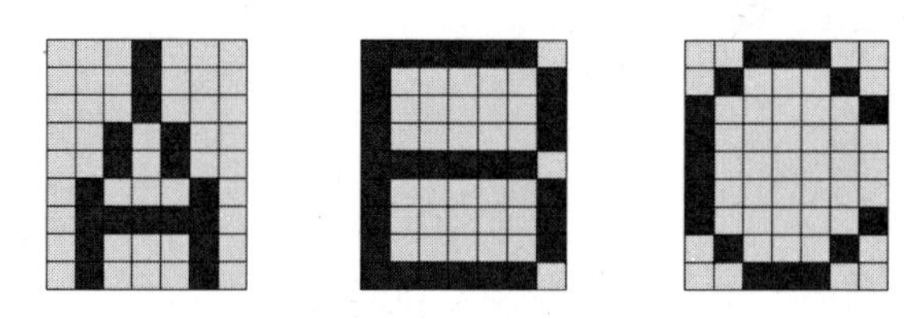

10.6 문제 10.5에서 설계한 Hamming Net에 다음과 같은 패턴이 입력될 경우의 출력 패턴은?

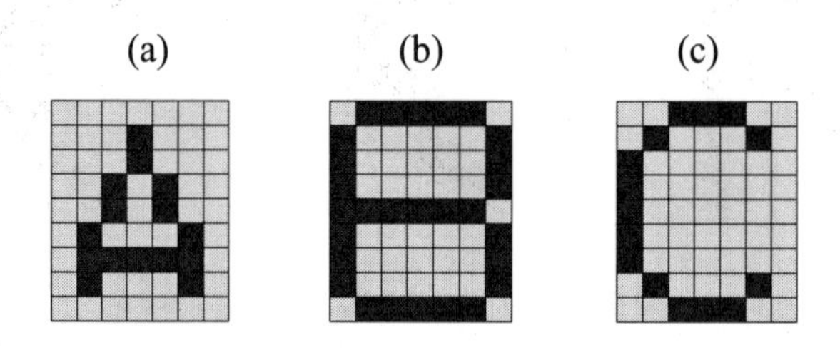

10.7 다음과 같은 두 문자를 저장하는 Hamming Net을 설계하라.

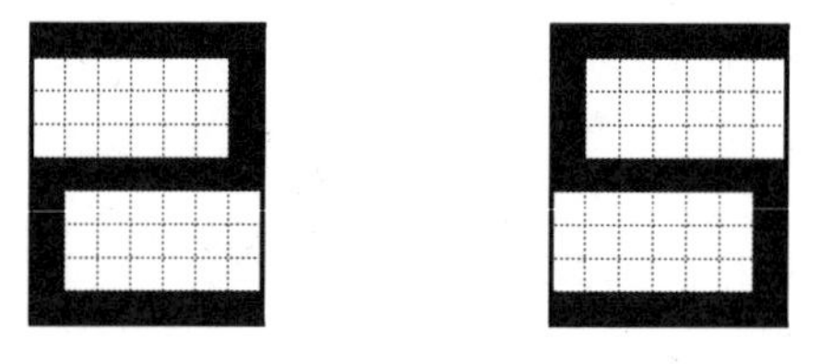

10.8 문제 10.7에서 설계한 Hamming Net에 다음과 같은 패턴이 입력될 경우의 출력 패턴은?

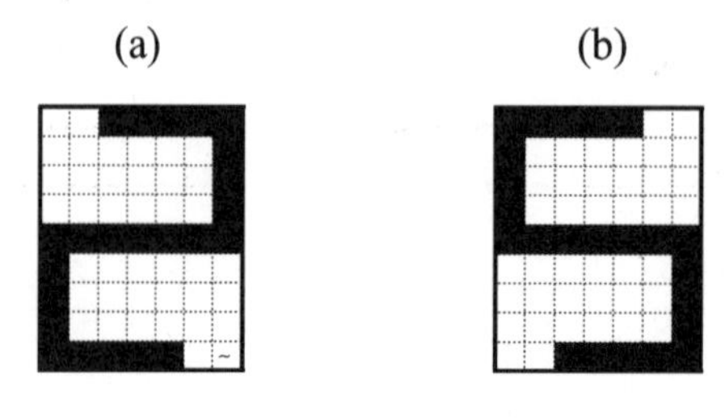

10.9 Hamming Net에 어떤 패턴이 입력되자 출력층 뉴런의 입력 가중합이 3이었다면 최종 출력은 얼마인가? 단, 패턴 벡터의 구성 요소수는 9이다.

① 0.1 ② 0.2 ③ 0.3 ④ 0.4

10.10 CP Net의 용도 및 연결 강도의 학습 방법에 대하여 기술하라.

10.11 다음 함수를 근사 계산할 수 있는 CP Net를 설계하라.

(a) $y = x^3$ 단, x는 2 ~ 3의 범위이며, 간격은 0.1이다.

(b) $y = \sqrt{x}$ 단, x는 9 ~ 16의 범위이며, 간격은 1이다.

10.12 문제 10.11(a)에서 설계한 CP Net에 $x = 2.78$이 입력될 경우의 출력은 얼마인가?

10.13 문제 10.11(b)에서 설계한 CP Net에 $x = 12.2$가 입력될 경우의 출력은 얼마인가?

10.14 입력층, 은닉층, 출력층의 뉴런수가 각각 3, 3, 2인 3계층 신경망을 경쟁식 학습법을 이용하여 학습하고자 한다. 만약, 은닉층 뉴런들의 출력이 각각 1, 0, 2라면 어떤 연결 강도를 변경하는가?

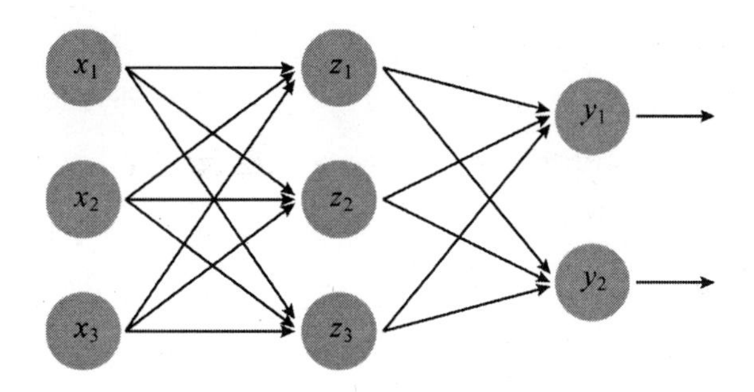

CHAPTER 11

오류 역전파 알고리즘

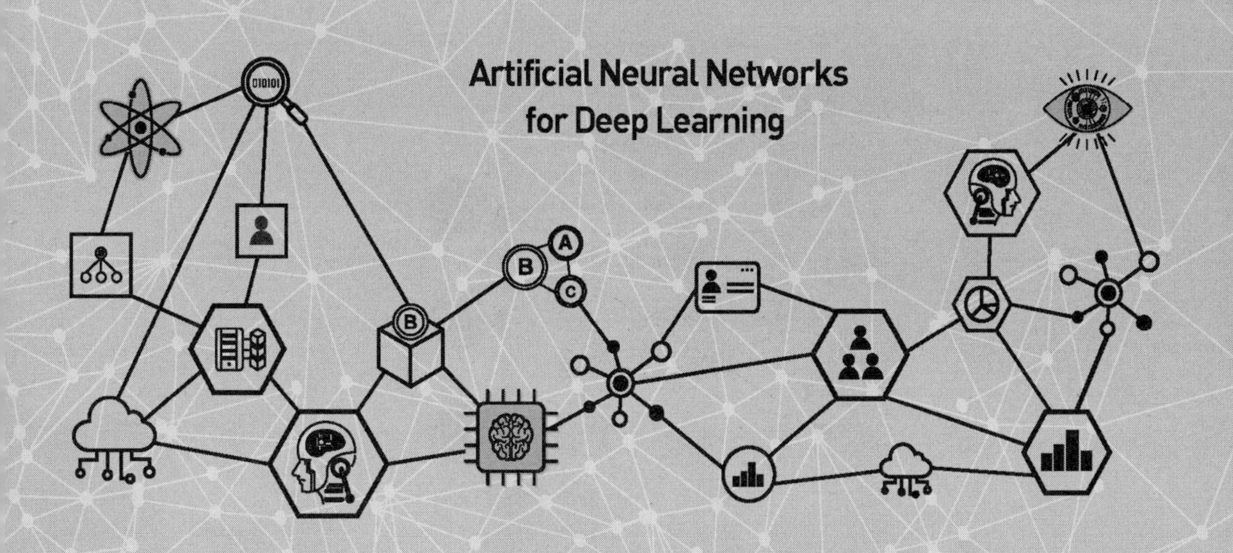

11.1 델타 학습법

이 절에서는 오류 역전파 알고리즘이라고 하는 BP(Back-Propagation) 알고리즘의 기본이 되는 델타 학습법에 대하여 알아본다.

먼저 BP 알고리즘의 개념을 이해하기 위해 델타 학습법을 그림 11.1과 같은 다중 출력 단층 신경망에 적용하여 보자.

입력 $\mathbf{x}$, 출력 $\mathbf{y}$, 목표치 $\mathbf{d}$, 연결강도 W는 다음과 같이 표현할 수 있다.

$$\mathbf{x} = [x_1 \quad x_2 \quad \ldots \quad x_n]$$

$$\mathbf{y} = [y_1 \quad y_2 \quad \ldots \quad y_m]$$

$$\mathbf{d} = [d_1 \quad d_2 \quad \ldots \quad d_m]$$

$$\mathrm{W} = \begin{bmatrix} w_{11} & w_{12} & \ldots & w_{1n} \\ w_{21} & w_{22} & \ldots & w_{2n} \\ \vdots & & & \\ w_{m1} & w_{m2} & \ldots & w_{mn} \end{bmatrix}$$

출력 뉴런의 입력 가중합 NET와 출력 y_i는 다음과 같다.

$$NET = \mathbf{x}\mathrm{W}^{\mathrm{T}}$$

$$y_i = f(NET)$$

여기서, $f(.)$는 활성화 함수이다.

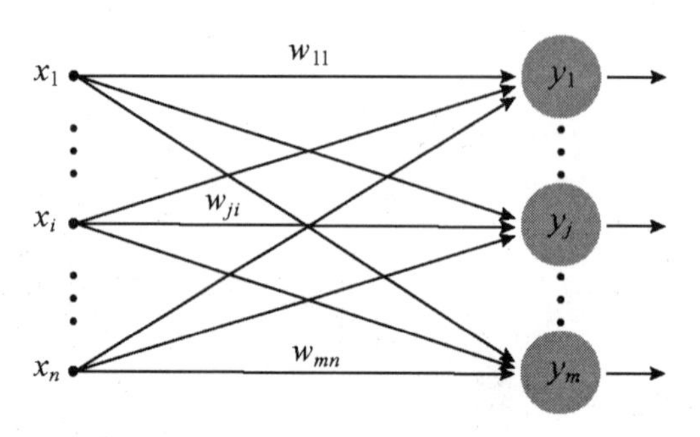

| 그림 11.1 | 다중 출력 단층 신경망

델타 학습법은 1986년 T. McClelland와 D. Rumelhart가 제안하였으며, 학습에 목표치와 실제 출력뿐만 아니라 활성화 함수의 미분값이 사용되므로 델타 학습법에 사용되는 활성화 함수는 반드시 다음과 같은 조건을 만족하여야 한다.

- 단조 증가 함수
- 연속 함수
- 미분 가능 함수

따라서, 델타 학습법에는 이러한 조건을 만족하는 시그모이드 함수가 일반적으로 사용되고 있다.

단극성 시그모이드 함수는 경사도 $\lambda = 1$이면 식 (5.6)으로부터,

$$f(NET) = \frac{1}{1+e^{-NET}} \tag{11.1}$$

이므로, $f(NET)$의 미분은 다음과 같다.

$$\begin{aligned} f'(NET) &= \frac{e^{-NET}}{(1+e^{-NET})^2} \\ &= \frac{1}{1+e^{-NET}} \cdot \frac{1+e^{-NET}-1}{1+e^{NET}} \\ &= f(NET)\,[1-f(NET)] \\ &= y(1-y) \end{aligned} \tag{11.2}$$

또한, 양극성 시그모이드 함수는 식 (5.8)로부터,

$$\begin{aligned} f(NET) &= \frac{1-e^{-NET}}{1+e^{-NET}} \\ &= \frac{2}{1+e^{-NET}} - 1 \end{aligned} \tag{11.3}$$

이므로, $f(NET)$의 미분은 다음과 같다.

$$
\begin{aligned}
f'(NET) &= \frac{2e^{-NET}}{(1+e^{-NET})^2} \\
&= \frac{1}{2}\frac{(1+e^{-NET})^2-(1-e^{-NET})^2}{(1+e^{-NET})^2} \\
&= \frac{1}{2}\left[1-\left(\frac{1-e^{-NET}}{1+e^{-NET}}\right)^2\right] \\
&= \frac{1}{2}\{1-[f(NET)]^2\} \\
&= \frac{1}{2}(1-y^2)
\end{aligned}
\tag{11.4}
$$

한편, 특정 학습 패턴에 대한 출력층 뉴런의 제곱 오차 E는 다음과 같이 정의한다.

$$
E = \frac{1}{2}\sum_{i=1}^{m}(d_i - y_i)^2 \tag{11.5}
$$

여기서, d_i는 목표치, y_i는 실제 출력이다.

입력층 뉴런 j와 출력층 뉴런 i 간의 연결강도 w_{ij}는 오차 E를 최소화하는 방향으로 다음과 같이 변경한다.

$$
\begin{aligned}
\Delta w_{ij} &= -\eta\nabla E \\
&= -\eta\frac{\partial E}{\partial w_{ij}}
\end{aligned}
\tag{11.6}
$$

여기서, η는 학습률이다.

또한, 출력층 뉴런 i에서 발생한 오차 신호 δ_{y_i}는 다음과 같이 정의한다.

$$
\delta_{y_i} = -\frac{\partial E}{\partial(NET_i)} \tag{11.7}
$$

출력층 뉴런 i의 오차 E는 연결 강도 w_{ij}에만 관련되므로,

$$\frac{\partial E}{\partial w_{ij}} = \frac{\partial E}{\partial (NET_i)} \cdot \frac{\partial (NET_i)}{\partial w_{ij}}$$

$$= \frac{\partial E}{\partial (NET_i)} \cdot \frac{\partial}{\partial w_{ij}}[x_1 w_{i1} + x_2 w_{i2} + \cdots + x_n w_{in}] \qquad (11.8)$$

$$= -\delta_{y_i} x_j$$

이며, 식 (11.6)과 식 (11.8)로부터 연결강도의 변화량 Δw_{ij}를 구할 수 있다.

$$\Delta w_{ij} = \eta \delta_{y_i} x_j \qquad (11.9)$$

즉, 입력층 뉴런 j와 출력층 뉴런 i 간의 연결강도 w_{ij}의 변화량 Δw_{ij}는 출력층 뉴런 i의 출력 y_i에 발생한 오차 신호 δ_{y_i}와 입력층 뉴런 j에서의 입력에 비례함을 알 수 있다.

또한, 식 (11.7)로부터,

$$\delta_{y_i} = -\frac{\partial E}{\partial y_i} \cdot \frac{\partial y_i}{\partial (NET_i)}$$

$$= -\frac{\partial E}{\partial y_i} \cdot \frac{\partial [f(NET_i)]}{\partial (NET_i)} \qquad (11.10)$$

$$= -\frac{\partial E}{\partial y_i} f'(NET_i)$$

이며, 식 (11.5)로부터,

$$\frac{\partial E}{\partial y_i} = -(d_i - y_i) \qquad (11.11)$$

이므로, 식 (11.10)은 다음과 같이 나타낼 수 있다.

$$\delta_{y_i} = (d_i - y_i) f'(NET_i) \qquad (11.12)$$

따라서, 단극성 활성화 함수를 사용하는 경우의 오차 신호 δ_{y_i}는 식 (11.2)와 식 (11.12)로부터 다음과 같이 구할 수 있다.

$$\delta_{y_i} = (d_i - y_i)\, y_i\, (1 - y_i) \tag{11.13}$$

마찬가지로 양극성 활성화 함수를 사용하는 경우의 오차 신호 δ_{y_i}는 식 (11.4)와 식 (11.12)로부터 다음과 같이 구할 수 있다.

$$\delta_{y_i} = \frac{1}{2}(d_i - y_i)\,(1 - y_i^2) \tag{11.14}$$

입력층 뉴런 j와 출력층 뉴런 i 간의 연결강도 w_{ij}가 출력층 뉴런 i의 출력 오차에 관여하였을 것이므로, 이를 보정하기 위하여 식 (11.13) 또는 식 (11.14)에 주어진 출력층 뉴런 i의 오차 신호 δ_{y_i}를 역전파하여 연결강도 w_{ij}를 변경시키는 것이 델타 학습법이다.

일반 델타 학습법

일반 델타 학습법은 델타 학습법을 그림 11.2와 같은 순방향 다층 신경망에 적용할 수 있게 확장한 학습 방법이다.

입력 $\mathbf{x}$, 은닉층의 출력 $\mathbf{z}$, 출력층의 출력 $\mathbf{y}$, 목표치 $\mathbf{d}$는 다음과 같이 표현할 수 있다.

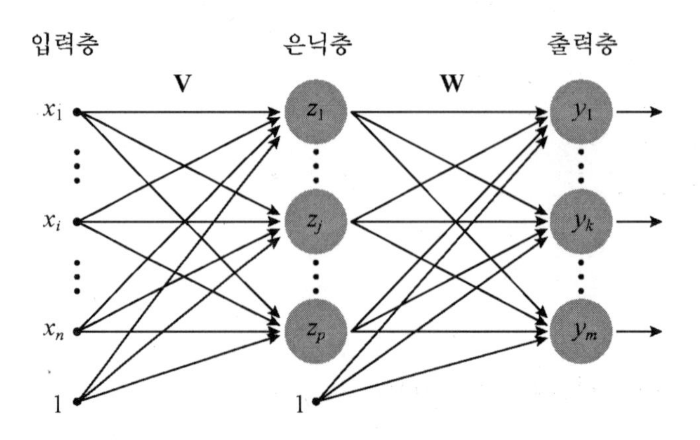

| 그림 11.2 | 순방향 다층 신경망

$$\mathbf{x} = [x_1 \ x_2 \ \ ... \ \ x_n]$$

$$\mathbf{z} = [z_1 \ z_2 \ \ ... \ \ z_p]$$

$$\mathbf{y} = [y_1 \ y_2 \ \ ... \ \ y_m]$$

$$\mathbf{d} = [d_1 \ d_2 \ \ ... \ \ d_m]$$

입력층과 은닉층 간의 연결강도 V, 은닉층과 출력층 간의 연결강도 W는 다음과 같이 매트릭스 형태로 표현할 수 있다.

$$\mathrm{V} = \begin{bmatrix} v_{11} & v_{12} & \cdots & v_{1n} \\ v_{21} & v_{22} & \cdots & v_{2n} \\ \cdots & & & \\ v_{p1} & v_{p2} & \cdots & v_{pn} \end{bmatrix}$$

$$\mathrm{W} = \begin{bmatrix} w_{11} & w_{12} & \cdots & w_{1p} \\ w_{21} & w_{22} & \cdots & w_{2p} \\ \cdots & & & \\ w_{m1} & w_{m2} & \cdots & w_{mp} \end{bmatrix}$$

은닉층 뉴런의 입력 가중합 NET_z와 출력 z_i는 다음과 같다.

$$NET_z = \mathbf{x}\mathrm{V}^{\mathrm{T}}$$

$$z_i = f(NET_z)$$

또한, 출력층 뉴런의 입력 가중합 NET_y와 최종 출력 y_i는 다음과 같다.

$$NET_y = \mathbf{z}\mathrm{W}^{\mathrm{T}}$$

$$y_i = f(NET_y)$$

출력층 뉴런 i와 은닉층 뉴런 j 간의 연결강도 w_{ij}의 변화량 Δw_{ij}는 델타 학습법에서와 마찬가지로 다음과 같이 구할 수 있다.

$$\Delta w_{ij} = \eta \, \delta_{y_i} z_j \tag{11.15}$$

여기서, η는 학습률이다.

또한, 출력층 뉴런 i에서 발생한 오차 신호 δ_{y_i}도 역시 델타 학습법에서와 마찬가지로 식 (11.12), 식 (11.13), 식 (11.14)에 의해 다음과 같이 구할 수 있다.

$$\begin{aligned}\delta_{y_i} &= (d_i - y_i)\, f'(NET_i) \\ &= \begin{cases} (d_i - y_i)\, y_i\,(1 - y_i) & : \quad \text{단극성 시그모이드 함수} \\ \frac{1}{2}(d_i - y_i)(1 - y_i^2) & : \quad \text{양극성 시그모이드 함수} \end{cases}\end{aligned} \tag{11.16}$$

다층 신경망에서도 은닉층과 출력층 간의 연결강도 변화량 Δw_{ij}와 오차 신호 δ_{y_i}는 식 (11.15)와 식 (11.16)과 같이 직관적으로 구할 수 있으나, 입력층과 은닉층 간의 연결강도 변화량 Δv_{jk}와 오차 신호 δ_{zj}는 다음과 같은 과정을 거쳐야 구할 수 있다.

입력층과 은닉층 간의 연결강도 v_{jk}도 오차가 감소하도록 식 (11.17)과 같이 변경한다.

$$\Delta v_{jk} = -\eta \frac{\partial E}{\partial v_{jk}} \tag{11.17}$$

여기서, η는 학습률이다.

은닉층 뉴런 j의 출력 오차는 입력층과 은닉층 간의 연결강도 v_{jk}에만 관련되므로,

$$\begin{aligned}\frac{\partial E}{\partial v_{jk}} &= \frac{\partial E}{\partial (NET_{z_j})} \cdot \frac{\partial (NET_{z_j})}{\partial v_{jk}} \\ &= \frac{\partial E}{\partial (NET_{z_j})} \cdot \frac{\partial}{\partial v_{jk}}[x_1 v_{j1} + x_2 v_{j2} + \cdots + x_n v_{jn}] \\ &= -\delta_{z_j} x_k\end{aligned} \tag{11.18}$$

입력층과 은닉층 간의 연결강도의 변화량 Δv_{jk}는 식 (11.17)과 식 (11.18)로부터 다음과 같이 구할 수 있다.

$$\Delta v_{jk} = \eta \delta_{z_j} x_k \tag{11.19}$$

여기서, δ_{z_j}는 은닉층의 오차 신호이며, 다음과 같이 표현할 수 있다.

$$\begin{aligned}\delta_{z_j} &= -\frac{\partial E}{\partial z_j} \cdot \frac{\partial z_j}{\partial(NET_{z_j})} \\ &= -\frac{\partial E}{\partial z_j} \cdot \frac{\partial[f(NET_{z_j})]}{\partial(NET_{z_j})} \\ &= -\frac{\partial E}{\partial z_j} f'(NET_{z_j})\end{aligned} \tag{11.20}$$

식 (11.5)로부터,

$$\begin{aligned}\frac{\partial E}{\partial z_j} &= \frac{\partial}{\partial z_j}\left\{\frac{1}{2}\sum_{i=1}^{m}(d_i - y_i)^2\right\} \\ &= \frac{\partial}{\partial z_j}\left\{\frac{1}{2}\sum_{i=1}^{m}[d_i - f(NET_{y_i})]^2\right\} \\ &= -\sum_{i=1}^{m}(d_i - y_i)\frac{\partial}{\partial z_j}[f(NET_{y_i})] \\ &= -\sum_{i=1}^{m}(d_i - y_i) f'(NET_{y_i})\frac{\partial(NET_{y_i})}{\partial z_j} \\ &= -\sum_{i=1}^{m}(d_i - y_i) f'(NET_{y_i}) w_{ij}\end{aligned} \tag{11.21}$$

이며, 식 (11.21)에 식 (11.12)를 대입하면 다음과 같다.

$$\frac{\partial E}{\partial z_j} = -\sum_{i=1}^{m}\delta_{y_i} w_{ij} \tag{11.22}$$

따라서, 은닉층 뉴런 j에서의 오차 신호 δ_{z_j}는 식 (11.20)과 식 (11.22)로부터,

$$\begin{aligned}\delta_{z_j} &= \sum_{i=1}^{m}\delta_{y_i} w_{ij} \cdot \frac{\partial z_j}{\partial(NET_{z_j})} \\ &= f'(NET_{z_j})\sum_{i=1}^{m}\delta_{y_i} w_{ij}\end{aligned} \tag{11.23}$$

이므로, 입력층과 은닉층 간의 연결강도 변화량 Δv_{jk}는 식 (11.19)와 식 (11.23)으로부터 다음과 같이 구할 수 있다.

$$\begin{aligned} \Delta v_{jk} &= \eta \delta_{z_j} x_k \\ &= \eta f'(NET_{z_j}) x_k \sum_{i=1}^{m} \delta_{y_i} w_{ij} \end{aligned} \tag{11.24}$$

즉, 입력층 뉴런 k와 은닉층 뉴런 j 간의 연결강도 변화량 Δv_{jk}에는 출력층 뉴런의 오차 신호 δ_{y_i}가 역전파되어 관련되어 있음을 알 수 있다

11.2 BP 알고리즘

오류 역전파(BP : Back-Propagation) 알고리즘은 일반적으로 다층 퍼셉트론(MLP : Multi-Layer Perceptron)이라고 하는 순방향 다층 신경망의 학습에 효과적으로 사용할 수 있어서 다양한 분야에 가장 널리 활용되는 학습 알고리즘이다. 이 절에서는 BP알고리즘과 이를 개선한 모멘텀 BP 알고리즘에 대하여 알아본다.

BP 알고리즘은 그림 11.3과 같이 출력층의 오차 신호 δ_y를 이용하여 은닉층과 출력층 간의 연결 강도를 변경하고, 또한, 출력층의 오차 신호를 은닉층에 역전파하여 은닉층의 오차 신호 δ_z를 구하고 이를 이용하여 입력층과 은닉층 간의 연결 강도를 변경하는 학습

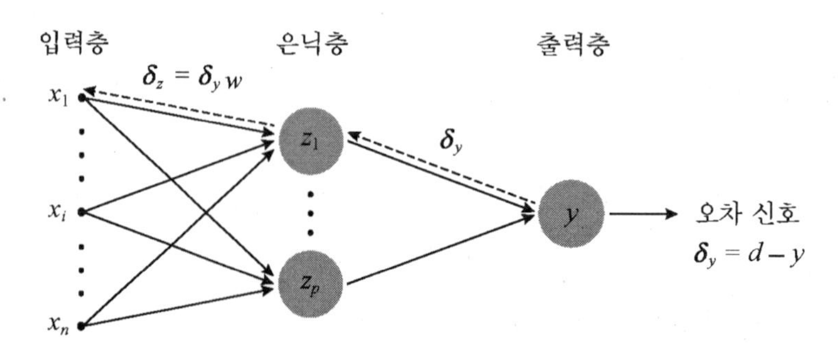

| 그림 11.3 | 오차 신호를 이용한 연결 강도 변경

방법이다.

BP 알고리즘을 이용한 신경망의 학습은 크게 3단계로 진행된다.

- **단계** 1 : 학습 패턴을 입력하여 출력을 구한다.
- **단계** 2 : 출력과 목표치의 차이(오차)를 구한다.
- **단계** 3 : 오차값을 역방향으로 전파시키면서 출력층의 연결 강도 및 은닉층의 연결 강도를 변경한다.

이런 학습 단계의 역전파로 인해 BP 알고리즘이 순환 구조의 신경망이라고 오해하기 쉬우나 단지 학습 과정에서만 오차에 관련된 출력이 역방향으로 전파되며, 학습이 완료되고 실제 응용할 때에는 입력이 순방향으로 진행되면서 출력이 나오는 순방향 신경망 구조라는 점을 유의해야 한다.

또한, 어떤 응용에서는 BP 알고리즘에 의한 신경망의 학습에 상당한 시간이 소요되기도 하지만 일단 학습이 끝나면 응용 단계에서는 매우 빠르게 결과가 출력된다.

BP 알고리즘의 학습 절차

BP 알고리즘을 이용한 다층 신경망의 학습 절차(그림 11.4)는 다음과 같다. BP 알고리즘은 활성화 함수로 단극성 시그모이드 함수 또는 양극성 시그모이드 함수를 사용할 수 있다.

- **단계** 1 : 연결 강도 **V**와 **W**를 임의의 작은 값으로 초기화하고, 학습시킬 p개의 학습 패턴쌍(입력 패턴 **x**, 목표치 **d**)을 선정한다.
- **단계** 2 : 적절한 학습률 η와 오차의 최대 한계치 E_{max}를 결정한다.
- **단계** 3 : 연결 강도를 변경하기 위해 학습 패턴쌍을 차례로 입력한다.
- **단계** 4 : 은닉층의 입력 가중합 NET_z를 구한 다음, 시그모이드 함수를 활성화 함수로 사용하여 출력 **z**를 구한다.

$$NET_z = \mathbf{x}\mathbf{V}^{\mathrm{T}}$$

$$z_i = f(NET_z)$$

$$= \begin{cases} \dfrac{1}{1+e^{-NET_z}} & : \text{단극성 시그모이드} \\ \dfrac{1-e^{-NET_z}}{1+e^{-NET_z}} & : \text{양극성 시그모이드} \end{cases} \tag{11.25}$$

■ **단계 5** : 출력층의 입력 가중합 NET_y와 최종 출력 $\mathbf{y}$를 구한다.

$$NET_y = \mathbf{z}\mathbf{W}^{\mathrm{T}}$$

$$y_i = f(NET_y)$$

$$= \begin{cases} \dfrac{1}{1+e^{-NET_y}} & : \text{단극성 시그모이드} \\ \dfrac{1-e^{-NET_y}}{1+e^{-NET_y}} & : \text{양극성 시그모이드} \end{cases} \tag{11.26}$$

■ **단계 6** : 목표치 d와 최종 출력 y를 비교하여 식 (11.5)에 의해 제곱 오차 E를 계산한다.

$$E = \frac{1}{2}(d - y)^2 \tag{11.27}$$

■ **단계 7** : 출력층의 오차 신호 δ_y를 구한다.

$$\delta_y = \begin{cases} (d-y)\,y\,(1-y) & : \text{단극성 시그모이드} \\ \dfrac{1}{2}(d-y)(1-y^2) & : \text{양극성 시그모이드} \end{cases} \tag{11.28}$$

■ **단계 8** : 은닉층에 전파되는 오차 신호 δ_z를 구한다.

$$\delta_z = \begin{cases} z(1-z)\sum \delta_y w & : \text{단극성 시그모이드} \\ \frac{1}{2}(1-z^2) \sum \delta_y w & : \text{양극성 시그모이드} \end{cases} \tag{11.29}$$

- **단계 9** : 은닉층과 출력층 간의 연결 강도 변화량 ΔW를 계산하여 다음 학습 단계에서 사용될 연결 강도 W^{k+1}을 구한다.

$$\begin{aligned} \Delta W &= \eta \delta_y \mathbf{z} \\ W^{k+1} &= W^k + \Delta W \end{aligned} \tag{11.30}$$

또한, 입력층과 은닉층 간의 연결 강도 변화량 ΔV를 계산하여 다음 학습 단계에서 사용될 연결 강도 V^{k+1}을 구한다.

$$\begin{aligned} \Delta V &= \eta \delta_z \mathbf{x} \\ V^{k+1} &= V^k + \Delta V \end{aligned} \tag{11.31}$$

- **단계 10** : 학습 패턴쌍을 반복 입력하여 연결 강도를 변경한다.
- **단계 11** : 오차 E가 특정 범위 E_{max}보다 작아지면 학습을 종료한다.

Step 1 : Initialize weights and counter
　　$V, W \leftarrow$ *small random value*
　　$p \leftarrow$ *number of training pattern pairs*
　　$k \leftarrow 1$
　　$E \leftarrow 0$
Step 2 : Set learning rate $\eta(>0)$ *and* $E_{\max}$
Step 3 : For each training pattern pair $(\mathbf{x}, \mathbf{d})$
　　do Step 4 $\sim$ *8 until* $k = p$

| 그림 11.4 | BP 학습 알고리즘

Step 4 : Compute output

$$NET_z = \mathbf{x}\mathbf{V}^{\mathrm{T}}$$

$$z_i = f(NET_z) = \begin{cases} \dfrac{1}{1+e^{-NET_z}} & : \text{단극성 시그모이드} \\ \dfrac{1-e^{-NET_z}}{1+e^{-NET_z}} & : \text{양극성 시그모이드} \end{cases}$$

$$NET_y = \mathbf{z}\mathbf{W}^{\mathrm{T}}$$

$$y_i = f(NET_y) = \begin{cases} \dfrac{1}{1+e^{-NET_y}} & : \text{단극성 시그모이드} \\ \dfrac{1-e^{-NET_y}}{1+e^{-NET_y}} & : \text{양극성 시그모이드} \end{cases}$$

Step 5 : Compute output error

$$E \leftarrow \frac{1}{2}(d-y)^2 + E$$

Step 6 : Compute error signal

$$\delta_y = \begin{cases} (d-y)\,y\,(1-y) & : \text{단극성 시그모이드} \\ \dfrac{1}{2}(d-y)\,(1-y^2) & : \text{양극성 시그모이드} \end{cases}$$

$$\delta_z = \begin{cases} z(1-z)\sum \delta_y w & : \text{단극성 시그모이드} \\ \dfrac{1}{2}(1-z^2)\,\sum \delta_y w & : \text{양극성 시그모이드} \end{cases}$$

Step 7 : Update weights

$$\mathbf{W}^{k+1} = \mathbf{W}^k + \Delta\mathbf{W} = \mathbf{W}^k + \eta\delta_y\mathbf{z}$$

$$\mathbf{V}^{k+1} = \mathbf{V}^k + \Delta\mathbf{V} = \mathbf{V}^k + \eta\delta_z\mathbf{x}$$

Step 8 : Increase counter and goto Step 3

$$k \leftarrow k + 1$$

Step 9 : Test stop condition

If, $E < E_{\max}$, *stop*

else, $E \leftarrow 0$ *and goto Step 3*

| 그림 11.4(계속) | BP 학습 알고리즘

예제 11.1 :: 그림과 같은 3계층 신경망을 BP 알고리즘으로 학습시켜 4개의 패턴을 2개의 클러스터로 분류하기 위해 초기 연결 강도 V와 **w**를 아래와 같이 설정하였다. 목표치가 0인 학습 패턴 A를 입력할 경우의 오차는 얼마인가? 단, 단극성 시그모이드 함수를 활성화 함수로 사용한다.

$$\mathrm{V} = \begin{bmatrix} 0.1 & 0.2 & -0.5 \\ 0.3 & 0.1 & -0.3 \end{bmatrix} \qquad \mathbf{w} = [0.1 \;\; 0.2]$$

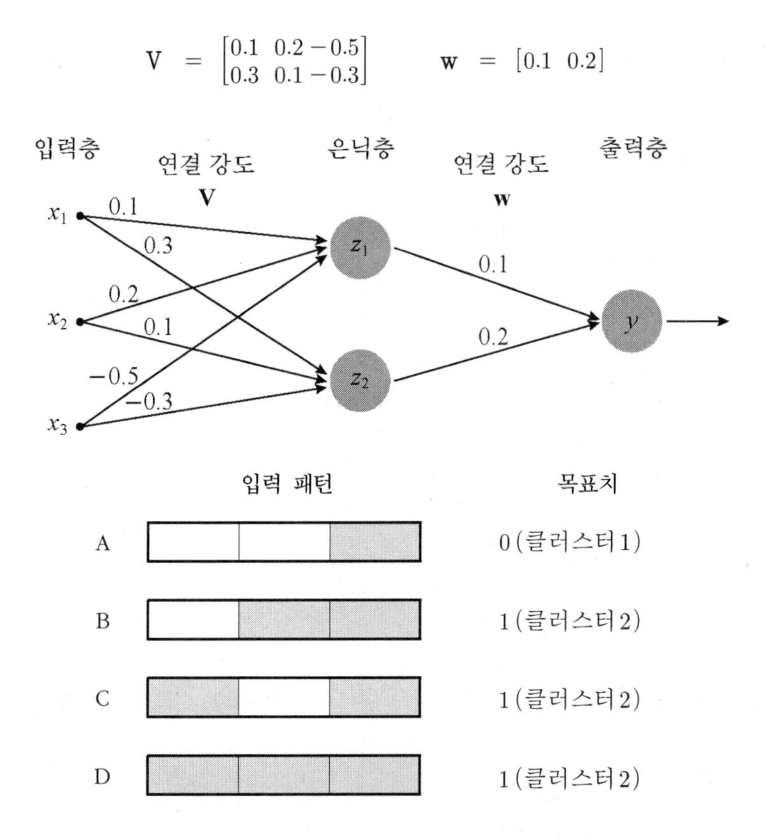

풀이 패턴 A[0 0 1]이 입력되는 경우, 은닉층 첫 번째 뉴런의 입력 가중합 NET와 출력 z_1은 다음과 같다.

$$\begin{aligned} NET &= \mathbf{xv}^{\mathrm{T}} \\ &= [0 \;\; 0 \;\; 1]\begin{bmatrix} 0.1 \\ 0.2 \\ -0.5 \end{bmatrix} \\ &= -0.5 \end{aligned}$$

$$\begin{aligned} z_1 &= f(NET) \\ &= \frac{1}{1+e^{-NET}} \\ &= \frac{1}{1+e^{0.5}} \\ &= 0.38 \end{aligned}$$

은닉층 두 번째 뉴런의 입력 가중합 NET와 출력 z_2는 다음과 같다.

$$\begin{aligned} NET &= \mathbf{x}\mathbf{v}^{\mathrm{T}} \\ &= [0\ 0\ 1]\begin{bmatrix} 0.3 \\ 0.1 \\ -0.3 \end{bmatrix} \\ &= -0.3 \end{aligned}$$

$$\begin{aligned} z_2 &= f(NET) \\ &= \frac{1}{1+e^{-NET}} \\ &= \frac{1}{1+e^{0.3}} \\ &= 0.43 \end{aligned}$$

출력층 뉴런의 입력 가중합 NET와 출력 y는 다음과 같다.

$$\begin{aligned} NET &= \mathbf{z}\mathbf{w}^{\mathrm{T}} \\ &= [0.38\ 0.43]\begin{bmatrix} 0.1 \\ 0.2 \end{bmatrix} \\ &= 0.12 \end{aligned}$$

$$\begin{aligned} y &= \frac{1}{1+e^{-0.12}} \\ &= 0.53 \end{aligned}$$

따라서, 패턴 A가 입력되는 경우의 오차는 다음과 같다.

$$E = \frac{1}{2}(d - y)^2$$
$$= \frac{1}{2}(0 - 0.53)^2$$
$$= 0.14$$

예제 11.2 :: 예제 11.1과 동일한 조건에서 학습 패턴 A를 입력하여 신경망을 학습시키는 경우, 은닉층과 출력층 간의 연결 강도 변화량 $\Delta\mathbf{w}$를 구하라. 단, 학습률 η는 1이다.

예제 11.1의 결과 : 출력 y = 0.53

은닉층의 출력 $\mathbf{z}$ = [0.38 0.43]

풀이 학습 패턴 A의 목표치는 0이고, 출력은 0.53이므로 출력층의 오차 신호 δ_y는 식 (11.4)에 의해 구할 수 있다.

$$\delta_y = (d - y)y(1 - y)$$
$$= (0 - 0.53) \times 0.53 \times (1 - 0.53)$$
$$= -0.13$$

따라서, 은닉층과 출력층 간의 연결 강도 변화량 $\Delta\mathbf{w}$는 다음과 같다.

$$\Delta\mathbf{w} = \eta\delta_y\mathbf{z}$$
$$= 1 \times (-0.13) \times [0.38 \quad 0.43]$$
$$= [-0.05 \quad -0.06]$$

예제 11.3 :: 예제 11.1과 동일한 조건에서 학습 패턴 A를 입력하여 신경망을 학습시키는 경우, 입력층과 은닉층 간의 연결 강도 변화량 $\Delta\mathbf{V}$를 구하라. 단, 학습률 η는 1이다.

예제 11.2의 결과 : 출력층의 오차 신호 δ_y = −0.13

예제 11.1의 결과 : 은닉층의 출력 z = [0.38 0.43]

풀이 학습 패턴 A가 입력될 경우, 은닉층의 출력은 [0.38 0.43]이고, 출력층의 오차 신호 δ_y는 −0.13이므로 은닉층의 첫 번째 뉴런에 전파되는 오차 신호 δ_z는 식 (11.5)에 의해 구할 수 있다.

$$\begin{aligned}\delta_z &= z_1(1-z_1)\delta_y w_1 \\ &= 0.38\times(1-0.38)\times(-0.13)\times 0.1 \\ &= -0.003\end{aligned}$$

따라서, 입력층 뉴런과 은닉층 첫 번째 뉴런 간의 연결 강도 변화량 $\Delta\mathbf{v}_1$는 다음과 같다.

$$\begin{aligned}\Delta\mathbf{v}_1 &= \eta\delta_z\mathbf{x} \\ &= 1\times(-0.003)\times[0\ \ 0\ \ 1] \\ &= [0\ \ 0\ -0.003]\end{aligned}$$

마찬가지 방법으로 은닉층의 두 번째 뉴런에 전파되는 오차 신호 δ_z를 구할 수 있다.

$$\begin{aligned}\delta_z &= z_2(1-z_2)\delta_y w_2 \\ &= 0.43\times(1-0.43)\times(-0.13)\times 0.2 \\ &= -0.006\end{aligned}$$

따라서, 입력층 뉴런과 은닉층 두 번째 뉴런 간의 연결 강도 변화량 $\Delta\mathbf{v}_2$는 다음과 같다.

$$\begin{aligned}\Delta\mathbf{v}_2 &= \eta\delta_z\mathbf{x} \\ &= 1\times(-0.006)\times[0\ \ 0\ \ 1] \\ &= [0\ \ 0\ -0.006]\end{aligned}$$

예제 11.4 :: 다음과 같은 3계층 신경망을 BP 알고리즘으로 학습시켜 XOR 연산을 하고자 한다. 만약, 학습 입력 패턴 $[0 \quad 1]$, 목표치 1을 입력하였을 경우, 연결강도의 변화량은? 단, 초기 연결강도는 $\mathrm{V}^0 = \begin{bmatrix} 0.1 & 0.2 & 0.1 \\ 0.2 & 0.1 & 0.1 \end{bmatrix}$, $\mathbf{w}^0 = [0.1 \ \ 0.2 \ \ 0.2]$이며, 오차 최대치 $E_{\max} = 0.01$이고, 학습률 $\eta = 1$이다. 활성화 함수로는 단극성 시그모이드 함수를 사용한다.

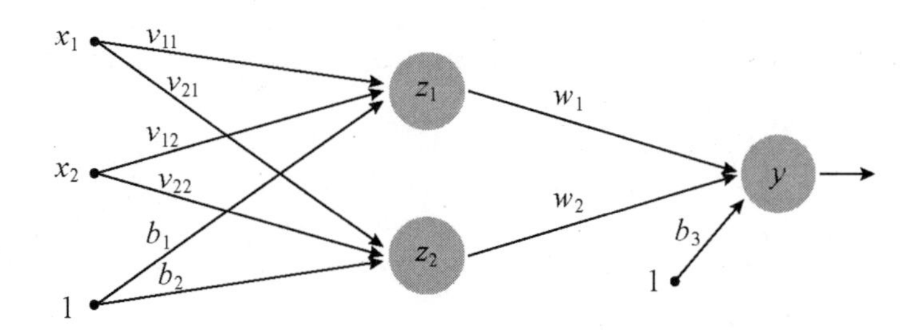

풀이 은닉층의 가중합 NET_z와 출력 z는 식 (11.25)에 의해,

$$
\begin{aligned}
NET_{z_1} &= \mathbf{x}\mathbf{v}_1^{\mathrm{T}} \\
&= [0 \quad 1 \quad 1]\begin{bmatrix} 0.1 \\ 0.2 \\ 0.1 \end{bmatrix} \\
&= 0.3
\end{aligned}
$$

$$
\begin{aligned}
z_1 &= f(NET_{z_1}) \\
&= f(0.3) \\
&= \frac{1}{1+e^{-0.3}} \\
&= 0.57
\end{aligned}
$$

$$
\begin{aligned}
NET_{z_2} &= \mathbf{x}\mathbf{v}_2^{\mathrm{T}} \\
&= [0 \quad 1 \quad 1]\begin{bmatrix} 0.2 \\ 0.1 \\ 0.1 \end{bmatrix} \\
&= 0.2
\end{aligned}
$$

$$\begin{aligned} z_2 &= f(NET_{z_2}) \\ &= f(0.2) \\ &= \frac{1}{1+e^{-0.2}} \\ &= 0.55 \end{aligned}$$

출력층의 가중합 NET_y와 출력 y는 식 (11.26)에 의해 다음과 같다.

$$\begin{aligned} NET_y &= \mathbf{z}\mathbf{w}^{\mathrm{T}} \\ &= \begin{bmatrix} 0.57 & 0.55 & 1 \end{bmatrix} \begin{bmatrix} 0.1 \\ 0.2 \\ 0.2 \end{bmatrix} \\ &= 0.367 \end{aligned}$$

$$\begin{aligned} y &= f(NET_y) \\ &= f(0.367) \\ &= \frac{1}{1+e^{-0.367}} \\ &= 0.59 \end{aligned}$$

목표치($d = 1$)와 출력($y = 0.59$)의 제곱 오차 E는 식 (11.27)에 의해,

$$\begin{aligned} E &= \frac{1}{2}(d-y)^2 \\ &= \frac{1}{2}(1-0.59)^2 \\ &= 0.084 > E_{\max} \end{aligned}$$

출력층의 오차 신호 δ_y는 식 (11.28)에 의해 구할 수 있다.

$$\begin{aligned} \delta_y &= (d-y)y(1-y) \\ &= (1-0.59)\times 0.59\times(1-0.59) \\ &= 0.1 \end{aligned}$$

은닉층의 오차 신호 δ_z는 식 (11.29)에 의해 구할 수 있다.

$$\begin{aligned}\delta_{z_1} &= z_1(1-z_1)\delta_y w_1 \\ &= 0.57\times(1-0.57)\times 0.1\times 0.1 \\ &= 0.0025\end{aligned}$$

$$\begin{aligned}\delta_{z_2} &= z_2(1-z_2)\delta_y w_2 \\ &= 0.55\times(1-0.55)\times 0.1\times 0.2 \\ &= 0.0050\end{aligned}$$

따라서, 연결강도의 변화량 $\Delta\mathbf{w}$, $\Delta\mathbf{v}$는 식 (11.30), 식(11.31)에 의해,

$$\begin{aligned}\Delta\mathbf{w} &= \eta\delta_y\mathbf{z} \\ &= 0.1\,[0.57 \quad 0.55 \quad 1] \\ &= [0.057 \quad 0.055 \quad 0.1]\end{aligned}$$

$$\therefore\ \Delta w_1 = 0.057 \quad \Delta w_2 = 0.055 \quad \Delta b_3 = 0.1$$

$$\begin{aligned}\Delta\mathbf{v}_1 &= \eta\delta_{z_1}\mathbf{x} \\ &= 0.0025\,[0 \quad 1 \quad 1] \\ &= [0 \quad 0.0025 \quad 0.0025]\end{aligned}$$

$$\therefore\ \Delta v_{11} = 0 \quad \Delta v_{12} = 0.0025 \quad \Delta b_1 = 0.0025$$

$$\begin{aligned}\Delta\mathbf{v}_2 &= \eta\delta_{z_2}\mathbf{x} \\ &= 0.0050\,[0 \quad 1 \quad 1] \\ &= [0 \quad 0.0050 \quad 0.0050]\end{aligned}$$

$$\therefore\ \Delta v_{21} = 0 \quad \Delta v_{22} = 0.0050 \quad \Delta b_2 = 0.0050$$

따라서, 연결강도는 다음과 같이 변경된다.

$$\mathbf{V}^1 = \mathbf{V}^0 + \Delta\mathbf{V}$$
$$= \begin{bmatrix} 0.1 & 0.2 & 0.1 \\ 0.2 & 0.1 & 0.1 \end{bmatrix} + \begin{bmatrix} 0 & 0.0025 & 0.0025 \\ 0 & 0.0050 & 0.0050 \end{bmatrix}$$
$$= \begin{bmatrix} 0.1 & 0.2025 & 0.1025 \\ 0.2 & 0.1050 & 0.1050 \end{bmatrix}$$

$$\mathbf{w}^1 = \mathbf{w}^0 + \Delta\mathbf{w}$$
$$= [0.1 \quad 0.2 \quad 0.2] + [0.057 \quad 0.055 \quad 0.1]$$
$$= [0.157 \quad 0.255 \quad 0.3]$$

모멘텀 BP 알고리즘

BP 알고리즘을 이용한 신경망의 학습에서는 식 (11.30)과 식 (11.31)과 같이 입력층과 은닉층 간의 연결 강도 변화량 $\Delta\mathbf{V}$, 은닉층과 출력층 간의 연결 강도 변화량 $\Delta\mathbf{W}$는 단지 학습률 η와 오차 신호 δ_z, δ_y에 의해서 결정된다. 일반적으로 학습률 η를 작은 값으로 설정하기 때문에 당연히 각 학습 단계에서의 연결 강도 변화량은 상대적으로 줄어들게 되므로 학습이 느려지는 현상이 나타난다.

모멘텀 BP 알고리즘은 이러한 문제점을 해결하기 위하여 학습 단계에서 연결 강도를 변경할 때 이전 학습 단계의 연결 강도 변화량을 보조적으로 활용하는 방법이다. 모멘텀 BP 알고리즘의 학습 방법은 BP 알고리즘과 학습 과정이 동일하지만 단지 연결 강도 변화량 $\Delta\mathbf{V}$, $\Delta\mathbf{W}$를 계산할 때 식 (11.32)와 같이 모멘텀 항이 부가되는 점만 다르다.

모멘텀 BP 알고리즘의 k 학습 단계에서의 연결 강도 변화량 $\Delta\mathbf{W}^k$, $\Delta\mathbf{V}^k$는 다음과 같다.

$$\begin{aligned} \Delta\mathbf{W}^k &= \eta\delta_y\mathbf{z} + \gamma\Delta\mathbf{W}^{k-1} \\ \Delta\mathbf{V}^k &= \eta\delta_z\mathbf{x} + \gamma\Delta\mathbf{V}^{k-1} \end{aligned} \tag{11.32}$$

여기서, η와 γ는 각각 학습률과 모멘텀 상수이며, δ_z와 δ_y는 각각 은닉층과 출력층의 오차 신호이다.

따라서, $k+1$ 학습 단계에서의 연결 강도 $\Delta \mathrm{W}^{k+1}$, $\Delta \mathrm{V}^{k+1}$은 다음과 같다.

$$\begin{aligned} \mathrm{W}^{k+1} &= \mathrm{W}^{k} + \Delta \mathrm{W}^{k} \\ &= \mathrm{V}^{k} + \eta\delta_y \mathbf{z} + \gamma \Delta \mathrm{W}^{k-1} \\ \mathrm{V}^{k+1} &= \mathrm{V}^{k} + \Delta \mathrm{V}^{k} \\ &= \mathrm{V}^{\mathrm{k}} + \eta\delta_z \mathbf{x} + \gamma \Delta \mathrm{V}^{k-1} \end{aligned} \tag{11.33}$$

다층 신경망을 학습하는 데 사용되는 모멘텀 BP 학습 알고리즘을 그림 11.5에 나타내었다.

Step 1 : Initialize weights and counter

$\mathrm{V}, \mathrm{W} \leftarrow$ *small random value*

$p \leftarrow$ *number of training pattern pairs*

$k \leftarrow 1$

$E \leftarrow 0$

Initialize temporary weight variation

$temp\_\mathrm{W} \leftarrow 0$

$temp\_\mathrm{V} \leftarrow 0$

Step 2 : Set learning rate $\eta(\eta > 0)$ *and* E_{max}

Set momentum constant $\gamma(0 < \gamma < 0.8)$

Step 3 : For each training pattern pair $(\mathbf{x}, \mathbf{d})$

do Step 4 $\sim$ *9 until* $k = p$

Step 4 : Compute output

$$NET_z = \mathbf{x}\mathrm{V}^{\mathrm{T}}$$

$$z_i = f(NET_z) = \begin{cases} \dfrac{1}{1+e^{-NET_z}} & ; \text{ 단극성 시그모이드} \\[2ex] \dfrac{1-e^{-NET_z}}{1+e^{-NET_z}} & ; \text{ 양극성 시그모이드} \end{cases}$$

| 그림 11.5 | 모멘텀 BP 학습 알고리즘

$$NET_y = \mathbf{z}\mathbf{W}^{\mathrm{T}}$$

$$y_i = f(NET_y)$$

$$= \begin{cases} \dfrac{1}{1+e^{-NET_y}} & ;\ \text{단극성 시그모이드} \\ \dfrac{1-e^{-NET_y}}{1+e^{-NET_y}} & ;\ \text{양극성 시그모이드} \end{cases}$$

Step 5 : Compute ouput error

$$E \leftarrow \frac{1}{2}(d-y)^2 + E$$

Step 6 : Compute error signal

$$\delta_y = \begin{cases} (d-y)y(1-y) & ;\ \text{단극성 시그모이드} \\ \dfrac{1}{2}(d-y)(1-y^2) & ;\ \text{양극성 시그모이드} \end{cases}$$

$$\delta_z = \begin{cases} z(1-z)\sum \delta_y w & ;\ \text{단극성 시그모이드} \\ \dfrac{1}{2}(1-z^2)\sum \delta_y w & ;\ \text{양극성 시그모이드} \end{cases}$$

Step 7 : Update weights

$$\mathbf{W}^{k+1} = \mathbf{W}^k + \Delta\mathbf{W}^k$$

$$= \mathbf{W}^k + \eta\delta_y\mathbf{z} + \gamma\Delta\mathbf{W}^{k-1}$$

$$\mathbf{V}^{k+1} = \mathbf{V}^k + \Delta\mathbf{V}^k$$

$$= \mathbf{V}^k + \eta\delta_z\mathbf{x} + \gamma\Delta\mathbf{V}^{k-1}$$

Step 8 : Save weight variation

$temp\_W \leftarrow \Delta W^k$

$temp\_V \leftarrow \Delta V^k$

Step 9 : Increase counter and goto Step 3

$k \leftarrow k + 1$

Step 10 : Test stop condition

If $E < E_{\max}$, *stop*

else, $E \leftarrow 0$ *and goto Step 3*

| 그림 11.5(계속) | 모멘텀 BP 학습 알고리즘

11.3 학습 인자

대부분의 응용에 보편적으로 사용되고 있는 BP 알고리즘은 3계층의 다층 신경망을 학습하는 데에는 매우 유용하지만 은닉층의 수가 많아지면 학습이 매우 느려지거나 학습이 이루어지지 않을 수도 있는 문제점이 있다. 오늘날에는 BP 알고리즘의 이러한 문제점을 다양한 방법으로 해결함으로써 심층 신경망이 활성화 될 수 있게 되었다.

신경망의 학습에서는 매개 변수와 하이퍼 파라미터라는 용어가 사용되고 있다. 일반적으로 학습에 의해 최적의 값이 결정되는 연결 강도(가중치와 바이어스)를 매개 변수라고 하며, 그 이외에 학습을 효과적으로 수행하기 위해 설정해야 하는 많은 요소들을 하이퍼 파라미터라고 한다.

하이퍼 파라미터의 값은 학습에 큰 영향을 미치지만 응용과 상황에 따라 그 값이 제각각이기 때문에 어떤 값이 최적이라고 단정할 수 없으며, 대부분의 경우 많은 경험과 시행착오를 통해 얻은 지식을 바탕으로 그 값으로 결정하게 된다. 이 절에서는 신경망의 학습에 영향을 미치는 여러 가지 학습 인자에 대하여 알아본다.

◎ 초기 연결 강도

신경망의 학습에 있어서 연결 강도의 초기화는 매우 중요하다. 그러므로 초기 연결 강도는 적절한 값으로 설정되어야 한다. 만약 초기 연결 강도를 잘못 설정하면 응용 목적에 적합하게 학습이 되지 않을 수도 있다.

예를 들어, 그림 11.6에서 초기 연결 강도를 A점 또는 B점에 설정하였다면 학습이 진행되면서 점차 오차가 감소되고, 결국 오차가 최소가 되는 최적의 연결 강도 W^*에 도달하여 학습이 정상적으로 종료된다.

그렇지만 초기 연결 강도를 C점에 설정하였다면 학습이 진행되면서 오차의 국부 최소점에 도달하여 연결 강도가 W_1으로 고정되고, 더 이상 학습을 진행하여도 이 국부 최소점을 벗어나지 못하게 되므로 잘못된 결과를 초래할 수 있다. 마찬가지로 초기 연결 강도를 D점에 설정하여도 오차의 국부 최소점에 도달하여 연결 강도가 W_2로 고정됨으로써 더 이상 학습이 진행되지 않게 된다.

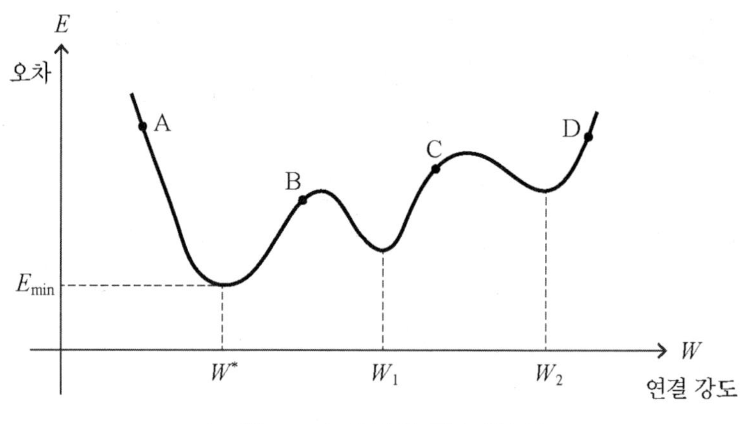

| 그림 11.6 | 오차의 국부 최소점

초기 연결 강도의 값은 너무 크지 않아야 하지만 그렇다고 너무 작은 값을 설정하면 학습이 진행될 때 연결 강도의 변화량이 매우 적게 되어 학습 시간이 오래 걸리게 되는 단점이 있으므로 적절한 값을 선택하여야 한다. 특히, 연결 강도의 값을 모두 0으로 초기화 하게 되면 학습이 진행되지 않는다는 점을 유의하여야 한다.

연결 강도는 0에 가까운 작은 값으로 랜덤하게 초기화 하는 것이 원칙이지만 일반적인 경우에는 $-0.5 \sim +0.5$ 범위의 값으로 설정하여도 무난하다.

그렇지만 심층 신경망의 경우에는 초기 연결 강도가 학습에 미치는 영향이 너무 크기 때문에 연결 강도의 초기화에 대한 연구가 다양하게 진행되고 있다. 오늘날에는 일반적으로 Xavier 초기화 또는 He 초기화 방법을 선호하고 있다.

Xavier 초기화란 앞 계층의 뉴런 수가 n인 경우, 표준편차가 $1/\sqrt{n}$ 인 정규 분포로 연결 강도를 랜덤하게 초기화 하는 방법이며, 활성화 함수로 시그모이드 함수를 사용할 때 유용하다. 이에 비하여 He 초기화 방법은 표준편차가 $\sqrt{2/n}$ 인 정규 분포로 연결 강도를 초기화 하며, 활성화 함수로 ReLU 함수를 사용할 때 학습 효과가 우수하다.

◎ 은닉층의 수

은닉층의 수도 신경망의 학습에 있어서 중요한 하이퍼 파라미터이다. 은닉층의 수에 따라 신경망의 구조가 결정되고, 이는 바로 전체 연결 강도의 수와 직접 관련이 되므로 은닉층의 수는 학습 시간에 상당한 영향을 미치게 된다.

일반적으로 특정 응용에 따라 입력층과 출력층의 뉴런 수는 직관적으로 산출할 수 있으나 은닉층에 대한 정보는 알 수 없기 때문에 은닉층을 몇 계층으로 할 것인지 각각의 은닉층에 뉴런은 몇 개를 배치할 것인지를 결정하기가 어렵다.

은닉층의 수가 많아지면 당연히 연결 강도의 수가 많아져서 신경망의 학습이 매우 느려지게 되는데 다행스럽게도 특수한 경우를 제외하고는 은닉층을 1개로 하여도 거의 대부분의 응용에 적합하다.

단순히 생각하면 은닉층을 2개로 하면 1개로 할 때보다 신경망의 성능이 개선될 것처럼 여겨지지만 실제로는 오히려 학습이 되지 않는 경우도 있으며, 비록 학습이 되었다 하더라도 실제로 응용할 때 많은 연산이 요구되므로 처리 시간이 느려지는 단점이 있다. 따라서, 다층 신경망을 설계할 때에는 은닉층을 1개로 하는 것이 무난한 선택이라 하겠다.

또한, 은닉층을 1개로 하였을 경우 과연 은닉층의 뉴런 수를 몇 개로 하는 것이 타당한지를 결정하여야 한다. 그렇지만 이 문제에 대한 해답은 없는 실정이며, 응용에 따라 다르므로 은닉층의 뉴런 수를 변경해가면서 시행착오를 통해 최적의 값을 찾아야 한다.

은닉층이 1개인 신경망의 연결 강도 수 N은 다음과 같이 구할 수 있다.

$$N = n \times p + p \times m \tag{11.34}$$

여기서, n은 입력층의 뉴런 수, p는 은닉층의 뉴런 수, m은 출력층의 뉴런 수이다.

예제 11.5 :: 다음과 같은 3계층 구조의 신경망에서 연결 강도의 총 수는 얼마인가?

(a) 28×28 크기의 영상을 입력받아 숫자를 인식하는 신경망에서 은닉층의 뉴런 수가 100인 경우 :

(b) 입력층과 은닉층의 뉴런 수는 각각 4,096이고, 출력층의 뉴런 수는 1,000인 경우 :

풀이 (a)의 경우 :

28×28 영상을 입력하기 위해서는 입력층의 뉴런이 784(28×28)개 필요하며, 숫자를 인식하기 위해서는 출력층의 뉴런이 10개 필요하다. 은닉층의 뉴런이 100개이므로 전체 연결 강도의 수는 식 (11.34)에 의해,

$$
\begin{aligned}
N &= 784 \times 100 \ + \ 100 \times 10 \\
&= 79{,}400\text{개}
\end{aligned}
$$

단순한 구조의 3계층 신경망이지만 전체 연결 강도의 수가 79,400개나 되며, 최적의 연결 강도 값을 찾는 학습 과정에 많은 시간이 소요되리라 예상할 수 있다.

(b)의 경우 :
입력층, 은닉층, 출력층의 뉴런 수가 각각 4,096, 4,096, 1,000이므로 전체 연결 강도의 수도 마찬가지 방법으로 구할 수 있다.

$$
\begin{aligned}
N &= 4096 \times 4096 \ + \ 4096 \times 1000 \\
&= 16{,}777{,}216 \ + \ 4{,}096{,}000 \\
&= 20{,}873{,}216\text{개}
\end{aligned}
$$

이 경우는 비록 3계층 구조이지만 전체 연결 강도의 수가 무려 20,873,216개나 되며, 학습 과정에 매우 많은 시간이 소요되리라 예상할 수 있다.
이 예는 컴퓨터 비전 분야에서 널리 사용되고 있는 대표적인 심층 컨볼루션 신경망인 VGG에서 최종 출력을 구하기 위해 실제로 사용하는 마지막 3계층의 구조이다.

은닉층의 수가 매우 많은 심층 신경망의 경우에는 뉴런의 수가 많아지기 때문에 뉴런 간의 전체 연결 강도의 수가 1억 개도 넘게 되며, 이로 인해 신경망의 학습에 상당한 시간이 소요된다.

○ 학습률

학습률 η는 신경망의 구조 및 응용 목적에 따라 다르므로 신경망의 학습에 적합한 학습률 η를 규정할 수는 없지만 일반적으로 0.001 ~ 10 사이의 값을 사용한다.

급격하고 좁은 오차 최소점을 갖는 응용에서는 큰 값의 η를 선택하면 빠르게 학습이 진행될 수도 있지만 자칫 잘못하면 학습이 되지 않는 상황이 발생할 수도 있다. 반면에 너무 작은 값의 η를 선택하면 각 학습 단계에서의 연결 강도 변화량이 미세하여 전체 학습시간이 매우 길어지는 단점이 있다. 그러므로 원하는 응용 목적에 여러 가지 값의 η를 사용하여 신경망을 학습한 다음 그 결과를 비교하여 최적의 학습률을 선택하는 것이 바람직하다.

비용 함수

신경망의 지도 학습에서는 목표치와 출력의 차이인 오차를 줄여 가면서 연결 강도를 최적화 해가는 과정을 반복한다. 오차가 작아지는 방향, 즉 기울기(미분값)가 감소하는 방향으로 학습이 진행되기 때문에 이러한 학습 방법을 경사 하강법(gradient descent)이라고 한다.

$k+1$ 학습 단계에서의 연결 강도를 w^{k+1}, k 학습 단계에서의 연결 강도를 w^k라고 하면 경사 하강법은 다음과 같이 수식으로 표현할 수 있다.

$$w^{k+1} = w^k - \eta \frac{\partial C}{\partial w} \tag{11.35}$$

여기서, η는 학습률이며, C는 비용 함수이다.

비용 함수는 손실 함수라고도 하며, 신경망의 오차와 밀접한 관련이 있다. 예를 들어, 신경망의 오차가 크면 비용 함수가 증가하고, 오차가 작아지면 비용 함수도 감소한다. 비용 함수로는 다음과 같은 2가지 형태가 사용되고 있다.

- 평균 제곱 오차
- 교차 엔트로피 오차

평균 제곱 오차(MSE : Mean Square Error)는 목표치와 출력의 차이인 오차를 제곱한 것이며, 수식으로 표현하면 다음과 같다.

$$\begin{aligned} C &= \frac{1}{2}\sum_{i=1}^{n}(d_i - y_i)^2 \\ &= \frac{1}{2}\sum_{i=1}^{n}[d_i - f(NET_i)]^2 \end{aligned} \tag{11.36}$$

여기서, d_i는 목표치, y_i는 신경망의 출력, n은 출력층 뉴런의 수이다.

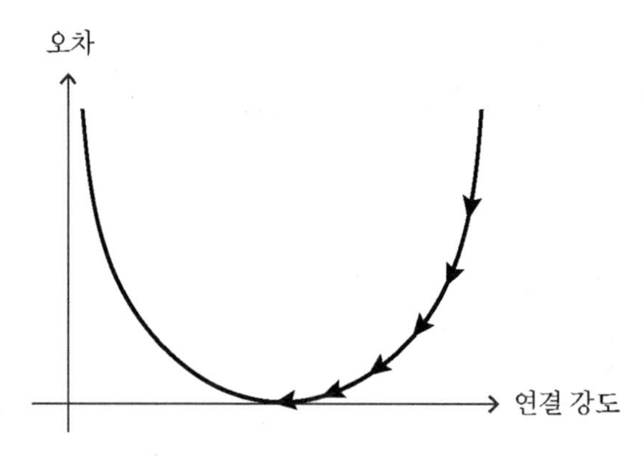

| 그림 11.7 | 평균 제곱 오차를 이용한 경사 하강법

평균 제곱 오차를 비용 함수로 사용하는 경우의 경사 하강법을 그림 11.7에 나타내었다. 그림에서 보는 바와 같이 오차가 큰 경우에는 학습이 빠르게 진행되지만 오차가 작아질수록 학습은 느리게 진행되게 된다.

평균 제곱 오차와 활성화 함수로 시그모이드 함수를 사용하는 경우에는 시그모이드 함수를 미분하면 값이 매우 적어지기 때문에 경사 하강법으로 연결 강도를 갱신하기 어려운 상황이 발생하기도 한다.

교차 엔트로피 오차(cross-entropy error)는 수식으로 표현하면 다음과 같다.

$$C = -\sum_{i=1}^{n}[d_i \ln y_i + (1 - d_i)\ln(1 - y_i)]$$

$$C = \begin{cases} -\ln y_i & : \ d_i = 1 \\ -\ln(1 - y_i) & : \ d_i = 0 \end{cases} \tag{11.37}$$

여기서, d_i는 목표치, y_i는 신경망의 출력, n은 출력층 뉴런의 수이다.

교차 엔트로피 오차를 비용 함수로 사용하려면 식 (11.37)을 만족하기 위해 출력 y_i가 0 ~ 1 사이의 값이어야 함을 알 수 있다. 교차 엔트로피 오차의 비용 함수로는 활성화 함수로 시그모이드 함수나 softmax 함수를 사용할 수 있으며, 평균 제곱 오차에 비해 일반적으로 학습이 빠르게 진행되는 장점이 있다.

오버피팅

오버피팅(overfitting)이란 과적합이라고도 하며, 신경망이 학습 데이터에 과도하게 특화되어 학습됨으로써 학습에 사용된 데이터에 대해서는 성능이 좋지만 실제 응용에서의 새로운 데이터에 대해서는 오히려 성능이 떨어지는 현상을 말한다.

예를 들어, 그림 11.8과 같이 패턴을 2가지 유형으로 분류하는 문제에 있어서 그림 11.8(a)는 학습이 너무 미진한 상황, 즉 언더피팅이라고 할 수 있고, 그림 11.8(b)는 약간의 오류가 발생하지만 적절한 학습이 이루어졌다고 할 수 있으며, 그림 11.8(c)는 과도하게 학습이 이루어진 오버피팅이라고 할 수 있다.

오버피팅은 일반적으로 학습 데이터가 너무 적어서 발생하기 때문에 가장 기본적인 해결 방법은 학습 데이터의 수를 늘리는 것이다. 그렇지만 학습 데이터의 수가 늘어나면 학습에 많은 시간이 소요되는 문제가 있다. 또한, 심층 신경망의 경우에는 은닉층의 수가 많기 때문에 연결 강도의 수가 많아져서 오버피팅이 발생하는 요인이 되기도 한다.

오버피팅을 해결하기 위해서는 일반적으로 다음과 같은 방법이 사용된다.

- 정규화
- 드롭아웃

정규화(regularization)는 오버피팅을 해결하기 위해 추가 정보를 도입하는 것을 말하며, 그림 11.9와 같이 오버피팅이 발생한 상황이 정규화에 의해 적절한 학습이 이루어지도록 보정된다.

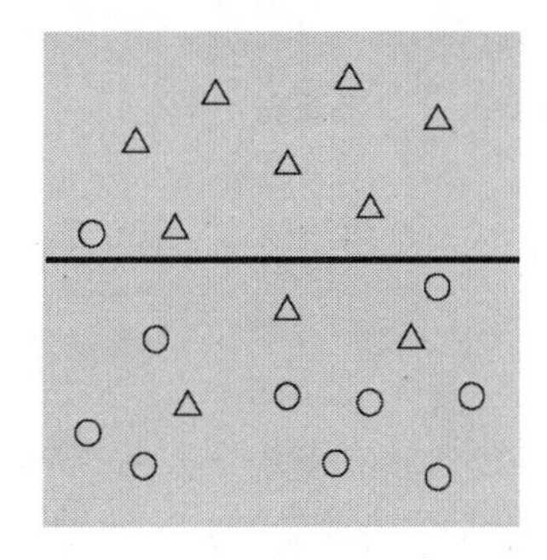

(a) 언더피팅

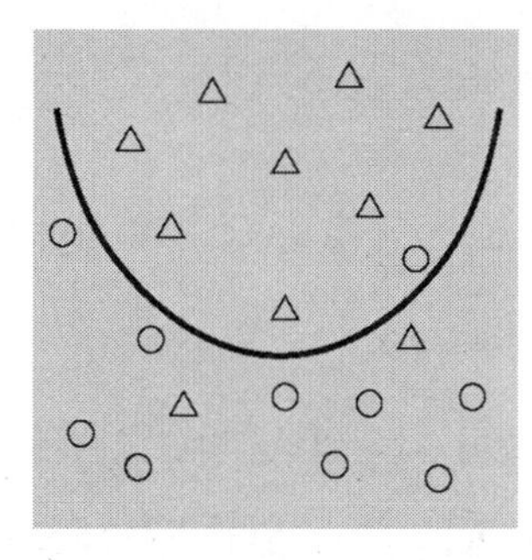

(b) 적절한 학습

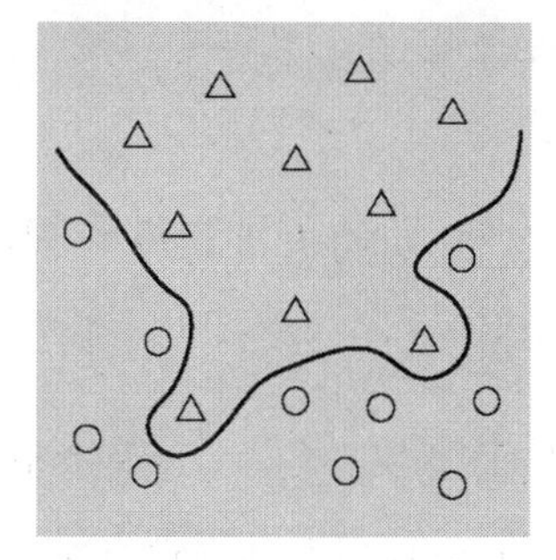

(c) 오버피팅

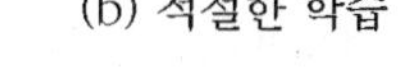

| 그림 11.8 | 패턴 분류의 예

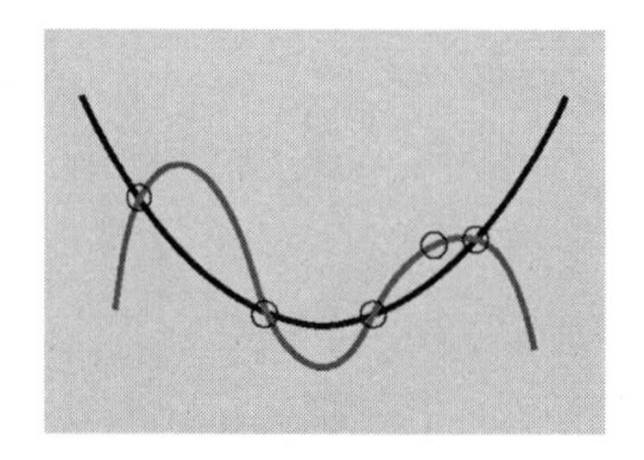

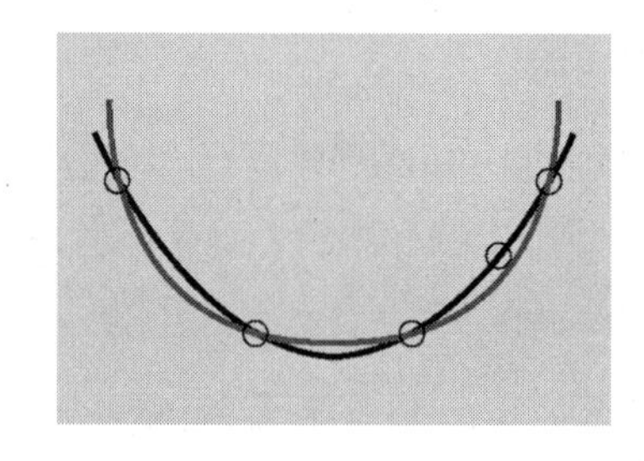

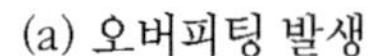

(a) 오버피팅 발생 (b) 정규화에 의한 보정

| 그림 11.9 | 정규화

정규화는 특정 연결 강도가 너무 커져서 학습에 큰 영향을 미치는 현상을 방지하기 위해 연결 강도를 작게 하는 일종의 패널티 항목을 비용 함수에 추가한다. 추가한 항목에 따라 L1 정규화와 L2 정규화로 구분한다.

$$\text{L1 정규화 :} \quad C = C_0 + \lambda \sum w_i$$

$$w^{k+1} = w^k - \eta \frac{\partial C}{\partial w} = w^k - \eta\lambda - \eta \frac{\partial C_0}{\partial w} \tag{11.38}$$

$$\text{L2 정규화 :} \quad C = C_0 + \frac{\lambda}{2} \sum w_i^2$$

$$w^{k+1} = w^k - \eta \frac{\partial C}{\partial w} = (1 - \eta\lambda)w - \eta \frac{\partial C_0}{\partial w} \tag{11.39}$$

여기서, C_0는 원래의 비용 함수, w는 연결 강도, η는 학습률, λ는 연결 강도의 감소 조절 상수이다.

일반적으로 L2 정규화가 더 많이 사용되며, 정규화를 하면 식 (11.38)과 식 (11.39)와 같이 연결 강도의 변화량이 $\eta\lambda$ 또는 $\eta\lambda w$ 만큼 감소되는 효과가 있음을 알 수 있다.

근래에는 그래디언트 소실(gradient vanishing) 문제를 해결하기 위해 사용한 배치 정규화(batch normalization)의 개념이 학습 속도 개선은 물론 오버피팅을 억제하는 효과도 있는 것으로 알려지면서 심층 신경망의 학습에서 자주 활용되고 있다.

S. Ioffe와 C. Szegedy가 제안한 배치 정규화는 미니 배치 단위로 정규화 하는 방식이다. 일반적인 미니 배치 방식에서는 학습 데이터 중 일부를 선택하여 이들의 연결 강도 변화량을 계산하고 변화량의 평균값으로 연결 강도를 갱신하였지만 배치 정규화에서는 미니 배치 $B = \{x_1, x_2, \ldots, x_m\}$에서 입력의 평균 μ와 분산 σ^2을 구한 다음, 입력의 평균이 0, 분산이 1이 되도록 다음과 같이 정규화 한다.

$$\begin{aligned} \mu &= \frac{1}{m}\sum_{i=1}^{m} x_i \\ \sigma^2 &= \frac{1}{m}\sum_{i=1}^{m}(x_i - \mu)^2 \\ \hat{x_i} &= \frac{x_i - \mu}{\sqrt{\sigma^2}} \end{aligned} \tag{11.40}$$

드롭아웃은 오버피팅 문제를 해결하기 위해 그림 11.10과 같이 입력층이나 은닉층의 일부 뉴런들을 삭제하고, 해당 뉴런들에 연결된 연결 강도들을 학습에서 제외시키는 방법이다. 학습에서 제외시킬 뉴런은 확률 p값에 의해 랜덤하게 선택하며, 미니 배치 구간마다 다른 뉴런을 선택해 드롭아웃 시키면서 학습한다. 일반적으로 입력층 뉴런의 20%, 은닉층 뉴런의 50%를 드롭아웃 시키면 오버피팅 문제를 방지하는 데 효과적이다.

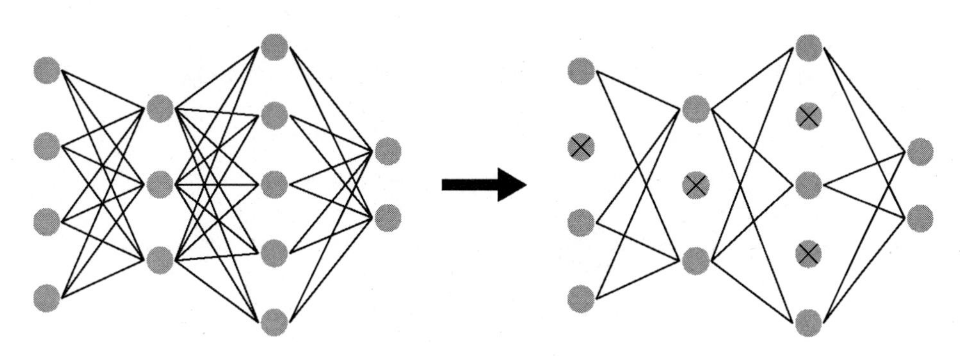

| 그림 11.10 | 드롭아웃

그래디언트 소실

그래디언트 소실(gradient vanishing)이란 BP 알고리즘을 이용하여 학습할 때 출력층에서 멀어질수록 출력층의 오차가 제대로 반영되지 못하고 소멸되어 버리는 현상을 말한다. 이러한 그래디언트 소실 문제는 그림 11.11과 같이 은닉층이 여러 개로 구성된 심층 신경망을 BP 알고리즘으로 학습하는 과정에서 주로 발생한다.

원래의 BP 알고리즘에서는 11.2절에서 기술한 바와 같이 활성화 함수로 시그모이드 함수를 사용하며, 출력층의 오차 신호 δ_y와 은닉층에 전파되는 오차 신호 δ_z는 다음과 같이 구할 수 있다.

$$\begin{aligned} \delta_y &= (d - y)y(1 - y) \\ \delta_z &= z(1 - z)\sum \delta_y w \end{aligned} \tag{11.41}$$

여기서, d는 목표치, y는 출력층의 출력, z는 은닉층의 출력, w는 연결 강도이다.

또한, 은닉층과 출력층 간의 연결 강도 변화량 ΔW, 은닉층과 은닉층 간 또는 은닉층과 입력층 간의 연결 강도 변화량 ΔV는 다음과 같이 구할 수 있다.

$$\begin{aligned} \Delta W &= \eta \delta_y \mathbf{z} \\ \Delta V &= \eta \delta_z \mathbf{x} \end{aligned} \tag{11.42}$$

여기서, η는 학습률이다.

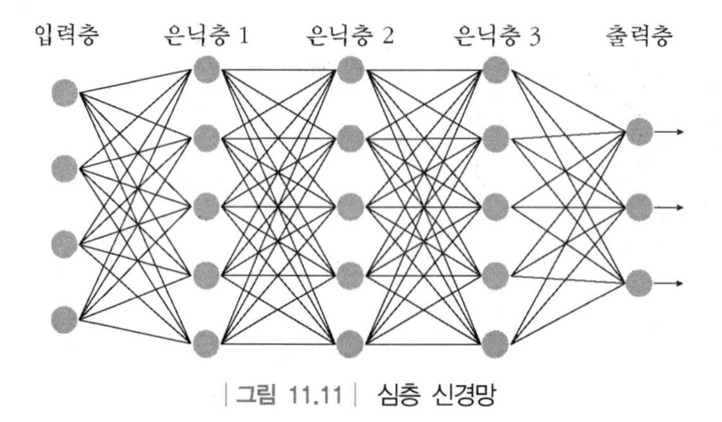

| 그림 11.11 | 심층 신경망

활성화 함수로 시그모이드 함수를 사용하는 경우에는 그림 11.12(a)와 같이 0과 1 사이의 값이 출력된다. 만약 출력 y가 0이나 1에 가깝다면 식 (11.41)과 식 (11.42)에서 알 수 있듯이 출력층의 오차 신호 δ_y는 거의 0이 되고, 이로 인해 연결 강도의 변화량 ΔW도 거의 0이 되어 연결 강도가 변경되지 않게 된다.

마찬가지로 앞 단으로 갈수록 출력층의 오차 신호 δ_y의 영향이 미미해져 버리기 때문에 앞 단에 있는 은닉층들의 연결 강도 갱신에 전혀 영향을 미치지 못하고 결국 신경망의 학습이 더 이상 진행되지 않게 된다.

이러한 그래디언트 소실 문제로 인해 은닉층이 2개 이상인 신경망을 학습하기 어려웠고 오랜 동안 심층 신경망이 활성화되지 못하였다.

그래디언트 소실 문제를 해결하여 심층 신경망의 활로를 활짝 연 계기가 바로 활성화 함수로 그림 11.12(b)에서 보는 바와 같은 ReLU 함수를 사용한 것이다. 이런 이유로 오늘날의 심층 컨볼루션 신경망의 경우, 최종 출력층에서는 softmax 함수를 사용하지만 그 이외의 계층에서는 일반적으로 ReLU 함수를 활성화 함수로 사용하고 있다.

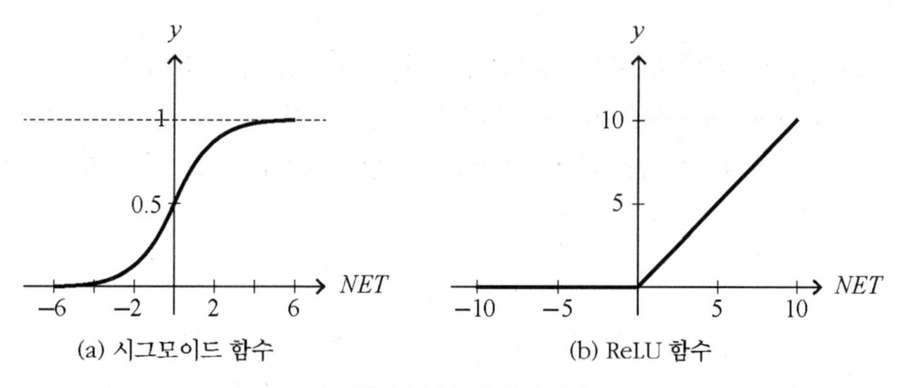

| 그림 11.12 | 활성화 함수

Chapter 11 연습문제

11.1 BP 알고리즘의 학습 절차에 대하여 기술하라.

11.2 다음과 같은 3×3 화소의 문자를 ㄱ, ㄴ, ㄷ으로 분류할 수 있는 3계층 신경망을 설계하고, 연결 강도를 BP 알고리즘으로 학습할 수 있도록 프로그램을 작성하라.

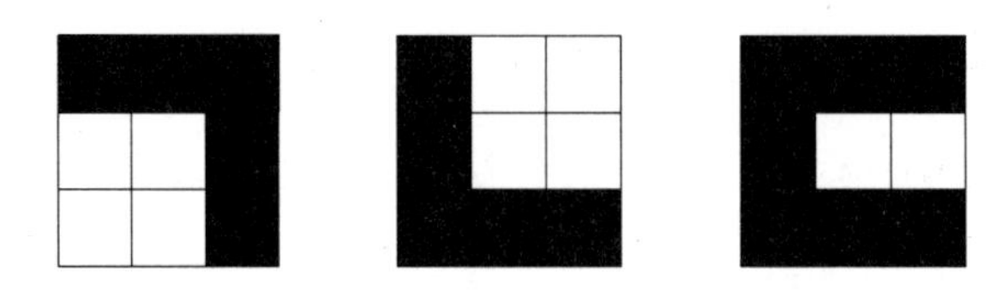

11.3 BP 알고리즘과 모멘텀 BP 알고리즘의 차이점은 무엇인가?

11.4 다음과 같은 3계층 신경망을 BP 알고리즘으로 학습시켜 XOR 연산을 하고자 한다. 오차 최대치는 0.01이고, 학습률은 1, 활성화 함수는 단극성 시그모이드 함수일 때, 4개의 학습 패턴을 1회씩 사용하여 학습할 경우의 연결 강도의 변화 과정은?

	입 력			목표치
	x_1	x_2	1	y_3
A	[0	0	1]	0
B	[0	1	1]	1
C	[1	0	1]	1
D	[1	1	1]	0

$$\mathbf{w}^0 = [0.2 \quad 0.1 \quad -0.5]$$

$$\mathbf{V}^0 = \begin{bmatrix} 0.1 & 0.1 & -0.2 \\ 0.3 & 0.2 & -0.1 \end{bmatrix}$$

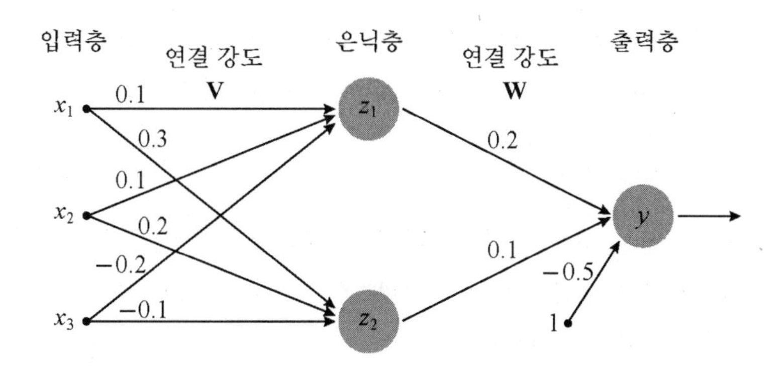

11.5 문제 11.4와 동일한 조건에서 모멘텀 BP 알고리즘으로 학습시킬 때 연결 강도의 변화 과정은?

11.6 다음과 같은 문자를 인식할 수 있는 3계층 신경망을 설계하고, BP 알고리즘을 이용하여 학습시킬 수 있는 프로그램을 작성하라.

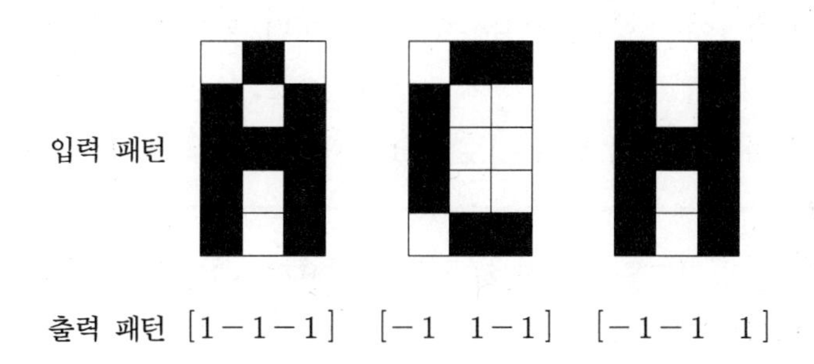

출력 패턴 [1 −1 −1]　[−1 1 −1]　[−1 −1 1]

11.7 BP 알고리즘을 이용하여 다음과 같은 9×7 화소의 숫자를 인식하는 프로그램을 작성하라.

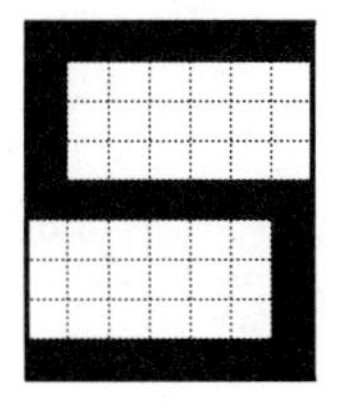

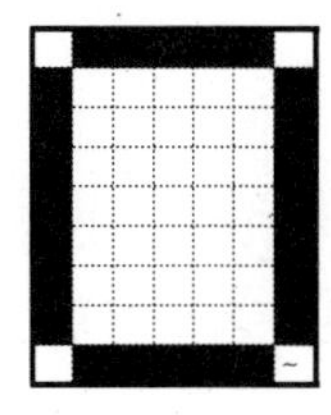

11.8 예제 11.1과 동일한 조건의 신경망을 모멘텀 BP 알고리즘을 이용하여 학습하는 경우, 학습 패턴 A가 입력될 때 입력층과 은닉층간의 연결 강도 변화량 $\Delta \mathbf{V}$를 구하라. 단, 학습률은 1이다.

11.9 예제 11.1과 동일한 조건의 신경망을 모멘텀 BP 알고리즘을 이용하여 학습하는 경우, 학습 패턴 A가 입력될 때 은닉층과 출력층간 연결 강도 변화량 $\Delta \mathbf{w}$를 구하라. 단, 학습률은 1이다.

11.10 모멘텀 BP 알고리즘을 이용하여 9×7 화소의 숫자를 인식하는 프로그램을 작성하라.

11.11 신경망의 학습에서 매개 변수와 하이퍼 파라미터의 차이점은 무엇인가?

11.12 신경망의 학습에 영향을 미치는 요인에는 어떤 것들이 있는가?

11.13 신경망의 학습에 초기 연결 강도가 중요한 이유는 무엇인가?

11.14 신경망의 연결 강도를 초기화 하기 위해 사용하는 Xavier 초기화 방법과 He 초기화 방법의 기본적인 차이점은 무엇인가?

11.15 입력층의 뉴런 수가 63, 은닉층의 뉴런 수가 20, 출력층의 뉴런 수가 5인 3계층 신경망의 전체 연결 강도 수는 얼마인가?

① 88　　② 315　　③ 1,260　　④ 1,360

11.16 24×24 크기의 영상을 입력받아 숫자를 인식하는 3계층 신경망에서 연결 강도의 총 수는? 단, 은닉층의 뉴런 수는 10이다.

① 1,200　　② 2,580　　③ 5,860　　④ 7,240

11.17 학습률이 신경망의 학습에 미치는 영향은 무엇인가?

11.18 비용 함수로 평균 제곱 오차와 교차 엔트로피 오차를 사용하는 경우의 차이점은 무엇인가?

11.19 오버피팅이란 무엇이며, 이를 해결하는 데에는 어떤 방법이 사용되고 있는가?

11.20 L1과 L2 정규화의 차이점은 무엇인가?

11.21 배치 정규화에서 입력을 변환하는 방법에 대하여 기술하라.

11.22 오버피팅을 해결하기 위한 방법으로 사용되는 드롭아웃이란 무엇인가?

11.23 BP 알고리즘을 이용하여 신경망을 학습할 때 그래디언트 소실이 발생하는 원인은 무엇인가?

11.24 심층 신경망에서 그래디언트 소실 문제를 해결하기 위해 사용하는 활성화 함수는 무엇인가?

① 계단 함수 ② 항등 함수 ③ 시그모이드 함수 ④ ReLU 함수

CHAPTER 12

심층 신경망

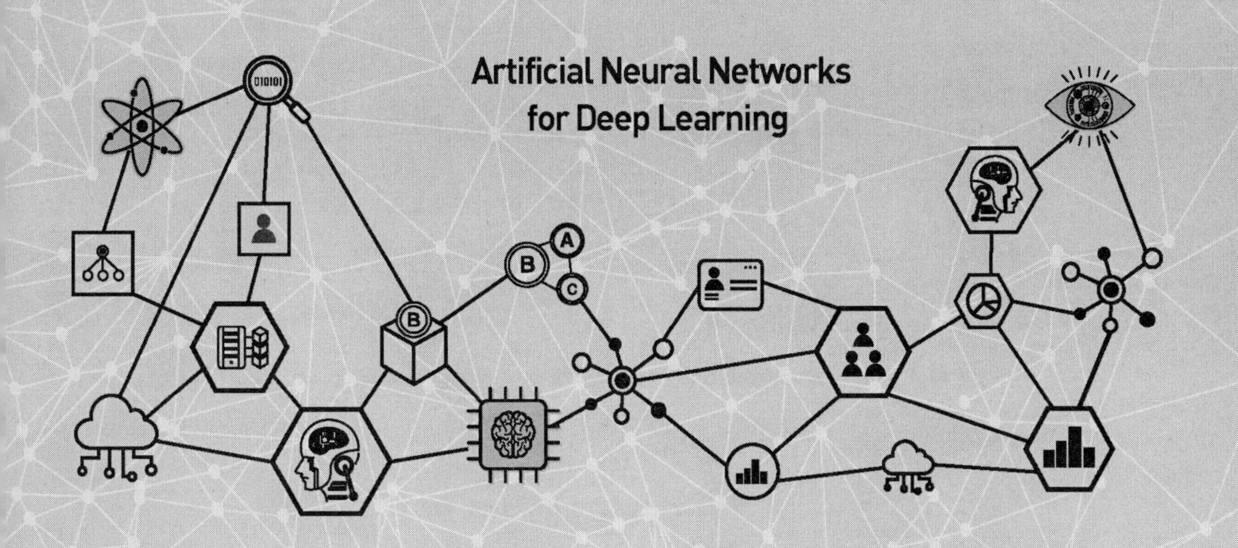

12.1 컨볼루션 신경망

심층 신경망이란 일반적으로 은닉층이 2개 이상인 다층 신경망을 말하며, 딥러닝의 핵심 요소이다. 대부분의 응용에서는 3계층 구조의 다층 신경망을 사용하고 있지만 영상 인식, 음성 인식 등 특정 분야에서는 은닉층이 여러 개인 심층 신경망을 사용하고 있는 추세이다. 이 절에서는 심층 신경망의 대표적인 모델인 컨볼루션 신경망에 대하여 알아본다.

◎ 컨볼루션 신경망의 특징

컨볼루션 신경망(CNN : Convolutional Neural Network)은 인간 뇌의 시각피질에서 영상을 처리하는 것과 유사한 기능을 하는 신경망이며, 오늘날 영상 인식 분야에 매우 유용하게 사용되고 있다.

기존의 신경망을 이용한 패턴 분류의 경우에는 그림 12.1(a)와 같이 먼저 원래의 입력 데이터에서 전처리에 의해 특징을 추출한 다음 최종적으로 특징 벡터를 신경망 분류기에 입력하여 패턴을 분류하였다.

반면에 컨볼루션 신경망은 그림 12.1(b)와 같이 특징을 추출하는 과정과 분류하는 과정에 모두 신경망을 이용한다는 점에서 근본적인 차이가 있다. 다시 말하자면, 컨볼루션 신

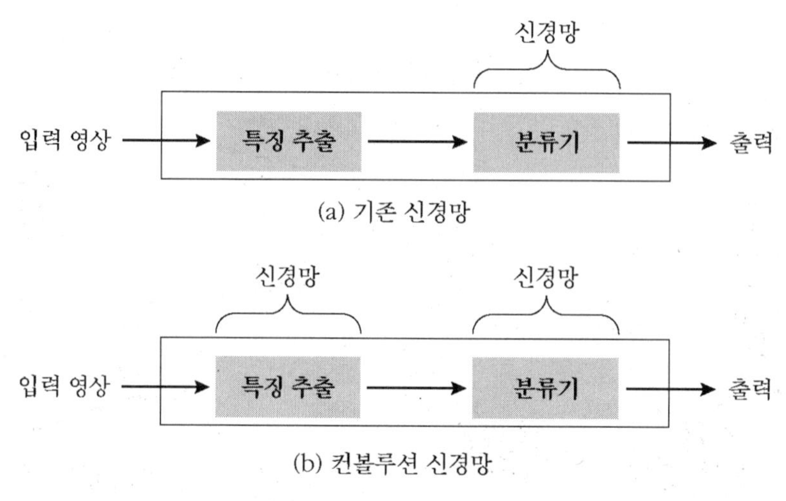

그림 12.1 _ 신경망을 이용한 패턴 분류

경망을 이용한 패턴 분류기에서는 원래의 입력 데이터를 별도의 전처리 없이 직접 신경망에 입력하여 특징을 추출하는 과정을 거쳐 패턴을 분류한다.

컨볼루션 신경망의 구조

시각피질의 기능을 모방한 컨볼루션 신경망의 기본적인 구조에 대하여 살펴본다. 시각피질의 수용 영역에서는 외부 자극이 특정 영역에만 영향을 미치며, 색상이나 모양 등 시각적 특징에 의해 사물을 인식한다. 이와 마찬가지로 컨볼루션 신경망은 필터에 의해 특징을 추출하고, 풀링(pooling)에 의해 이동이나 왜곡 등의 토폴로지 항상성을 제공하는 방식으로 사물을 인식한다.

이러한 기능을 수행하기 위해 컨볼루션 신경망은 기본적으로 그림 12.2에서 보는 바와 같은 구조로 이루어져 있다.

- **특징 추출 신경망** : 입력되는 데이터의 특징을 추출하는 신경망은 컨볼루션 계층과 풀링 계층이 반복되는 형태로 구성되어 있다. 컨볼루션 계층은 공간 필터에 의해 컨볼루션 연산을 수행함으로써 입력 영상에서 지역 특징을 추출하여 특징 맵이라고 하는 새로운 영상을 출력한다.
  일반적으로 다양한 지역 특징을 추출하기 위해 여러 개의 필터를 사용하므로 하나의 입력 영상으로부터 여러 개의 특징 맵을 얻을 수 있다.
  풀링 계층은 주위의 여러 화소들을 하나의 화소가 대표하게 함으로써 토폴로지 항상성을 제공할 뿐만 아니라 특징 맵의 크기를 축소하는 기능을 한다.

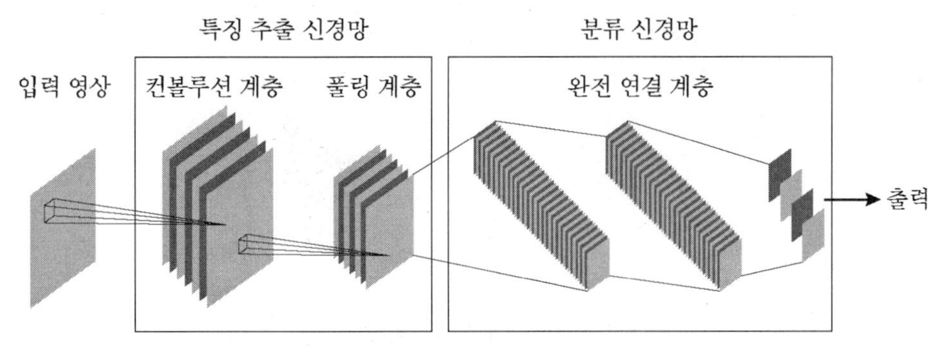

그림 12.2 _ 컨볼루션 신경망의 기본 구조

특징 추출 신경망은 지역 특징들에 대해 컨볼루션과 풀링을 반복함으로써 전역 특징을 획득할 수 있게 된다.

- **분류 신경망** : 패턴을 실제로 분류하는 신경망은 특징 추출 신경망의 후단에 위치하며, 기존의 신경망 분류기와 동일한 기능을 한다. 분류 신경망은 3계층으로 구성되고 입력층과 은닉층, 은닉층과 출력층의 모든 뉴런들이 연결되어 있는 구조이므로 컨볼루션 신경망에서는 완전 연결(fully connected) 계층이라고 한다.

컨볼루션 계층

컨볼루션 신경망의 핵심을 이루는 컨볼루션 계층에서는 그림 12.3과 같이 필터의 기능을 수행하여 특징 맵을 출력한다. 컨볼루션 신경망에서는 마스크(또는 커널이라고도 함)의 크기가 5×5 또는 3×3인 필터가 주로 사용된다.

일반적으로 입력을 받아들이는 첫 번째 컨볼루션 계층에서는 마스크의 크기가 큰 5×5 필터를 사용하고, 후단의 컨볼루션 계층에서는 3×3 필터를 사용하고 있다. 경우에 따라서는 첫 번째 컨볼루션 계층에서 11×11 필터를 사용하기도 하고 최종 컨볼루션 계층에서 1×1 필터를 사용하기도 한다.

또한, 디지털 영상 처리 분야에서는 마스크의 값이 고정되어 있는 필터를 사용하고 있지만 컨볼루션 신경망에서는 학습에 의해 필터의 마스크 값이 최적의 값으로 설정된다는 점에 유의하여야 한다.

먼저 컨볼루션 연산에 대하여 알아본다. 예를 들어, 3×3 필터를 사용하는 경우, 디지털 영상 처리 분야에서는 그림 12.4와 같이 원래의 영상 x에 필터, 즉 마스크 h를 이용하여 컨볼루션 연산을 수행함으로써 화소의 값 y를 결정한다.

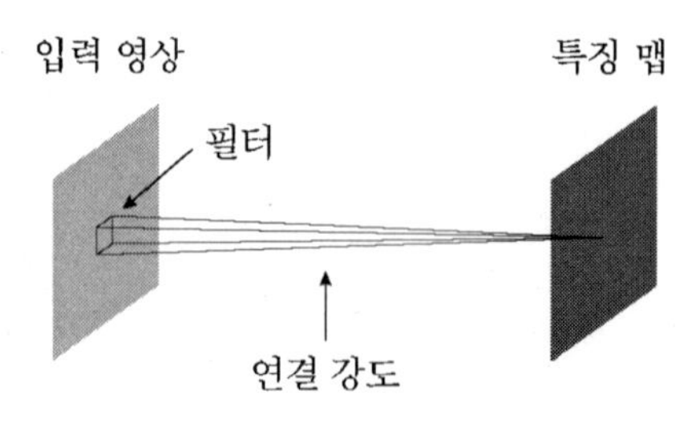

그림 12.3 _ 컨볼루션 계층의 기능

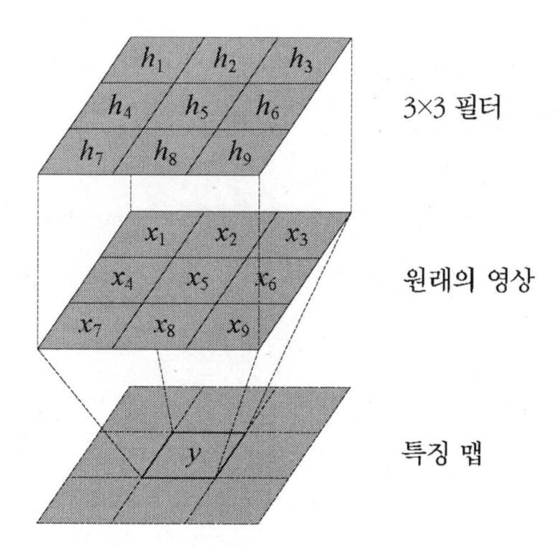

그림 12.4_ 필터에 의한 컨볼루션 연산

$$\begin{aligned} y &= h * x \\ &= h_1 \times x_1 + h_2 \times x_2 + \cdots + h_9 \times x_9 \\ &= \sum_{i=1}^{9} h_i x_i \end{aligned} \tag{12.1}$$

이러한 공간 필터링의 개념인 컨볼루션 연산을 단층 신경망으로 구성해보면 그림 12.5와 같다.

필터가 입력층에서 컨볼루션 계층으로의 연결 강도 **w**에 해당하므로 컨볼루션 계층에 형성되는 특징 맵의 화소 값 *NET*는 다음과 같이 구할 수 있다.

$$\begin{aligned} NET &= \mathbf{x}\mathbf{w}^{\mathrm{T}} \\ &= x_1 w_1 + x_2 w_2 + \cdots + x_9 w_9 \end{aligned} \tag{12.2}$$

컨볼루션 연산을 위한 필터의 기능을 하는 가중치, 즉 연결 강도 **w**는 초기화 한 다음 학습을 통해 최적의 값으로 설정된다.

이제 컨볼루션 계층에서 특징 맵을 생성하는 과정을 예를 통해 알아보자.

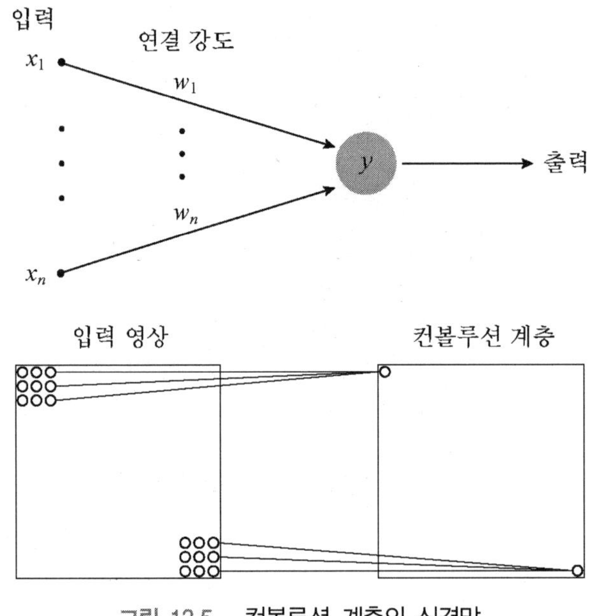

그림 12.5 _ 컨볼루션 계층의 신경망

예제 12.1 :: 다음과 같은 5×5 화소 크기의 영상과 3×3 필터로 얻어지는 특징 맵의 생성 과정을 보여라. 단, 필터를 한 칸씩 이동한다고 가정한다.

입력 영상

7	2	5	4	3
5	0	3	8	1
6	1	7	3	4
8	0	9	8	2
9	5	6	1	3

필터

1	0	1
0	1	0
1	0	1

풀이 컨볼루션 연산의 결과는 입력 영상의 왼쪽 맨 위의 3×3 화소와 필터의 해당 커널 값을 서로 곱한 다음 이들을 모두 더한 값과 같다.

$$7\times1 + 2\times0 + 5\times1 + 5\times0 + 0\times1 + 3\times0 + 6\times1 + 1\times0 + 7\times1 = 25$$

입력 영상

7	2	5		
5	0	3		
6	1	7		

*

필터

1	0	1
0	1	0
1	0	1

→

특징 맵

25		

필터를 오른쪽으로 한 칸 이동하고 마찬가지 방법으로 컨볼루션 연산을 한다.

$$2\times1 + 5\times0 + 4\times1 + 0\times0 + 3\times1 + 8\times0 + 1\times1 + 7\times0 + 3\times1 = 13$$

입력 영상

	2	5	4	
	0	3	8	
	1	7	3	

*

필터

1	0	1
0	1	0
1	0	1

→

특징 맵

	13	

마찬가지 방법으로 영상의 오른쪽 맨 아래의 3×3 화소까지 이러한 컨볼루션 연산을 수행하면 다음과 같은 3×3 크기의 특징 맵을 얻을 수 있다.

입력 영상

		7	3	4
		9	8	2
		6	1	3

*

필터

1	0	1
0	1	0
1	0	1

→

특징 맵

25	13	27
26	23	18
27	19	28

예제 12.1에서는 3×3 필터를 이용하여 5×5 화소의 입력 영상에서 3×3 크기의 특징 맵을 얻었다. 이제 특징 맵의 크기를 구하는 방법에 대하여 알아본다.

일반적으로 특징 맵의 크기는 입력 영상이 $N \times N$이고, 필터의 크기가 $F \times F$일 때, 필터를 이동하는 간격, 즉 스트라이드(stride)가 S인 경우에 다음과 같이 구할 수 있다.

$$\frac{N - F}{S} + 1 \tag{12.3}$$

영상의 크기를 유지하기 위해 그림 12.6과 같이 입력 영상 주위로 0을 패딩하는 경우에는 식 (12.4)를 이용하여 특징 맵의 크기를 구할 수 있다.

$$\frac{N - F + 2P}{S} + 1 \tag{12.4}$$

여기서, P는 0을 패딩한 수이다.

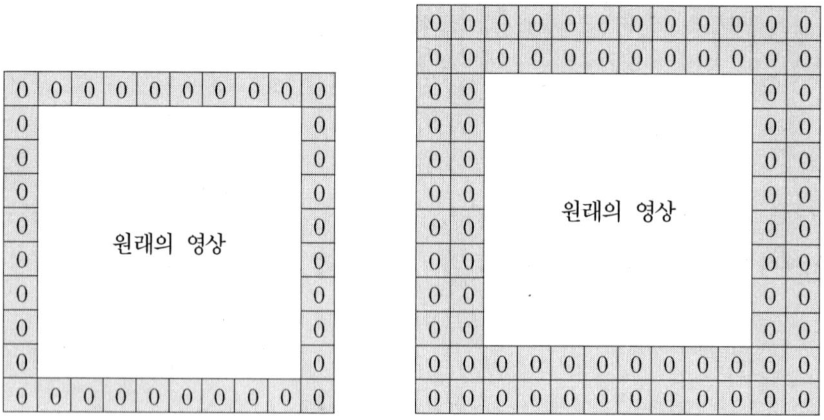

원래의 영상

(a) 1비트 패딩

원래의 영상

(b) 2비트 패딩

그림 12.6 _ 0 패딩

예제 12.2 :: 다음과 같은 경우에 생성되는 특징 맵의 크기는 얼마인가?

(a) 24×24 입력 영상, 3×3 필터, 스트라이드 1인 경우

(b) 32×32 입력 영상, 5×5 필터, 스트라이드 1인 경우

(c) 24×24 입력 영상, 3×3 필터, 스트라이드 3인 경우

(d) 24×24 입력 영상에 1비트 0 패딩하고, 3×3 필터, 스트라이드 1인 경우

풀이 (a)의 경우 :

입력 영상이 24×24이고, 필터의 크기가 3×3이므로 식 (12.3)에 의해,

$(24 - 3)/1 + 1 = 22$이다.

따라서, 특징 맵의 크기는 22×22가 된다.

(b)의 경우 :

입력 영상이 32×32이고, 필터의 크기가 5×5이므로 식 (12.3)에 의해,

$(32 - 5)/1 + 1 = 28$이다.

따라서, 특징 맵의 크기는 28×28이 된다.

(c)의 경우 :

입력 영상이 24×24이고, 필터의 크기가 3×3이지만 스트라이드가 3이므로 식 (12.3)에 의해,

$(24 - 3)/3 + 1 = 8$이다.

따라서, 특징 맵의 크기는 원래 영상의 크기보다 상당히 작은 8×8이 된다.

(d)의 경우 :

입력 영상이 24×24이지만 1비트씩 0을 패딩하므로 입력 영상은 26×26이 되며, 필터의 크기가 3×3이므로 식 (12.4)에 의해,

$(24 - 3 + 2 \times 1)/1 + 1 = 24$이다.

따라서, 특징 맵의 크기는 원래 영상의 크기와 동일한 24×24가 된다.

컨볼루션 신경망은 컨볼루션 계층과 풀링 계층이 반복되는 심층 신경망이므로 BP 알고리즘에 널리 사용되는 시그모이드 함수를 활성화 함수로 사용하는 경우, 학습에 매우 많은 시간이 소요되거나 혹은 학습 자체가 이루어지지 않을 수도 있다.

그러므로 컨볼루션 계층의 활성화 함수로는 일반적으로 그림 12.7과 같은 ReLU 함수를 사용한다.

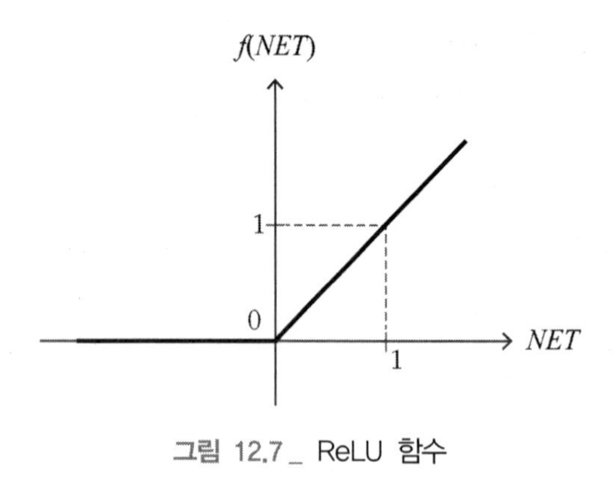

그림 12.7 _ ReLU 함수

따라서, 필터를 사용하여 얻어진 특징 맵은 ReLU 함수를 이용하여 최종 출력되며, 이를 수식으로 표현하면 다음과 같다.

$$\begin{aligned} y &= f(NET) \\ &= \max(0, NET) \\ &= \begin{cases} NET & : \ NET \geq 0 \\ 0 & : \ NET < 0 \end{cases} \end{aligned} \tag{12.5}$$

예제 12.3 :: 필터에 의한 컨볼루션 연산 결과, 다음과 같은 특징 맵이 얻어졌다. 컨볼루션 계층 뉴런의 출력은? 단, 활성화 함수로 ReLU 함수를 사용한다.

1	-3	4	2
8	9	3	-1
-5	5	6	1
4	-6	7	2

풀이 ReLU 함수를 활성화 함수로 사용하므로 컨볼루션 계층 뉴런의 출력은 식 (12.5)에 의해 다음과 같이 구할 수 있다.

특징 맵			
1	-3	4	2
8	9	3	-1
-5	5	6	1
4	-6	7	2

→

컨볼루션 계층의 출력			
1	0	4	2
8	9	3	0
0	5	6	1
4	0	7	2

풀링 계층

풀링 계층은 서브샘플링(subsampling) 계층이라고도 하며, 컨볼루션 계층의 뒤에 위치한다. 풀링 계층은 컨볼루션 계층의 출력을 입력으로 하여 특정 영역의 화소들을 하나의 화소가 대표하게 함으로써 영상의 크기를 축소하는 기능을 한다.

영상의 크기가 축소됨으로써 계산 시간이 감소될 뿐만 아니라 학습 데이터에만 과도하게 특화되어 실제 응용에서는 오류가 발생할 수 있는 오버피팅 문제도 어느 정도 방지할 수 있는 장점이 있다. 또한, 회전이나 이동 또는 왜곡 등의 토폴로지 항상성도 제공해준다.

풀링에는 일반적으로 다음과 같은 2가지 방법이 사용될 수 있다.

- **평균 풀링** : 특정 영역에 있는 입력 화소들의 평균을 구하고 이들을 대표하기 위해 평균값으로 서브샘플링 한다.
- **최대 풀링** : 특정 영역에 있는 입력 화소들 중 최대인 값으로 서브샘플링 한다. 최근에는 최대 풀링이 주로 사용되고 있다.

풀링 계층에서는 특정 영역을 지정하는 데 2×2 필터를 사용하고 스트라이드는 2로 하고 있다. 따라서, 컨볼루션 계층에 형성된 특징 맵의 크기가 풀링 계층에서는 1/4로 축소된다. 또한, 2×2 필터를 사용하므로 풀링 계층의 신경망은 그림 12.8과 같이 4개의 입력을 받아 대표하는 하나의 값을 출력하는 신경망으로 구성할 수 있다.

풀링 계층에서는 컨볼루션 계층과는 다르게 필터의 역할을 하는 연결 강도 **w**를 학습하지 않고 고정된 값을 사용한다.

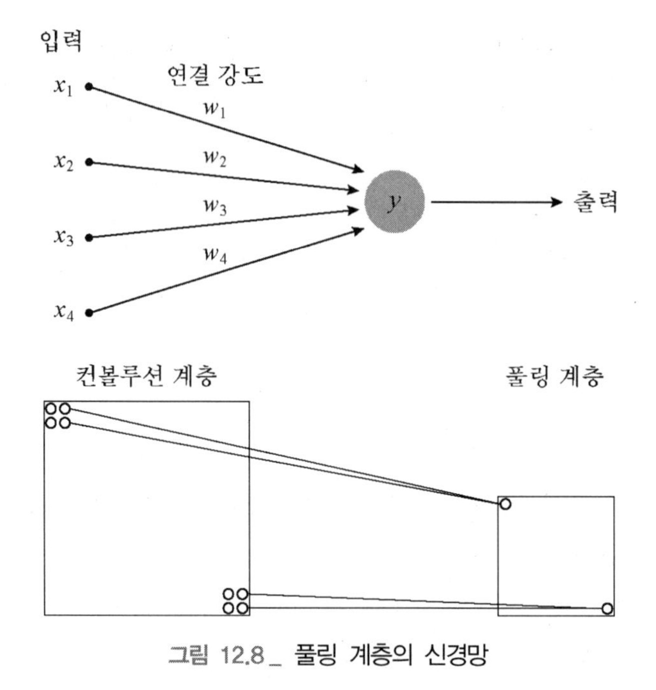

그림 12.8 _ 풀링 계층의 신경망

먼저 평균 풀링에 대하여 알아본다. 바로 앞에 위치한 컨볼루션 계층의 출력이 풀링 계층의 입력 **x**가 되며, 필터는 컨볼루션 계층에서 풀링 계층으로의 연결 강도 **w**에 해당한다. 이때 4개 입력의 평균을 구하기 위해 연결 강도 **w**를 모두 1/4로 설정하면 풀링 계층의 출력 y는 다음과 같이 구할 수 있다.

$$\text{필터} = \begin{bmatrix} \frac{1}{4} & \frac{1}{4} \\ \frac{1}{4} & \frac{1}{4} \end{bmatrix} \qquad \mathbf{w} = \begin{bmatrix} \frac{1}{4} & \frac{1}{4} & \frac{1}{4} & \frac{1}{4} \end{bmatrix}$$

$$\begin{aligned} NET &= \mathbf{x}\mathbf{w}^{\mathrm{T}} \\ &= x_1w_1 + x_2w_2 + x_3w_3 + x_4w_4 \\ &= \frac{1}{4}x_1 + \frac{1}{4}x_2 + \frac{1}{4}x_3 + \frac{1}{4}x_4 \\ &= \frac{1}{4}(x_1 + x_2 + x_3 + x_4) \end{aligned} \tag{12.6}$$

$$
\begin{aligned}
y &= f(NET) \\
&= NET \\
&= \frac{1}{4}(x_1 + x_2 + x_3 + x_4)
\end{aligned}
$$

예제 12.4 :: 컨볼루션 계층에서 다음과 같은 특징 맵이 풀링 계층에 입력되었다. 평균 풀링을 하는 경우의 출력을 구하라.

7	3	4	1
6	4	5	2
6	5	1	4
5	8	2	9

풀이 평균 풀링을 하기 때문에 4개 화소의 평균을 구하면 5이므로,

특징 맵

7	3	4	1
6	4	5	2
6	5	1	4
5	8	2	9

→

풀링 계층의 출력

5	

마찬가지 방법으로 풀링 계층의 출력을 구할 수 있다.

특징 맵

7	3	4	1
6	4	5	2
6	5	1	4
5	8	2	9

→

풀링 계층의 출력

5	3

특징 맵

7	3	4	1
6	4	5	2
6	5	1	4
5	8	2	9

→

풀링 계층의 출력

5	3
6	

특징 맵

7	3	4	1
6	4	5	2
6	5	1	4
5	8	2	9

→

풀링 계층의 출력

5	3
6	4

한편, 최대 풀링을 하는 경우에는 최대값을 구하기 위해 마스크 내에서 컨볼루션 계층의 출력이 최대인 화소 x_i를 winner로 선정하고 이 값을 풀링 계층에 입력하며, 나머지 화소들의 값은 0으로 하여 풀링 계층에 입력한다. 이때 연결 강도 **w**를 모두 1로 설정하면 풀링 계층의 출력 y는 다음과 같이 구할 수 있다.

$$\text{필터} = \begin{bmatrix} 1 & 1 \\ 1 & 1 \end{bmatrix} \qquad \mathbf{w} = [1\ 1\ 1\ 1]$$

$$\begin{aligned} NET &= \mathbf{x}\mathbf{w}^{\mathrm{T}} \\ &= x_1w_1 + x_2w_2 + x_3w_3 + x_4w_4 \\ &= x_i \\ y &= f(NET) \\ &= NET \\ &= x_i \end{aligned} \tag{12.7}$$

예제 12.5 :: 컨볼루션 계층에서 다음과 같은 특징 맵이 풀링 계층에 입력되었다. 최대 풀링을 하는 경우의 출력을 구하라.

25	13	51	78
32	7	44	65
19	150	125	50
110	67	70	90

풀이 최대 풀링을 하기 때문에 4개의 화소 중 최대인 화소는 7이므로,

특징 맵

25	13	51	78
32	7	44	65
19	150	125	50
110	67	70	90

→

풀링 계층의 출력

32	

마찬가지 방법으로 풀링 계층의 출력을 구할 수 있다.

특징 맵

25	13	51	78
32	7	44	65
19	150	125	50
110	67	70	90

→

풀링 계층의 출력

32	78

특징 맵

25	13	51	78
32	7	44	65
19	150	125	50
110	67	70	90

→

풀링 계층의 출력

32	78
150	

특징 맵

25	13	51	78
32	7	44	65
19	150	125	50
110	67	70	90

→

풀링 계층의 출력

32	78
150	125

컨볼루션 계층과 풀링 계층을 결합하면 그림 12.9와 같은 특징 추출 신경망을 구성할 수 있다.

이제 예를 통해 컨볼루션 계층과 풀링 계층을 반복적으로 구성한 실제적인 심층 특징 추출 신경망의 구조에 대하여 알아보자.

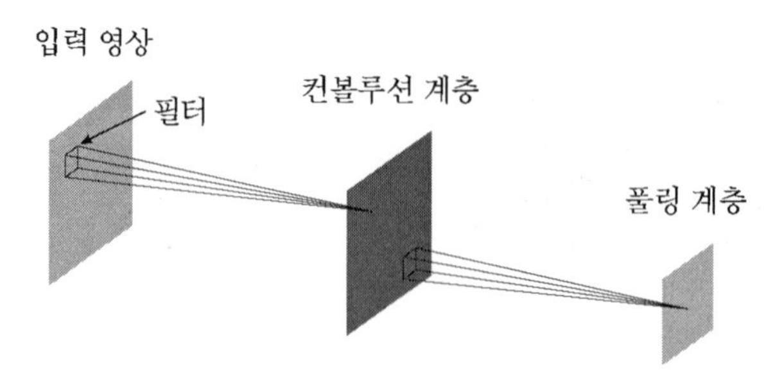

그림 12.9 _ 특징 추출 신경망의 개념

예제 12.6 :: 원래의 입력 영상은 28×28 크기이고, 컨볼루션 계층과 풀링 계층을 연속 2번 반복하는 특징 추출 신경망의 구조는 어떤 형태가 되는가? 단, 첫 번째 컨볼루션 계층에서는 4개의 5×5 필터를 사용하고, 두 번째 컨볼루션 계층에서는 12개의 5×5 필터를 사용하며, 스트라이드는 1이다.

풀이 입력 영상이 28×28이고, 필터의 크기가 5×5이므로 식 (12.3)에 의해,
(28 - 5)/1 + 1 = 24이다.
따라서, 첫 번째 컨볼루션 계층에서의 특징 맵의 크기는 24×24가 된다.
또한, 4개의 필터를 사용하므로 4개의 서로 다른 특징 맵이 생성된다.

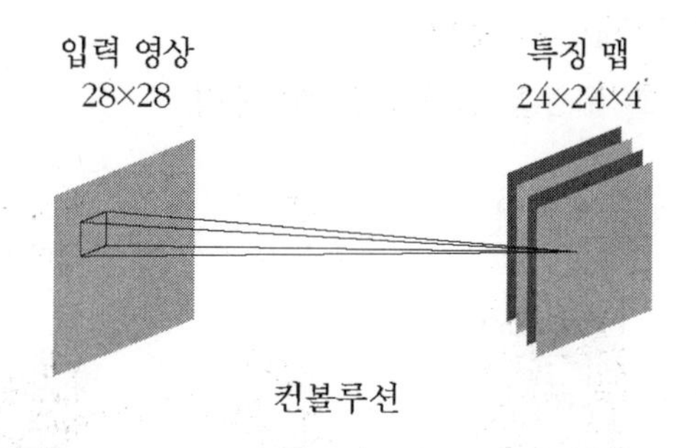

풀링 계층에서는 컨볼루션 계층에서의 특징 맵의 크기가 1/4로 축소되므로 4개의 특징 맵 각각의 크기가 12×12가 된다.

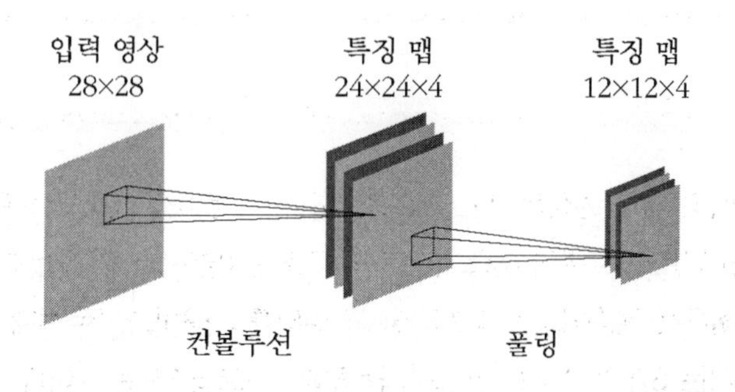

풀링 계층의 특징 맵이 두 번째 컨볼루션 계층에 입력되므로 입력 영상이 12×12가 되고, 필터의 크기가 5×5이므로 식 (12.3)에 의해,
(12 - 5)/1 + 1 = 8이다.

따라서, 두 번째 컨볼루션 계층에서의 특징 맵의 크기는 8×8이 된다.
또한, 12개의 필터를 사용하므로 12개의 서로 다른 특징 맵이 생성된다.

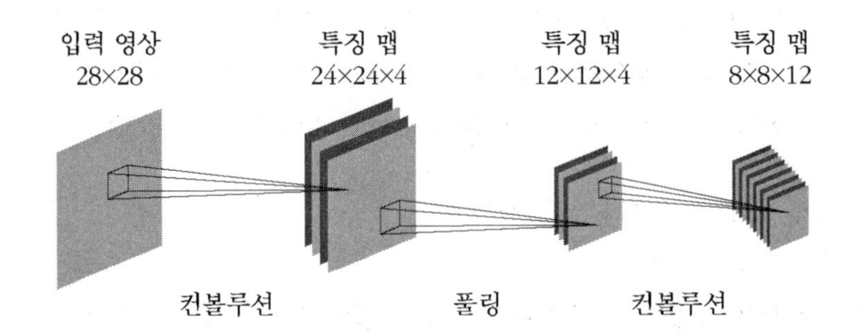

풀링 계층에서는 컨볼루션 계층에서의 특징 맵의 크기가 1/4로 축소되므로 12개의 특징 맵 각각의 크기가 4×4가 된다.
따라서, 다음과 같은 특징 추출 신경망이 구성된다.

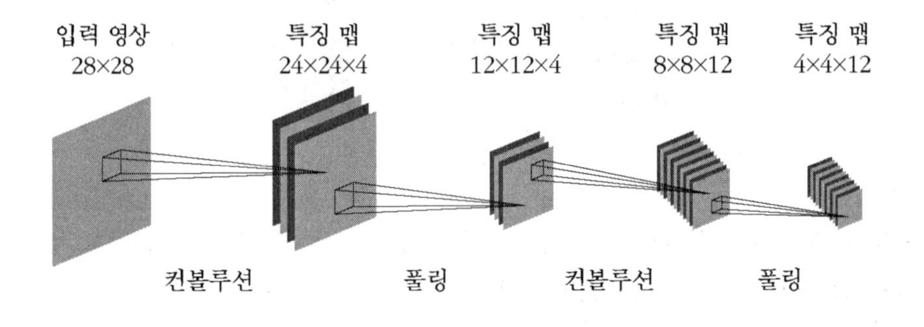

예제 12.7 :: 원래의 입력 영상은 24×24 크기이고, 컨볼루션 계층과 풀링 계층을 연속 2번 반복하는 특징 추출 신경망의 구조는 어떤 형태가 되는가? 단, 첫 번째 컨볼루션 계층에서는 4개의 5×5 필터를 사용하고, 두 번째 컨볼루션 계층에서는 8개의 3×3 필터를 사용하며, 스트라이드는 1이다.

풀이 입력 영상이 24×24이고, 필터의 크기가 5×5이므로 식 (12.3)에 의해, (24 - 5)/1 + 1 = 20이다.
따라서, 첫 번째 컨볼루션 계층에서의 특징 맵의 크기는 20×20이 된다.

또한, 4개의 필터를 사용하므로 4개의 서로 다른 특징 맵이 생성된다.
풀링 계층에서는 컨볼루션 계층에서의 특징 맵의 크기가 1/4로 축소되므로 4개의 특징 맵 각각의 크기가 10×10이 된다.
풀링 계층의 특징 맵이 두 번째 컨볼루션 계층에 입력되므로 입력 영상이 10×10이 되고, 필터의 크기가 3×3이므로 식 (12.3)에 의해,
(10 - 3)/1 + 1 = 8이다.
따라서, 두 번째 컨볼루션 계층에서의 특징 맵의 크기는 8×8이 된다.
또한, 8개의 필터를 사용하므로 8개의 서로 다른 특징 맵이 생성된다.
풀링 계층에서는 컨볼루션 계층에서의 특징 맵의 크기가 1/4로 축소되므로 8개의 특징 맵 각각의 크기가 4×4가 된다.
따라서, 다음과 같은 특징 추출 신경망이 구성된다.

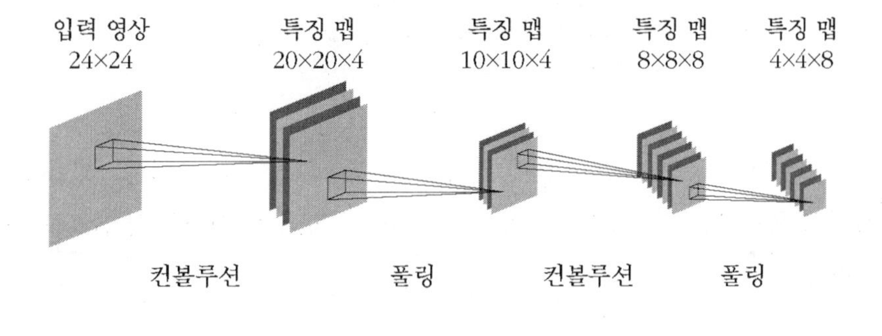

일반적으로 $n \times n$과 같이 2차원으로 표현한 입력 영상은 흑백 영상을 의미하며, 각 화소의 크기는 8비트의 그레이 레벨, 즉 회색의 명암을 나타낸다. 화소의 크기는 0 ~ 255의 값을 가질 수 있으며, 0이면 검은색, 128이면 회색, 255이면 흰색을 나타낸다. 다시 말하자면 그레이 레벨이 0에 가까우면 어두운 회색이 되고 255에 가까우면 연한 회색이 된다.

영상 처리 분야에서 컬러 영상을 표현하는 방법은 빨간색, 녹색, 파란색의 3가지 성분으로 표현하는 RGB(Red Green Blue) 모델, 휘도 성분과 색차 성분으로 표현하는 YC_bC_r 모델 등이 있다. 일반적으로 모니터나 TV 같은 디스플레이용으로는 RGB 모델이 사용되고, 영상 압축에는 YC_bC_r 모델이 주로 사용된다.

RGB 모델에서는 검은색은 R=G=B=0, 흰색은 R=G=B=255로 표현된다. 또한, 빨간색

은 R=255, G=B=0, 녹색은 G=255, R=B=0, 파란색은 B=255, R=G=0으로 표현되며, 노란색은 R=G=255, B=0으로 표현된다.

RGB 모델에서는 각각의 화소를 8비트로 나타내므로 256×256×256=16,777,216가지의 색상을 표현할 수 있다.

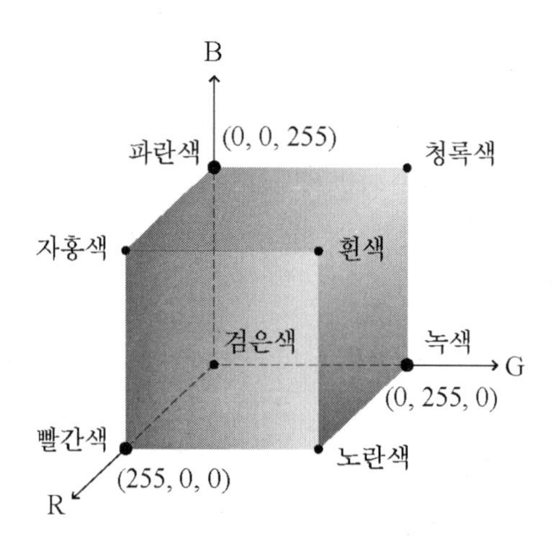

컨볼루션 신경망에서는 컬러 입력 영상을 $n \times n \times 3$과 같이 3차원으로 표현하며, RGB 각각의 평면에 대해 컨볼루션 연산을 한 후 이 값들을 더하는 방법으로 특징 맵을 생성한다.

예제 12.8 :: 원래의 입력 영상이 224×224×3 크기의 컬러 영상이고, 컨볼루션 계층과 풀링 계층을 연속 2번 반복하는 특징 추출 신경망의 구조는 어떤 형태가 되는가? 단, 첫 번째 컨볼루션 계층에서는 원래 영상에 1비트씩 0 패딩을 한 후 64개의 3×3 필터를 사용하고, 두 번째 컨볼루션 계층에서는 128개의 3×3 필터를 사용하며, 스트라이드는 1이다. 풀링 계층에서는 2×2 최대 풀링을 한다.

풀이 입력 영상이 224×224×3이지만 1비트씩 0 패딩하므로 입력 영상은 226×226×3이 되고, 필터의 크기가 3×3이므로 식 (12.4)에 의해, $(224-3+2\times1)/1+1 = 224$이다.

따라서, 특징 맵의 크기는 원래 영상의 크기와 동일한 224×224가 된다.
또한, 64개의 필터를 사용하므로 64개의 서로 다른 특징 맵이 생성된다.
풀링 계층에서는 컨볼루션 계층에서의 특징 맵의 크기가 1/4로 축소되므로 64개의 특징 맵 각각의 크기가 112×112가 되어 112×112×64 특징 맵이 생성된다.
풀링 계층의 112×112×64 특징 맵이 두 번째 컨볼루션 계층에 입력되며, 이 계층에서는 128개의 3×3 필터를 사용하므로 마찬가지 방법으로 식 (12.4)에 의해, (112 − 3 + 2×1) / 1 + 1 = 112이다.
따라서, 두 번째 컨볼루션 계층에서의 특징 맵의 크기는 112×112가 된다.
또한, 128개의 필터를 사용하므로 128개의 서로 다른 특징 맵이 생성된다.
풀링 계층에서는 컨볼루션 계층에서의 특징 맵의 크기가 1/4로 축소되므로 128개의 특징 맵 각각의 크기가 56×56이 되므로 56×56×128 특징 맵이 생성된다.
따라서, 다음과 같은 특징 추출 신경망이 구성된다.

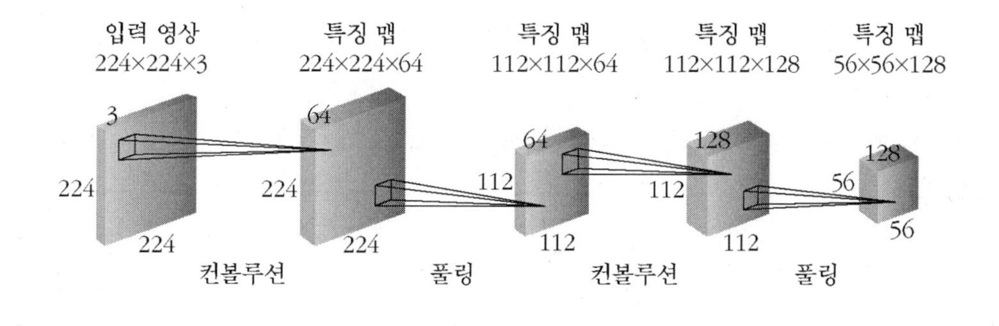

○ 분류 신경망

특징 추출이 완료되면 입력 영상을 응용 목적에 적합하도록 분류하여야 한다. 이제 실제로 영상 인식을 수행하는 분류 신경망에 대하여 알아본다.

분류 신경망은 특징 추출 신경망의 후단에 위치하며, 기존에 사용되고 있는 신경망 분류기와 동일한 구조이다. 분류 신경망은 3계층으로 구성되고 각 계층의 뉴런들이 모두 연결되어 있는 구조이다.

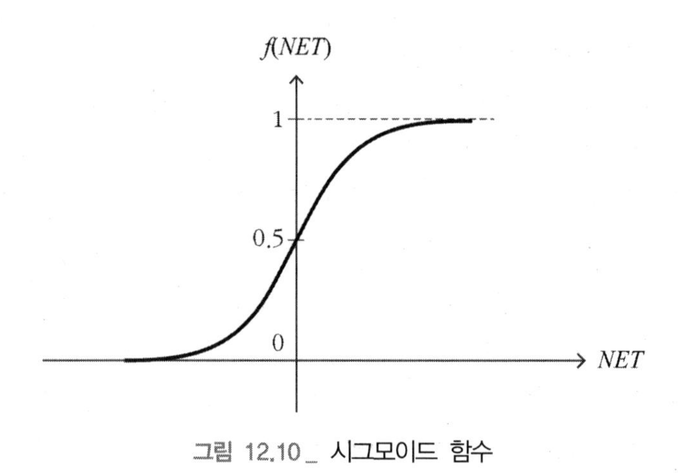

그림 12.10 _ 시그모이드 함수

분류 신경망에서는 일반적으로 활성화 함수로 그림 12.10과 같은 시그모이드 함수를 사용한다.

$$f(NET) = \frac{1}{1+e^{-NET}} \tag{12.8}$$

경우에 따라서는 분류 신경망의 활성화 함수로 그림 12.11과 같은 tanh 함수를 사용하기도 한다.

$$f(NET) = \frac{1-e^{-2NET}}{1+e^{-2NET}} \tag{12.9}$$

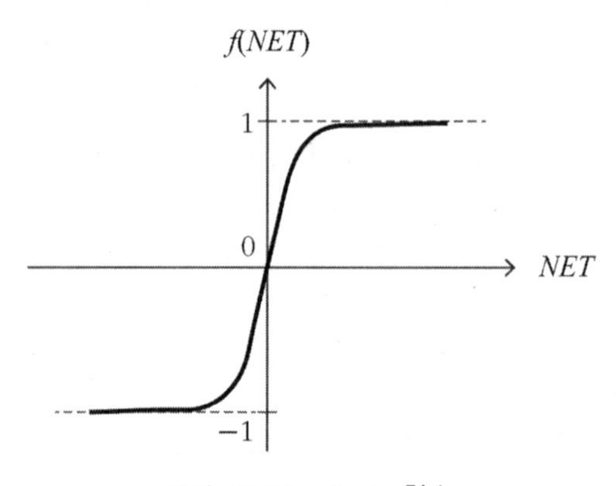

그림 12.11 _ tanh 함수

최근에는 최종 출력층의 활성화 함수로 다음과 같은 softmax 함수를 사용하는 경향이 있다.

$$softmax(x_i) = \frac{e^{x_i}}{\sum e^{x_k}} \tag{12.10}$$

softmax함수는 각 출력의 편차를 크게 하여 출력이 큰 항목은 더 크게 하고, 출력이 작은 항목은 더 작게 하면서 정규화 하는 효과가 있다. 그러므로 최종 출력층에서 softmax 함수를 사용하면 출력을 확률적으로 가장 높은 비중을 차지하는 항목으로 결정할 수 있는 장점이 있다.

심층 컨볼루션 신경망

특징 추출 신경망과 분류 신경망을 결합하면 그림 12.12와 같은 일반적인 컨볼루션 신경망을 구성할 수 있다.

보다 심층의 컨볼루션 신경망을 구성하기 위해 컨볼루션 계층과 풀링 계층을 반복적으로 여러 개 배치하는 형태가 주로 사용되고 있다. 그렇지만 응용 목적에 따라서는 컨볼루션 계층을 차례로 몇 개 배치한 후에 하나의 풀링 계층을 배치하는 형태로 컨볼루션 신경망을 구성하기도 한다. 이제 대표적인 심층 컨볼루션 신경망의 구조 및 특징에 대하여 알아본다.

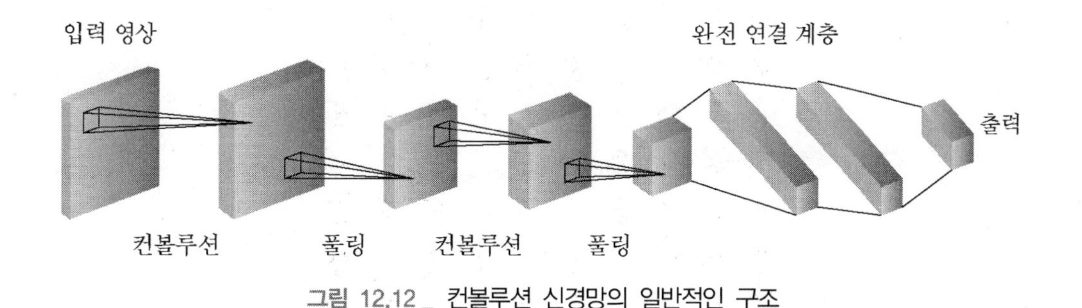

그림 12.12 _ 컨볼루션 신경망의 일반적인 구조

LeNet-5

먼저 1998년에 Y. LeCun[1]이 문자 인식에 사용하여 컨볼루션 신경망의 우수성을 입증한 LeNet-5를 살펴본다. LeNet-5는 그림 12.13과 같이 입력을 제외하고 7계층으로 구성

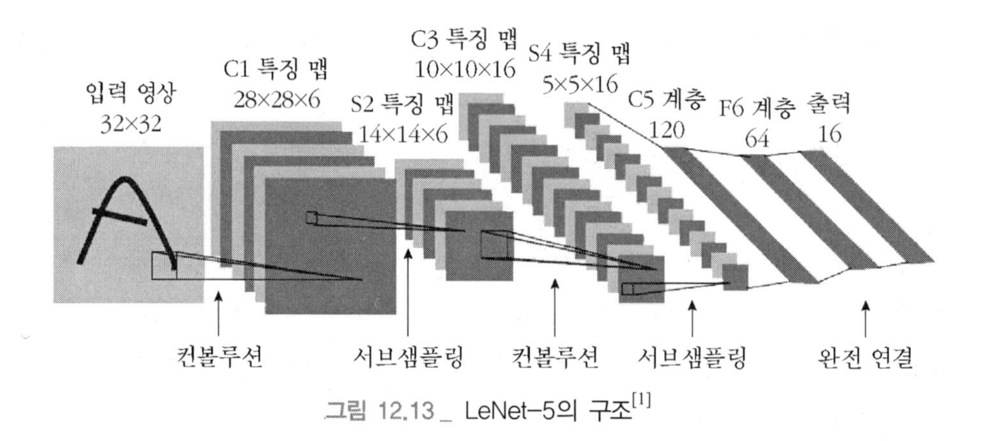

그림 12.13 _ LeNet-5의 구조[1]

되어 있다.

LeNet-5에서는 컨볼루션 계층에 5×5 필터를 사용하고, 스트라이드는 1로 하였다. 서브샘플링 계층에서는 컨볼루션 계층의 특징 맵 중 2×2 화소들의 합에 가중치를 곱함으로써 평균 풀링과 유사한 기능을 하였다. 서브샘플링 계층의 연결 강도를 고정하지 않고 학습하는 점이 오늘날의 일반적인 풀링 계층과는 차이가 있다.

학습에는 그림 12.14와 같은 MNIST의 데이터 60,000개를 사용하였다. 학습에 사용한 데이터는 물론 테스트 데이터에 대하여도 오류율이 1% 이하로 성능이 우수하였다. 그림 12.15는 LeNet-5의 계층별 인식 과정과 결과를 보여 주고 있다.

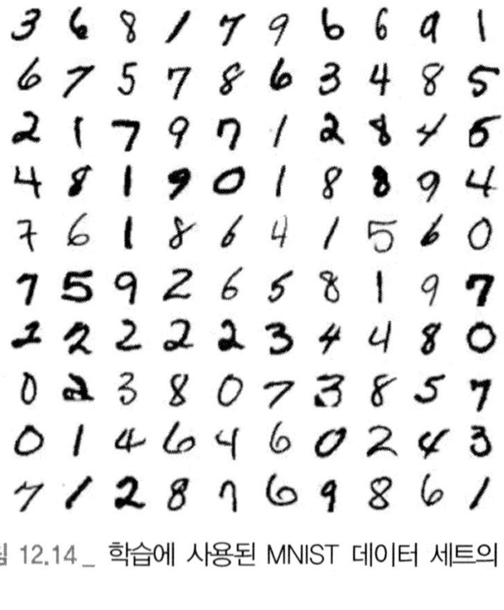

그림 12.14 _ 학습에 사용된 MNIST 데이터 세트의 일부[1]

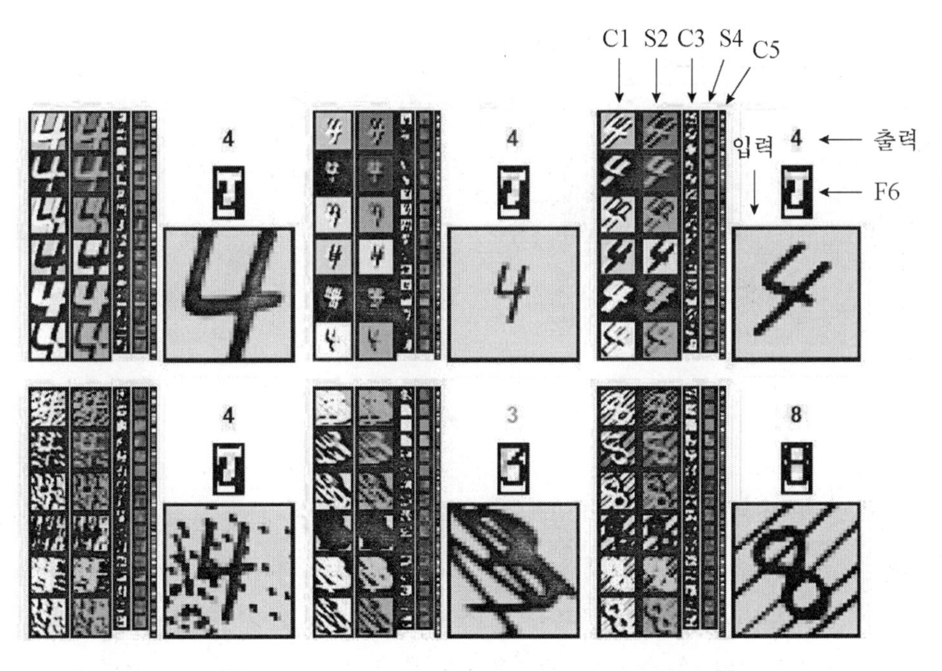

그림 12.15 _ LeNet-5의 계층별 인식 과정과 결과[1]

AlexNet

이제 2012년 ILSVRC(ImageNet Large Scale Visual Recognition Challenge) 영상 분류 분야에서 우승을 차지함으로써 심층 신경망에 대한 반향을 일으킨 A. Krizhevsky[2]의 AlexNet에 대하여 살펴본다.

AlexNet은 그림 12.16과 같이 입력을 제외하고 전체 8계층(5개의 컨볼루션 계층과 3개의 완전 연결 계층)으로 구성되어 있다.

AlexNet은 총 65만 개의 뉴런들과 6,000만 개의 파라미터, 6억 3천만 개의 연결 강도가 있는 거대한 구조이므로 방대한 양의 학습을 위해 2개의 GPU(Graphic Processing Unit)를 사용하였다.

첫 번째 컨볼루션 계층에서는 224×224×3(RGB)의 컬러 영상에 96개의 11×11×3 필터를 사용하고, 스트라이드는 4로 하였다. 96개의 특징 맵은 상하 GPU가 각각 48개씩 별도로 생성하였다. 후속 컨볼루션 계층들에서는 각각 256개의 5×5×48 필터, 384개의 3×3×128 필터, 384개의 3×3×192 필터, 256개의 3×3×192 필터를 사용하였다.

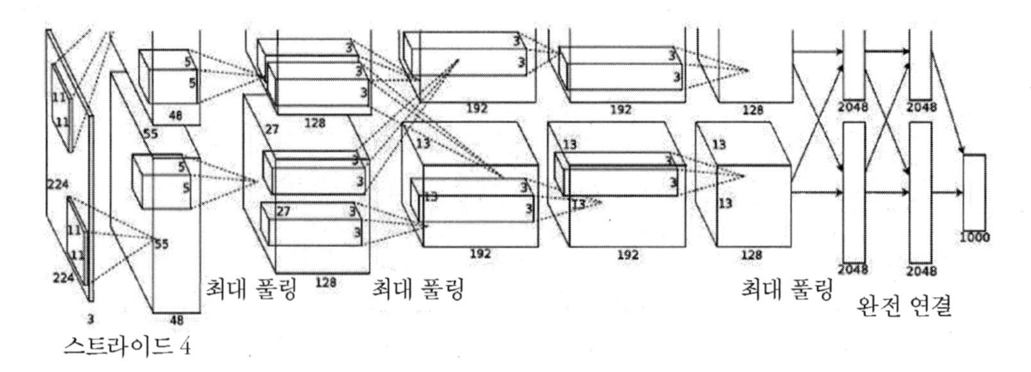

그림 12.16 _ AlexNet의 구조[2]

첫 번째와 두 번째 그리고 다섯 번째 컨볼루션 계층에서는 최대 풀링을 수행하였지만 필터의 크기를 3×3으로 하고 스트라이드를 2로 작게 함으로써 중첩 풀링을 한 점이 특이하다고 할 수 있다. 다섯 번째 컨볼루션 계층의 출력은 분류 신경망인 총 4,096개의 완전 연결 계층에 입력되며, 최종 출력 계층은 영상을 1,000개의 유형으로 분류하기 위해 1,000개의 뉴런으로 구성하였다.

그림 12.17과 같이 활성화 함수로 ReLU 함수(실선)를 사용함으로써 기존의 tanh 함수(점선)를 사용하는 방식에 비해 학습이 빠르게 진행되었다. 그렇지만 최종 출력 계층에서는 분류한 유형들의 확률을 알기 위해 활성화 함수로 softmax 함수를 사용하였다.

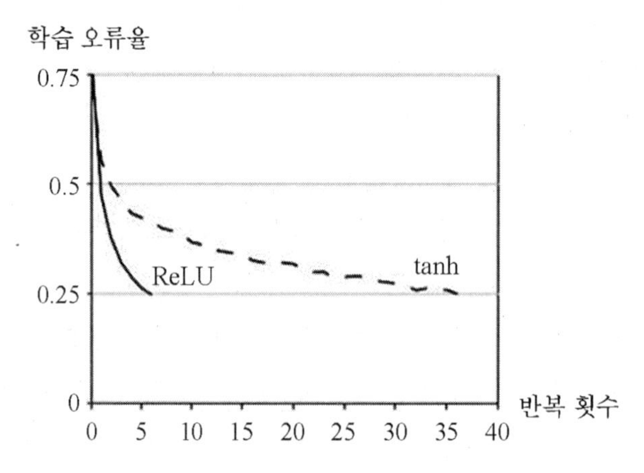

그림 12.17 _ ReLU와 tanh를 사용할 경우의 학습 오류율 변화[2]

또한, 학습 과정에서 특정 뉴런들을 제외시키는 드롭아웃 개념을 도입하였다. 오버피팅 문제를 해결하기 위해 완전 연결 계층의 첫 번째와 두 번째 계층에 있는 뉴런들을 0.5의 확률로 랜덤하게 드롭아웃 시키면서 학습을 진행하였다.

학습과 테스트에는 그림 12.18과 같은 ImageNet의 256×256 영상 데이터 세트를 사용하였다. 그림에서 첫 번째 열의 영상들은 테스트용이고, 나머지 여섯 열들의 영상들은 학습용이다.

ImageNet에는 120만 장의 학습용 영상, 5만 장의 검증용 영상, 15만 장의 테스트 영상이 있으며, ILSVRC(ImageNet Large Scale Visual Recognition Challenge) 대회에서는 1,000개 유형 별로 각각 약 1,000개 정도의 영상이 있는 ImageNet의 서브세트를 사용한다.

AlexNet은 120만 장의 학습용 영상을 90회 학습하는 데 5～6일 정도 소요되었다.

그림 12.18_ ImageNet 영상 데이터 세트[2]

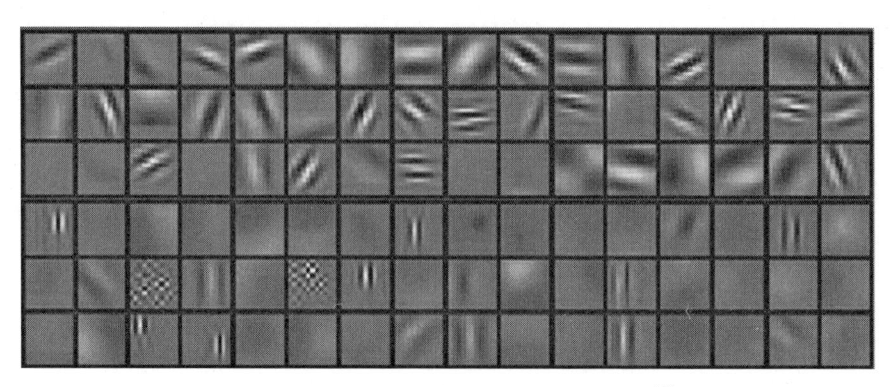

그림 12.19_ 학습된 96개의 컨볼루션 필터[2]

그림 12.19는 224×224×3 입력 영상에 대해 첫 번째 컨볼루션 계층에 의해 학습되어 형성된 11×11×3 크기의 96개 컨볼루션 필터이며, 그림 12.20은 ILSVRC의 테스트 영상과 정확한 레이블, 그리고 AlexNet이 가장 가능성이 높을 것으로 간주한 5개의 레이블을 나타낸 것이다.

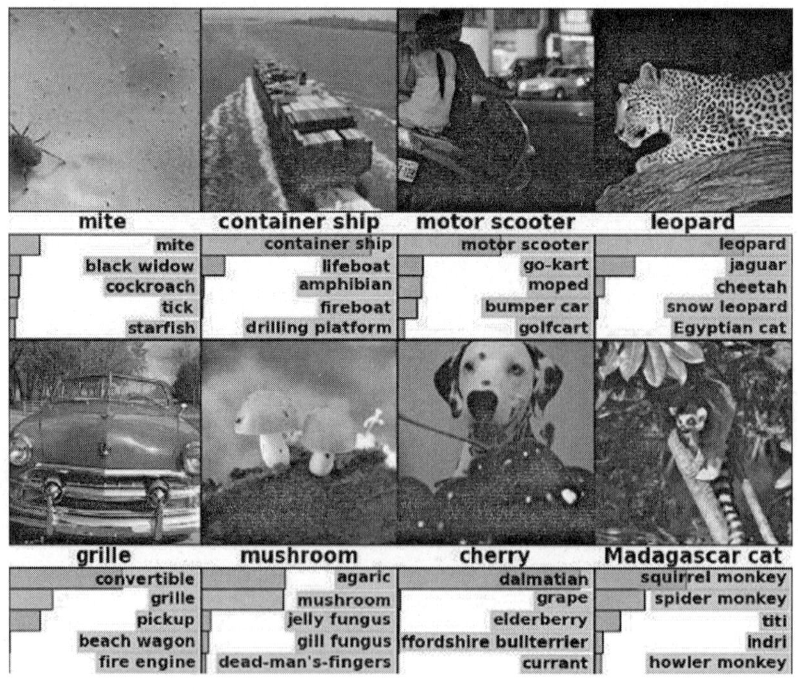

그림 12.20_ 테스트 영상과 분류 결과[2]

GoogLeNet

이제 2014년 ILSVRC의 영상 분류 분야에서 오류율 6.7%로 우승을 차지한 구글의 GoogLeNet에 대하여 살펴본다. GoogLeNet은 C. Szegedy, W. Liu[3]가 개발하였다. 2012년에 우승한 AlexNet은 8계층 구조로 비교적 단순하였지만 GoogLeNet은 신경망의 계층 수가 훨씬 많아지고 구조가 매우 복잡해졌다.

GoogLeNet은 그림 12.21과 같이 망이 매우 깊고 넓어졌으며, 9개의 인셉션 모듈(원으로 표시한 부분)이 사용된 22계층으로 구성되어 있다.

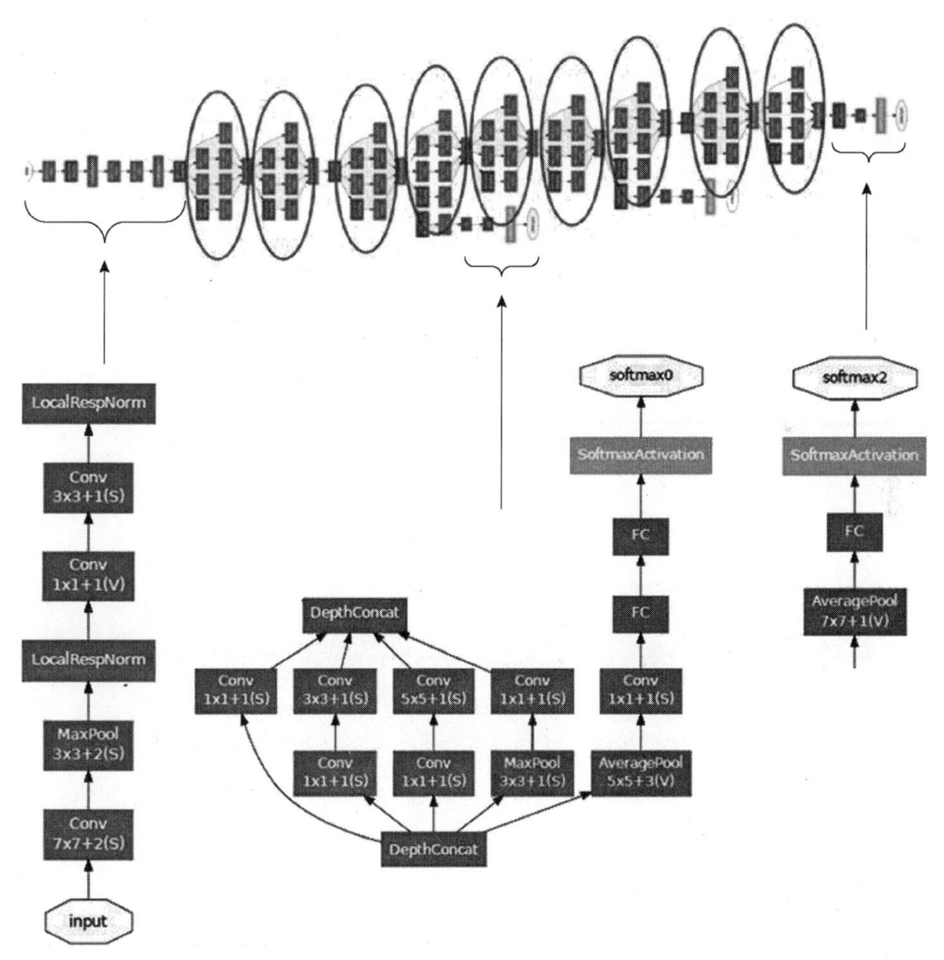

그림 12.21 _ GoogLeNet의 구조[3]

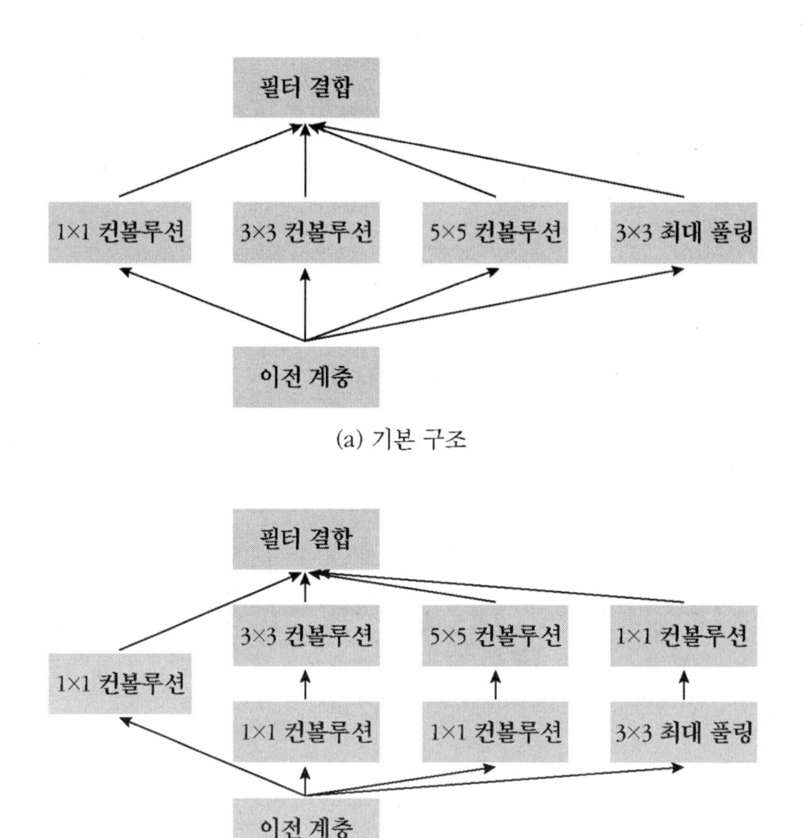

(a) 기본 구조

(b) 차원 축소 구조

그림 12.22 _ 인셉션 모듈[3]

GoogLeNet의 가장 큰 특징은 1×1 컨볼루션 필터를 사용하여 특징 맵의 차원을 축소하여 계산량을 획기적으로 감소시킨 점과 인셉션 모듈(inception module)이라는 개념을 사용한다는 점이다.

인셉션 모듈은 다양한 크기의 특징 맵을 생성하기 위해 다양한 크기의 컨볼루션 필터와 풀링 기능을 결합한 것이며, GoogLeNet을 구성할 때 하나의 블록처럼 사용된다.

인셉션 모듈의 기본 구조는 그림 12.22(a)와 같이 1×1, 3×3, 5×5 필터의 컨볼루션 연산과 3×3 최대 풀링을 수행하고 그 결과를 결합하여 다양한 크기의 특징 맵을 생성하는 형태이지만 GoogLeNet에서는 그림 12.21(b)와 같이 3×3과 5×5 컨볼루션 연산에 앞서 1×1 컨볼루션 연산을 수행함으로써 특징 맵의 차원을 축소하여 3×3과 5×5 컨볼루션 연산으로 인한 계산량을 줄이는 방법을 사용하였다.

GoogLeNet은 구조 자체가 일반적인 컨볼루션 신경망과 상당한 차이가 있고 너무 복잡하기 때문에 좋은 성능에 비해 보편적으로 활용되지는 않고 있다.

VGG

이제 2014년 ILSVRC의 영상 분류 분야에서는 비록 GoogLeNet에 근소한 차이로 준우승하였지만 위치 추정 분야에서는 우승을 차지하였으며, 널리 활용되고 있는 옥스퍼드대학교의 K. Simonyan, A. Zisserman[4]이 개발한 VGG에 대하여 살펴본다.

VGG는 그림 12.23과 같이 8개의 컨볼루션 계층과 3개의 완전 연결 계층으로 구성된 전체 11계층 구조를 기본으로 하며, 이를 확장하여 그림 12.24와 같이 13계층, 16계층, 19계층으로 구성할 수도 있다. 계층의 수에 상관없이 모든 구조에는 풀링 계층이 5개 포함되어 있다.

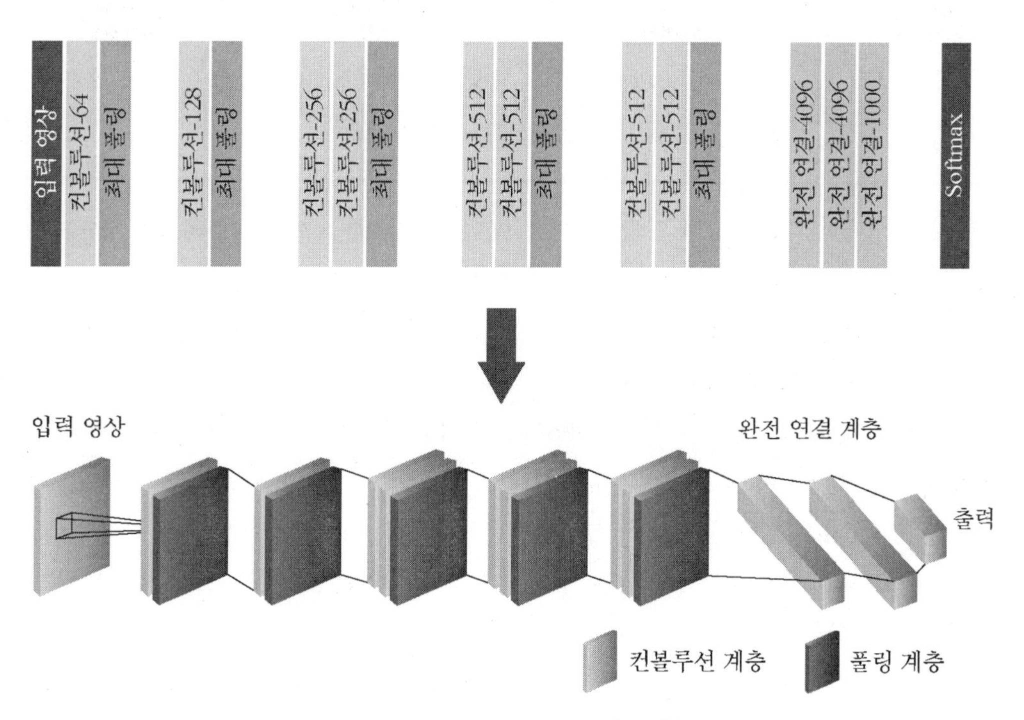

그림 12.23 _ VGG의 기본 구조[4]

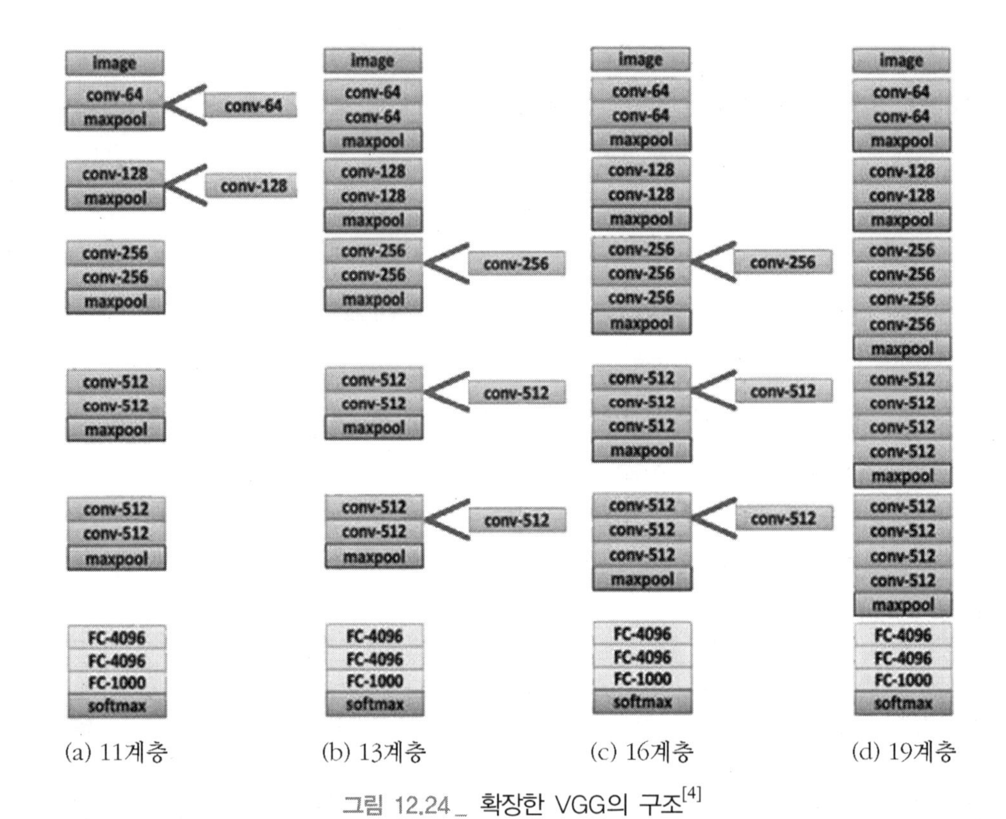

(a) 11계층 (b) 13계층 (c) 16계층 (d) 19계층

그림 12.24 _ 확장한 VGG의 구조[4]

VGG는 입력으로 224×224 영상을 사용하였고, 모든 컨볼루션 계층에서 동일하게 3x3 필터와 스트라이드 1을 사용하였으며, 최대 풀링을 하였다.

conv-64, conv-128, conv-256, conv-512에서 숫자는 필터의 수이며, 컨볼루션 계층에서 생성되는 특징 맵의 수를 의미한다.

완전 연결 계층의 뉴런들은 각각 4,096개로 하였고, 최종 출력층의 뉴런은 1,000개로 하여 영상을 1,000가지 유형으로 분류하게 하였다. 출력층을 제외한 모든 계층에서는 활성화 함수로 ReLU 함수를 사용하였고, 출력층에서는 softmax 함수를 사용하였다.

계층 수에 따른 성능을 분석한 결과, 영상 인식의 경우에는 16계층 구조가 가장 바람직한 것으로 판명되었다.

16계층 VGG에서 각 계층 별로 생성되는 특징 맵의 크기와 수, 계층 간 연결 강도의 수를 표 12.1에 나타내었다.

표 12.1_ 16계층 VGG의 특징 맵과 연결 강도[4]

계층	특징 맵의 크기	연결 강도 수
input	224×224×3	-
conv-64	224×224×64	3×3×3×64=1,728
conv-64	224×224×64	3×3×64×64=36,864
maxpool	112×112×64	-
conv-128	112×112×128	3×3×64×128=73,728
conv-128	112×112×128	3×3×128×128=147,456
maxpool	56×56×128	-
conv-256	56×56×256	3×3×128×256=294,912
conv-256	56×56×256	3×3×256×256=589,824
conv-256	56×56×256	3×3×256×256=589,824
maxpool	28×28×256	-
conv-512	28×28×512	3×3×256×512=1,179,648
conv-512	28×28×512	3×3×512×512=2,359,296
conv-512	28×28×512	3×3×512×512=2,359,296
maxpool	14×14×512	-
conv-512	14×14×512	3×3×512×512=2,359,296
conv-512	14×14×512	3×3×512×512=2,359,296
conv-512	14×14×512	3×3×512×512=2,359,296
maxpool	7×7×512	-
FC-4096	4,096	7×7×512×4096=102,760,448
FC-4096	4,096	4096×4096=16,777,216
FC-1000	1,000	4096×1000=4,096,000
-	-	계 : 138,344,128

conv-64 계층에서는 64개의 224×224 특징 맵이 생성되고, 최대 풀링에 의해 특징 맵의 크기가 112×112로 축소된다. conv-128 계층에서는 128개의 112×112 특징 맵이 생성되고, 최대 풀링에 의해 특징 맵의 크기가 56×56으로 축소된다. conv-256 계층에서는 256개의 56×56 특징 맵이 생성되고, 최대 풀링에 의해 특징 맵의 크기가 28×28로 축소된다.

conv-512 계층에서는 512개의 28×28 특징 맵이 생성되고, 최대 풀링에 의해 특징 맵의 크기가 14×14로 축소된다. 후속 conv-512 계층에서는 512개의 14×14 특징 맵이 생성되고, 최대 풀링에 의해 특징 맵의 크기가 7×7로 축소된다.

이러한 과정을 거쳐 생성된 512개의 7×7 특징 맵이 4096개의 뉴런으로 구성된 완전 연결 계층에 입력되고, 최종적으로 1,000개의 뉴런으로 구성된 출력 계층에서 영상을 분류한 결과가 softmax 함수에 의해 확률 값으로 출력된다.

16계층 VGG는 전체 연결 강도의 수가 약 1억 4천만 개 정도이며, 이 중 거의 90%가 완전 연결 계층에 집중되어 있다. 그러므로 완전 연결 계층의 뉴런들을 0.5의 확률로 랜덤하게 드롭아웃 시키면서 학습을 진행함으로써 학습 시간을 단축시켰다.

또한, 13개의 컨볼루션 계층이 포함되어 있어서 컨볼루션 연산에 많은 시간이 소요되므로 4개의 GPU를 사용하여 병렬 처리하였다.

일반적으로 층이 매우 깊은 신경망은 학습이 잘 이루어지지 않는 문제점이 있는데 VGG에서는 먼저 11계층 VGG로 학습을 하고, 층이 깊은 VGG를 학습할 때에는 처음 4개의 컨볼루션 계층과 3개의 완전 연결 계층에 11계층 VGG로 학습한 결과를 초기값으로 설정하는 방법으로 이러한 문제를 해결하였다.

이미 살펴본 바와 같이 VGG는 구조가 단순할 뿐만 아니라 모든 컨볼루션 연산에 동일한 크기인 3×3 필터를 사용하는 등 많은 면에서 이해하기 쉽고 성능 또한 매우 우수하여 많은 사람들이 선호하는 컨볼루션 신경망 모델이라고 할 수 있다.

ResNet

이제 2015년 ILSVRC의 영상 분류 분야에서 획기적인 오류율 3.6%로 우승한 마이크로소프트의 ResNet에 대하여 살펴본다. ResNet은 K. He, X. Zhang, S. Ren, J. Sun[5]이 개발하였으며, 152계층이라는 매우 깊은 심층 신경망으로 구성되어 있는 점이 가장 큰 특징이라고 할 수 있다.

ResNet 개발자들은 심층 신경망을 구성하기 위해 먼저 그림 12.25와 같은 CIFAR-10 데이터 세트를 이용하여 심층 컨볼루션 신경망의 계층 수에 따른 성능을 시험하였다.

CIFAR-10에는 10개의 유형 별로 6,000장씩 전체 60,000장의 32×32 영상이 있으며, 이 중 50,000장은 학습용, 10,000장은 테스트용이다.

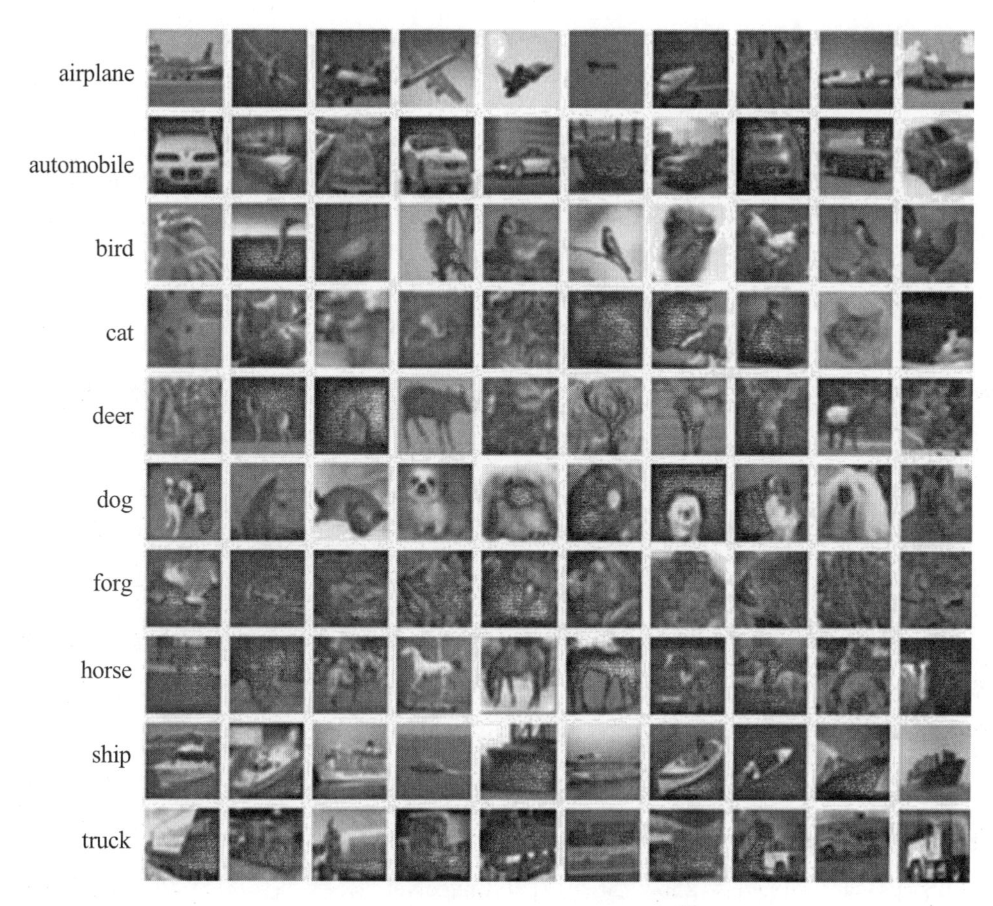

그림 12.25_ CIFAR-10 데이터 세트[5]

시험 결과, 그림 12.26과 같이 56계층의 심층 신경망이 20계층의 신경망에 비해 학습 영상의 오류율과 테스트 영상의 오류율이 모두 높게 나타났다.

이 결과로 보아 단순히 신경망의 계층이 깊어진다고 성능이 개선되는 것이 아님을 알 수 있다.

또한, 망이 깊어질수록 파라미터의 수가 증가하게 되고 그레디언트 소실로 인해 학습이 어려워지는 문제가 발생한다. 이러한 문제점을 해결하기 위해 ResNet에서는 잔여 학습(residual learning)이라는 개념을 이용하였다.

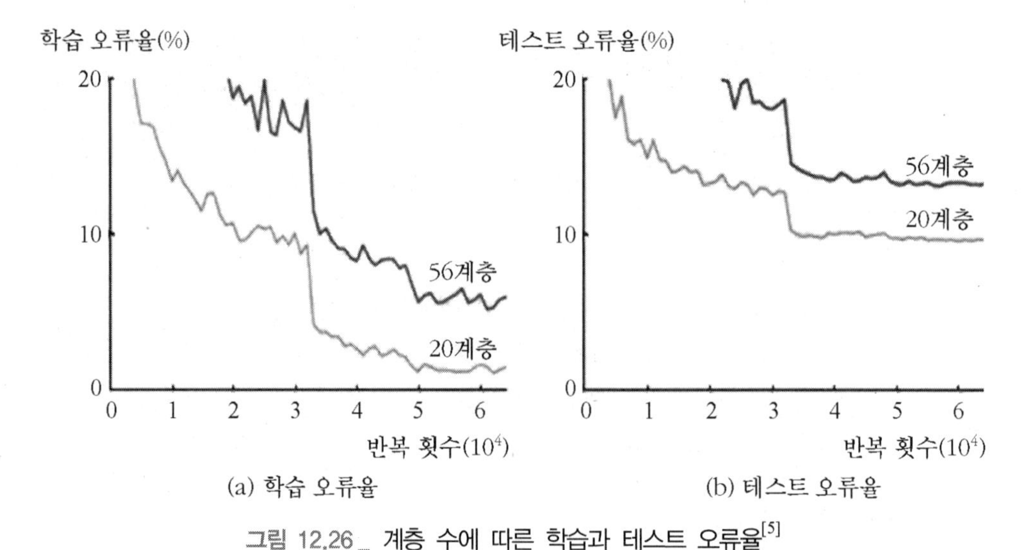

그림 12.26 _ 계층 수에 따른 학습과 테스트 오류율[5]

잔여 학습이란 그림 12.27과 같이 입력에서 출력으로 숏컷(shortcut) 연결을 함으로써 입력이 1개 이상의 컨볼루션 계층들을 건너뛰어 출력에 직접 더해지게 하고, 출력이 입력과 같아지게 $F(\mathbf{x})$가 0이 되도록 학습하는 방법이다.

이와 같이 몇 개의 컨볼루션 계층들을 건너뛰는 구조를 사용함으로써 보다 깊은 신경망의 구성이 가능하게 되었다.

ILSVRC에서 사용하는 256×256 크기의 ImageNet 영상을 인식하기 위한 ResNet의 잔여 학습 블록은 그림 12.28과 같다.

34계층의 ResNet은 그림 12.28(a)와 같이 2개의 컨볼루션 계층을 건너뛰는 구조이며,

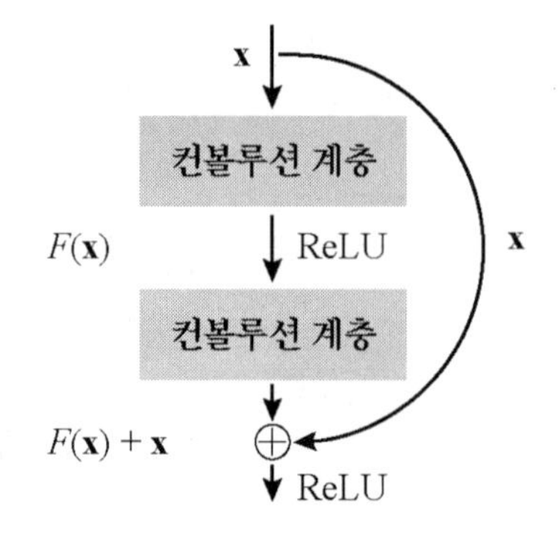

그림 12.27 _ 잔여 학습의 기본 블록[5]

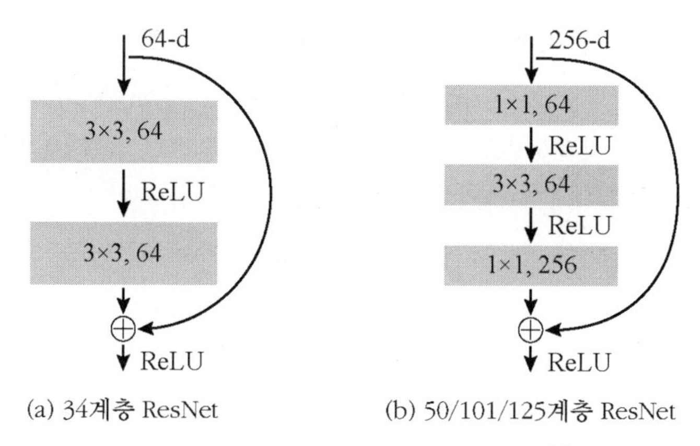

(a) 34계층 ResNet (b) 50/101/125계층 ResNet

그림 12.28 _ ResNet의 잔여 학습 블록[5]

모든 컨볼루션 계층에서 동일한 크기의 3×3 필터를 사용하였다. 50계층, 101계층, 152계층의 ResNet은 망이 깊어지므로 그림 12.28(b)와 같이 3개의 컨볼루션 계층을 건너뛰는 구조로 하였다. 또한, 3×3 필터를 사용하는 컨볼루션 계층의 앞과 뒤에 1×1 필터를 사용하는 컨볼루션 계층을 배치하였다.

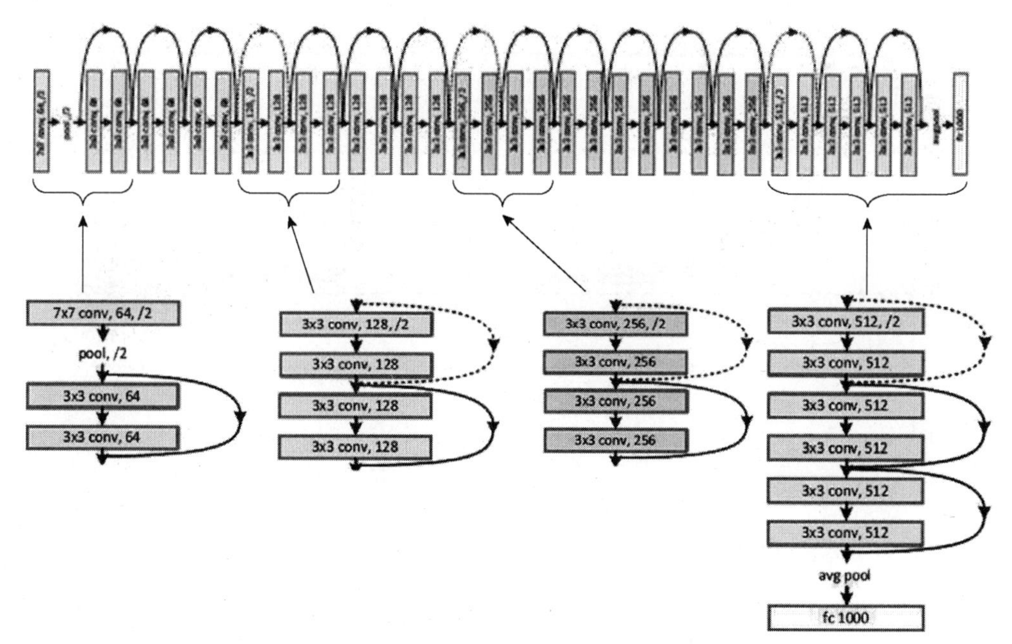

그림 12.29 _ 34계층의 ResNet 구조[5]

그림 12.29에 34계층의 ResNet의 구조를 나타내었다.

모든 컨볼루션 계층에서 동일한 크기의 3×3 필터를 사용하고 있음을 알 수 있으며, 점선으로 나타낸 숏컷 연결 부분은 스트라이드를 2로 함으로써 풀링 계층을 사용하지 않고도 특징 맵의 크기를 1/2로 축소하였음을 나타내고 있다.

ResNet 개발자들은 숏컷 연결이 없는 일반 구조와 ResNet의 성능을 ImageNet 영상으로 시험하였다.

숏컷 연결이 없는 일반 구조인 경우에는 그림 12.30(a)와 같이 34계층의 경우가 18계층의 경우보다 학습 영상의 오류율과 테스트 영상의 오류율 모두 높게 나타났다.

숏컷 연결을 활용하는 ResNet의 경우에는 그림 12.30(b)와 같이 34계층의 경우가 18계층의 경우보다 예상대로 학습 영상의 오류율과 테스트 영상의 오류율 모두 낮게 나타났다.

이러한 시험을 기반으로 152계층의 ResNet은 ILSVRC 2015에서 인간에 근접한 오류율 3.6%로 우승을 하게 되었다.

표 12.2에 계층 수에 따른 ResNet의 세부 구조를 나타내었다.

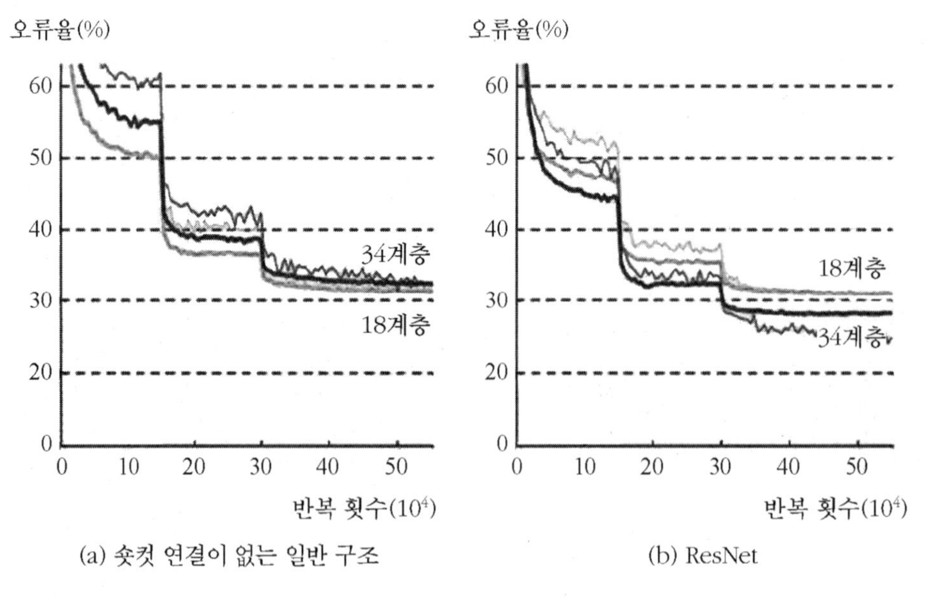

그림 12.30 _ ResNet의 오류율[5]

표 12.2_ ResNet의 구조[5]

계층	출력 크기	18계층	34계층	50계층	101계층	152계층
conv1	112×112	7×7, 64, 스트라이드 2				
conv2_x	56×56	3×3 최대 풀링, 스트라이드 2				
		$\begin{bmatrix}3\times3, 64\\3\times3, 64\end{bmatrix}\times2$	$\begin{bmatrix}3\times3, 64\\3\times3, 64\end{bmatrix}\times3$	$\begin{bmatrix}1\times1, 64\\3\times3, 64\\1\times1, 256\end{bmatrix}\times3$	$\begin{bmatrix}1\times1, 64\\3\times3, 64\\1\times1, 256\end{bmatrix}\times3$	$\begin{bmatrix}1\times1, 64\\3\times3, 64\\1\times1, 256\end{bmatrix}\times3$
conv3_x	28×28	$\begin{bmatrix}3\times3, 128\\3\times3, 128\end{bmatrix}\times2$	$\begin{bmatrix}3\times3, 128\\3\times3, 128\end{bmatrix}\times4$	$\begin{bmatrix}1\times1, 128\\3\times3, 128\\1\times1, 512\end{bmatrix}\times4$	$\begin{bmatrix}1\times1, 128\\3\times3, 128\\1\times1, 512\end{bmatrix}\times4$	$\begin{bmatrix}1\times1, 128\\3\times3, 128\\1\times1, 512\end{bmatrix}\times8$
conv4_x	14×14	$\begin{bmatrix}3\times3, 256\\3\times3, 256\end{bmatrix}\times2$	$\begin{bmatrix}3\times3, 256\\3\times3, 256\end{bmatrix}\times6$	$\begin{bmatrix}1\times1, 256\\3\times3, 256\\1\times1, 1024\end{bmatrix}\times6$	$\begin{bmatrix}1\times1, 256\\3\times3, 256\\1\times1, 1024\end{bmatrix}\times23$	$\begin{bmatrix}1\times1, 256\\3\times3, 256\\1\times1, 1024\end{bmatrix}\times36$
conv5_x	7×7	$\begin{bmatrix}3\times3, 512\\3\times3, 512\end{bmatrix}\times2$	$\begin{bmatrix}3\times3, 512\\3\times3, 512\end{bmatrix}\times3$	$\begin{bmatrix}1\times1, 512\\3\times3, 512\\1\times1, 2048\end{bmatrix}\times3$	$\begin{bmatrix}1\times1, 512\\3\times3, 512\\1\times1, 2048\end{bmatrix}\times3$	$\begin{bmatrix}1\times1, 512\\3\times3, 512\\1\times1, 2048\end{bmatrix}\times3$
	1×1	평균 풀링, 1000-d 완전 연결, softmax				
플롭		1.8×10^9	3.6×10^9	3.8×10^9	7.6×10^9	11.3×10^9

12.2 컨볼루션 신경망의 응용

오늘날 심층 컨볼루션 신경망은 컴퓨터 비전 분야에서 영상 분류뿐만 아니라 사물 검출, 이미지 분할 등 다양하게 활용되고 있으며, 매우 활발하게 연구되고 그 결과가 발표되고 있다. 이 절에서는 컨볼루션 신경망을 활용한 몇 가지 사례를 살펴본다.

사물 검출

R. Girshick[6]는 16계층의 VGG를 이용한 사물 검출 신경망인 fast R-CNN(Region based Convolutional Neural Network)을 발표하였다.

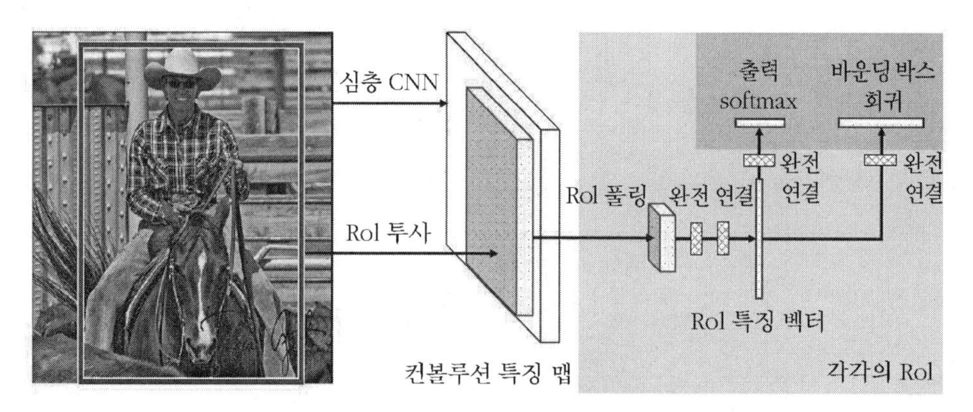

그림 12.31 _ fast R-CNN을 이용한 사물 검출[6]

fast R-CNN은 그림 12.31과 같이 입력 영상과 다수의 ROI(Region of Interest)들이 컨볼루션 신경망에 입력된다. 각 ROI는 풀링에 의해 일정한 크기의 특징 맵이 생성되고, 이 특징 맵은 완전 연결 계층에 의해 특징 벡터로 매핑된다. 최종적으로 ROI당 2개씩의 출력, 즉 softmax 함수에 의해 검출한 사물의 확률과 바운딩 박스 회귀 벡터를 출력한다.

fast R-CNN은 이와 같이 모든 기능을 전적으로 컨볼루션 신경망으로 처리함으로써 기존의 R_CNN에 비해 처리 시간을 단축할 수 있었다. fast R-CNN의 기능을 개선하여 사물의 확률만을 출력하는 faster R-CNN에 관한 연구도 발표되고 있다.

R. Girshick, Donahue, T. Darrell, J. Malik[7]이 발표한 기존의 R-CNN은 그림 12.32와 같이 후보 영역을 추출한 다음 컨볼루션 신경망을 이용하여 특징 맵을 생성하고, 유형 분류는 SVM(Support Vector Machine)을 이용하였기 때문에 시간이 많이 소요되었다.

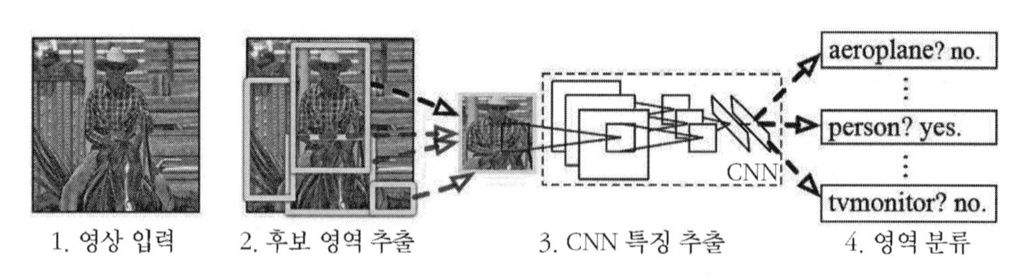

그림 12.32 _ R-CNN을 이용한 사물 검출[7]

이미지 분할

한편, V. Badrinarayanan, A. Kendall, R. Cipolla[8]는 완전 연결 계층을 사용하지 않고 모두 컨볼루션 계층으로 구성된 FCN(Fully Convolutional Network) 구조의 이미지 분할 신경망인 SegNet을 발표하였다.

SegNet은 그림 12.33과 같이 16계층 VGG에서 13개의 컨볼루션 계층만을 사용한 컨볼루션 인코더와 컨볼루션 디코더로 구성하였으며, 도로 영상을 입력받아 자동차, 도로, 인도, 가로수, 건물 등을 정확하게 식별하였다. 이러한 이미지 분할 기법은 자율 주행 자동차의 인지 기술 분야에서 중요한 역할을 하고 있다.

컨볼루션 인코더란 오토 인코더(auto-encoder)를 컨볼루션 계층으로 구성한 것이며, 오토 인코더는 그림 12.34와 같이 출력과 입력이 동일하도록 학습하는 신경망이다.

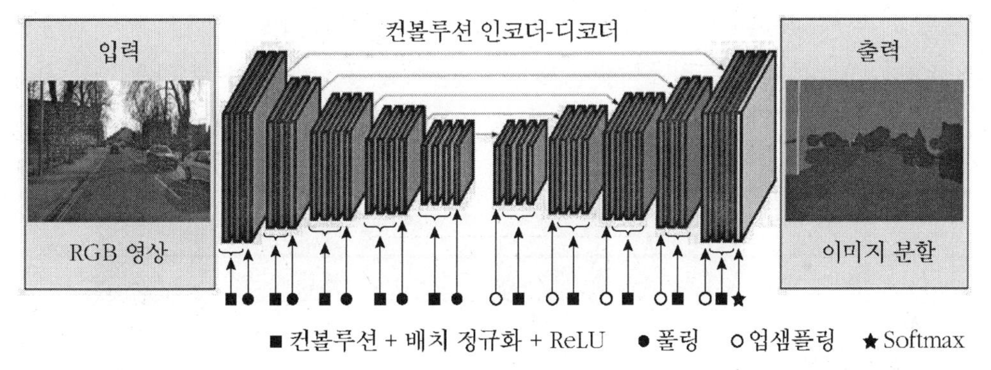

그림 12.33_ SegNet을 이용한 이미지 분할[8]

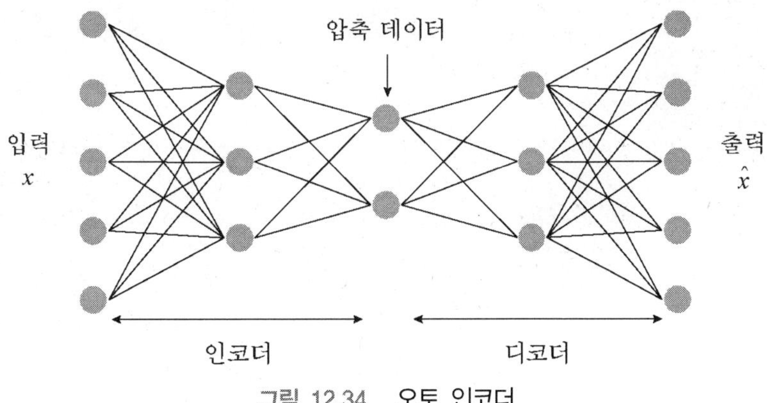

그림 12.34_ 오토 인코더

오토 인코더는 은닉층의 뉴런 수가 입력층의 뉴런 수보다 작기 때문에 학습이 완료되면 중간에 위치한 은닉층에는 입력이 압축된 형태가 남게 된다. 이러한 원리로 오토 인코더는 입력 벡터의 차원을 줄일 수 있어서 압축에도 활용되며, 비지도 학습을 할 때 컨볼루션 신경망의 선행 학습용으로 매우 유용하게 사용되고 있다.

이미지 스타일 변환

L. Gatys, A. Ecker, M. Bethge[9]는 컨볼루션 신경망을 이용한 이미지 스타일 변환에 관한 흥미 있는 내용을 발표하였다.

이미지 스타일 변환이란 스타일 이미지와 콘텐츠 이미지를 입력하여 새로운 이미지를 출력하는 기법이다. 출력할 이미지 스타일의 기반이 되는 이미지를 스타일 이미지라고 하고, 스타일 변환의 대상이 되는 이미지를 콘텐츠 이미지라고 한다.

이미지 스타일 변환을 위한 신경망으로는 16개의 컨볼루션 계층과 5개의 풀링 계층으로 구성된 19계층 VGG를 사용하였다. 영상을 분류하는 목적이 아니므로 완전 연결 계층은 사용하지 않았고, 최대 풀링 대신에 평균 풀링을 함으로써 더 좋은 결과를 얻었다.

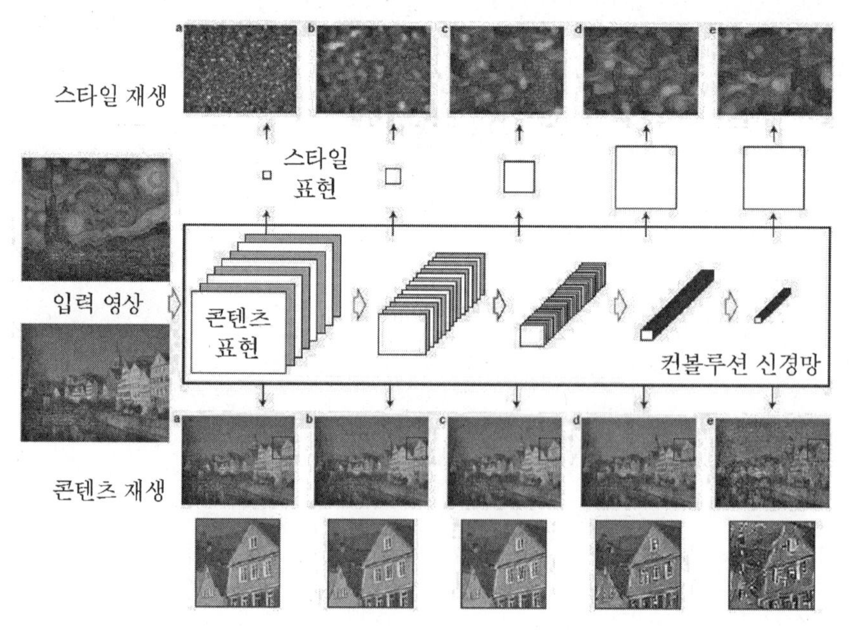

그림 12.35 _ 컨볼루션 신경망에서의 이미지 표현[9]

그림 12.35는 스타일 이미지인 고흐의 작품 '별이 빛나는 밤에'와 콘텐츠 이미지인 마을 풍경 사진을 입력하였을 때 각 계층마다 생성된 특징 맵을 이용하여 콘텐츠 이미지와 스타일 이미지를 재생한 것이며, 그림 12.36은 이미지 스타일이 변환된 결과이다.

(a) 원래의 이미지

(b) 변환된 이미지(왼쪽 아래는 스타일 이미지)

그림 12.36 _ 이미지 스타일 변환 결과[9]

12.3 순환 신경망

RNN(Recurrent Neural Network)이라고 하는 순환 신경망은 영상 인식 분야에서 탁월한 성능을 발휘하는 컨볼루션 신경망으로도 해결하기 어려운 음성 인식, 언어 번역, 자연어 처리 등 시계열 데이터 분야에 주로 사용되고 있다. 이 절에서는 RNN의 구조와 대표적인 순환 신경망인 LSTM(Long Short Term Memory)에 대하여 알아본다.

RNN의 구조

RNN은 순환 신경망이지만 제 8장에서 기술한 연상 메모리처럼 출력이 입력 측에 귀환되는 구조라기보다는 그림 12.37과 같이 은닉층의 상태를 저장하기 위해 출력이 귀환되는 구조이다. 그러므로 연상 메모리에 사용되는 순환 신경망과 음성 인식 분야에 사용되는 순환 구조의 RNN은 엄밀히 구별할 필요가 있다.

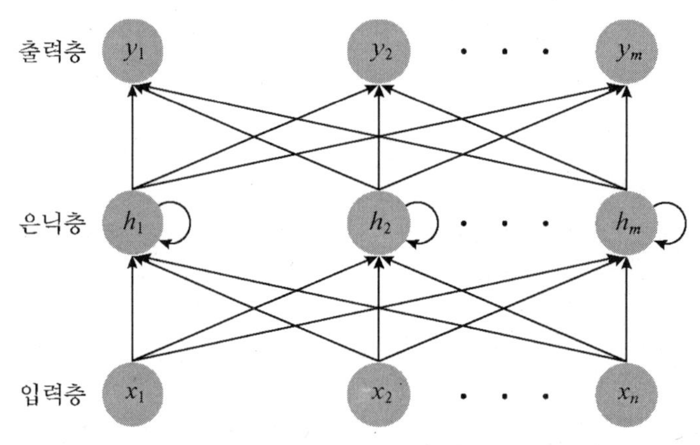

그림 12.37 _ RNN의 구조

순방향 신경망은 출력이 입력에 의해서만 결정되지만 RNN에서는 입력뿐만 아니라 이전 상태도 출력에 관여한다. 따라서, RNN에서는 이전 상태를 저장하는 셀이라는 메모리 개념이 사용되고, RNN의 출력은 입력과 셀에 저장된 상태에 의해 결정된다.

RNN의 기본 구조는 그림 12.38(a)와 같이 은닉층인 셀에서 순환이 이루어지고 셀의 상태가 시간에 따라 변하는 형태이다. 그러므로 셀의 상태를 은닉 상태(hidden state)라고도 하며, 시간 t일 때 입력 x_t가 들어오면 셀의 상태 h_t에 따라 출력 y_t가 나오게 된다. 이를 시간 개념에서 순환 구조를 펼쳐 보면 그림 12.38(b)와 같이 나타낼 수 있다.

현재의 셀 상태 h_t는 이전 시간의 셀 상태 h_{t-1}과 입력 x_t에 의해 구할 수 있으며, 활성화 함수로는 일반적으로 tanh 함수가 사용되지만 그래디언트 소실 문제를 해결하기 위해 ReLU 함수가 사용되기도 한다.

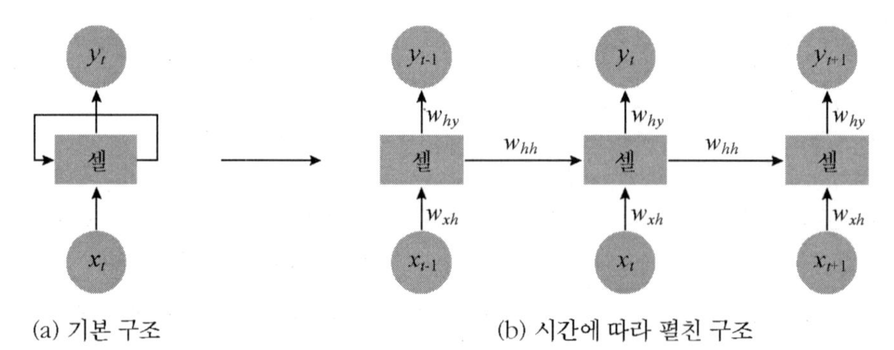

그림 12.38 _ 순환 구조의 RNN

시간 t일 때의 셀 상태 h_t는 다음과 같이 나타낼 수 있다.

$$\begin{aligned} h_t &= f(h_{t-1}, x_t) \\ &= f(w_{hh}h_{t-1} + w_{xh}x_t) \end{aligned} \tag{12.11}$$

여기서, $f(\cdot)$는 활성화 함수, w_{hh}는 셀 상태 간의 연결 강도, w_{xh}는 입력층의 뉴런과 셀 상태 간의 연결 강도이다.

반면에 출력 y_t는 단지 현재의 셀 상태 h_t에만 관련되며, 활성화 함수로는 일반적으로 softmax 함수가 사용된다. 시간 t일 때의 출력 y_t는 다음과 같이 나타낼 수 있다.

$$y_t = f(w_{hy}h_t) \tag{12.12}$$

여기서, $f(\cdot)$는 활성화 함수, w_{hy}는 셀 상태와 출력층 뉴런 간의 연결 강도이다.

RNN의 학습에는 BPTT(Back Propagation Through Time)라는 시간 개념이 추가된 BP 알고리즘을 사용한다. BPTT는 경사 하강법을 적용하기 위해 그래디언트를 계산할 때 RNN의 펼쳐진 구조에서 각 시간 구간들의 그래디언트들을 모두 더하는 방식으로 오류를 역전파 하며 연결 강도를 갱신한다.

$k+1$ 학습 단계에서의 연결 강도를 w^{k+1}, k 학습 단계에서의 연결 강도를 w^k라고 하면 BPTT 학습법에서의 경사 하강법은 다음과 같이 수식으로 표현할 수 있다.

$$\begin{aligned} w^{k+1} &= w^k - \eta\frac{\partial C}{\partial w} \\ \frac{\partial C}{\partial w} &= \sum\frac{\partial C_t}{\partial w} \end{aligned} \tag{12.13}$$

여기서, C는 비용 함수, C_t는 각 시간 구간의 비용 함수, η는 학습률이다.

한편, 앞뒤 문장을 보고 문맥을 파악하는 것처럼 시간 t에서의 출력이 이전 시간뿐만 아니라 이후 시간의 입력에도 관련되는 경우에는 그림 12.39와 같은 양방향 RNN을 사용할 수 있다.

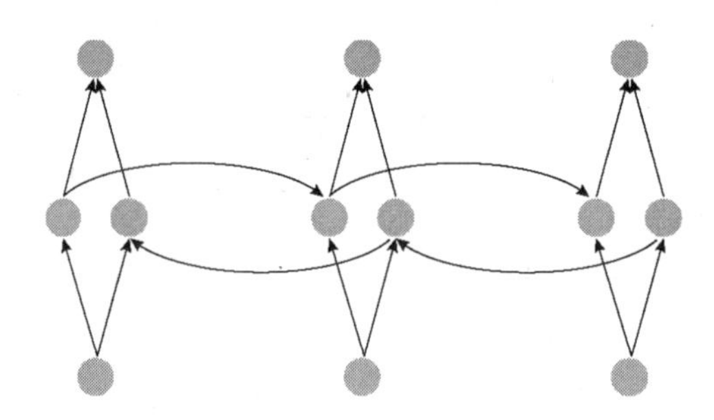

그림 12.39 _ 양방향 RNN

근래에는 RNN의 성능을 향상시키기 위해 그림 12.40과 같이 은닉층이 여러 개인 심층 RNN 구조와 양방향 심층 RNN에 대한 연구도 활발히 진행되고 있다.

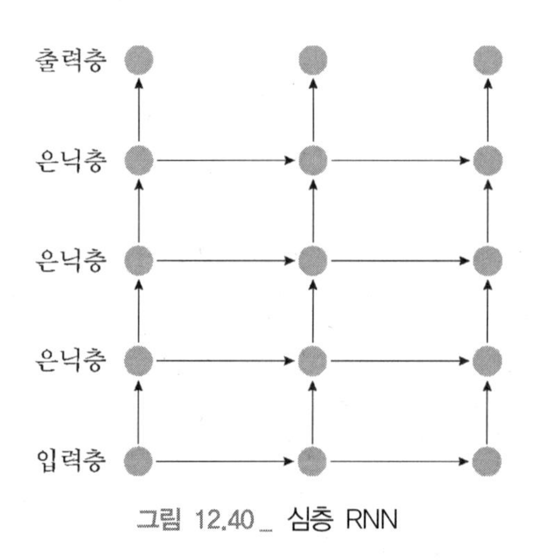

그림 12.40 _ 심층 RNN

LSTM

LSTM(Long Short Term Memory)은 1997년에 S. Hochreiter, J. Schmidhuber[10]가 개발한 장단기 메모리 기능이 있는 순환 신경망이다. 이들은 입력과 출력 및 이전 상태를 조절하는 셀 블록(그림 12.41)을 이용하여 그림 12.42와 같이 매우 복잡해 보이는 초기의 LSTM 모델을 제시하였다.

LSTM은 인간과 마찬가지로 장기 의존성 학습을 할 수 있기 때문에 가장 보편적인 RNN 모델로서 널리 사용되고 있지만 성능을 개선하기 위해 GRU(Gated Recurrent Unit)

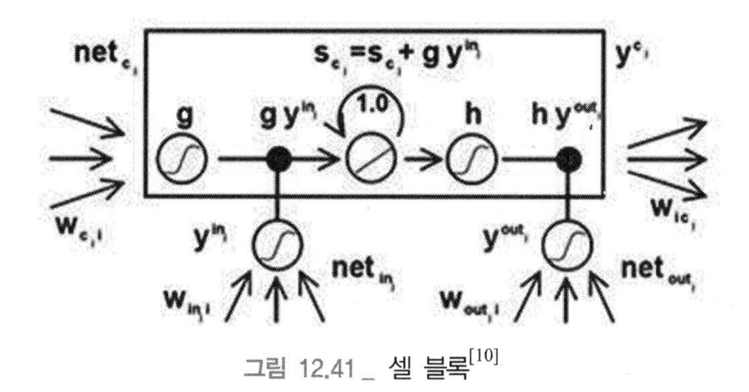

그림 12.41 _ 셀 블록[10]

를 비롯하여 다양한 형태의 변형된 LSTM 모델들이 연구되고 있다.

LSTM의 기본적인 구성 요소는 은닉층의 뉴런에 해당하는 메모리 셀이다. 메모리 셀은 현재의 입력 x_t와 이전의 셀 상태 h_{t-1}을 입력으로 받아들여 현재의 상태를 생성하고 셀 상태를 출력하는 기능을 한다.

LSTM의 메모리 셀 블록은 그림 12.43과 같이 하나의 셀과 3개의 게이트로 구성되어 있다. 셀은 자체 순환하는 구조로 되어 있으며, 이전의 셀 상태를 선택할지 버릴지를 결정하고 현재의 상태를 저장하는 역할을 한다. 셀의 출력은 입력층과 모든 게이트로 귀환되며,

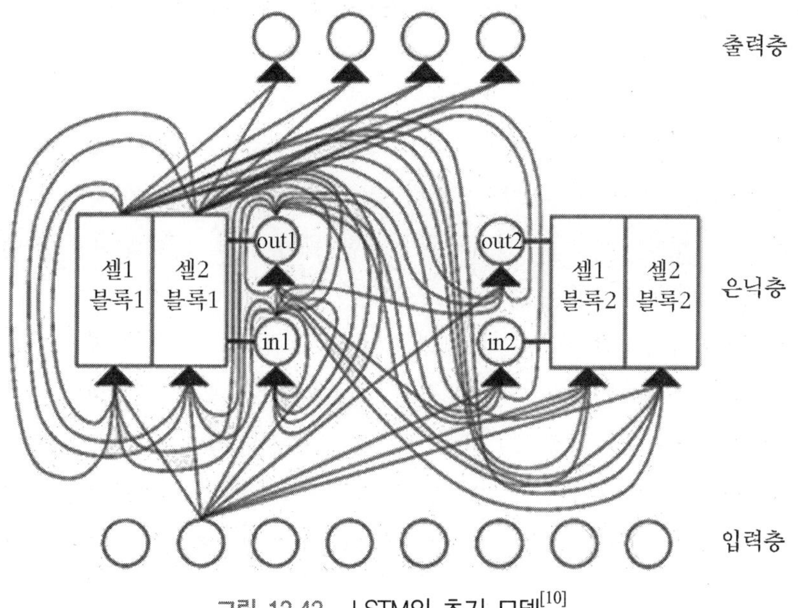

그림 12.42 _ LSTM의 초기 모델[10]

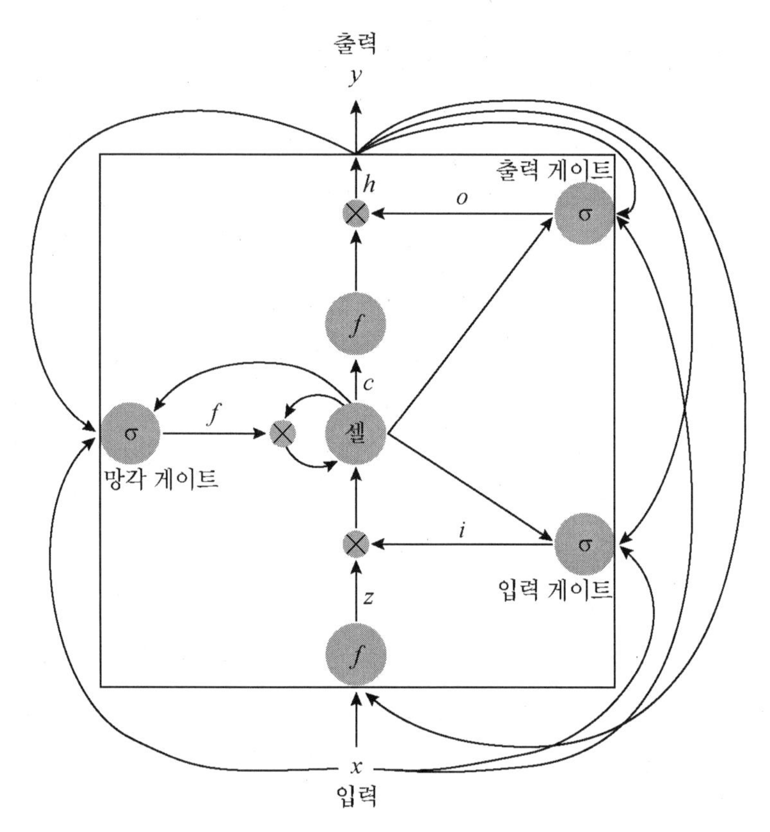

그림 12.43_ LSTM의 메모리 셀 블록

활성화 함수로는 tanh 함수를 사용한다.

입력 게이트는 셀의 상태를 부적절한 입력으로부터 보호하기 위해 셀로 들어오는 입력을 조절하는 기능을 한다. 다시 말하자면 새로운 정보를 어느 정도 셀 상태에 저장할지의 여부를 결정한다. 출력 게이트는 현재의 부적절한 셀 상태가 다른 셀이나 출력층에 영향을 주지 않도록 셀에서 나가는 출력을 조절하는 기능을 한다.

망각 게이트는 불필요한 이전의 셀 상태가 셀로 들어오는 것을 방지하는 기능을 한다. 다시 말하자면 어떤 이전 정보를 셀 상태에 반영할지의 여부를 결정한다.

모든 게이트에서는 0 ~ 1 사이의 반영 여부를 결정하기 위해 활성화 함수로 시그모이드 함수를 사용한다. 예를 들어, 망각 게이트의 값이 0이라면 게이트가 닫혀 이전의 셀 상태를 차단하고, 1이라면 게이트가 활짝 열려 이전의 셀 상태를 그대로 통과시킨다는 의미이다.

그림 12.43과 같이 입력 x_t가 들어오고 이전 상태 h_{t-1}이 입력층에 귀환되므로 시간 t일 때 셀로 유입되는 전체 입력 z_t는 다음과 같이 구할 수 있다.

$$z_t = f(w_{xh}x_t + w_{hh}h_{t-1}) \tag{12.14}$$

여기서, $f(\cdot)$는 tanh 함수, w_{xh}는 입력층과 은닉층 간의 연결 강도, w_{hh}는 은닉층 간의 연결 강도이다.

입력 게이트의 출력 i_t는 다음과 같이 구할 수 있으며, 이 값에 따라 게이트를 통해 셀로 유입되는 입력 z_t를 조절한다.

$$i_t = \sigma(w_{xi}x_t + w_{hi}h_{t-1} + w_{ci}c_{t-1}) \tag{12.15}$$

여기서, $\sigma(\cdot)$는 시그모이드 함수, w_{xi}는 입력층과 입력 게이트 간의 연결 강도, w_{hi}는 은닉층과 입력 게이트 간의 연결 강도, w_{ci}는 셀과 입력층 간의 연결 강도이다.

망각 게이트의 출력 f_t는 다음과 같이 구할 수 있으며, 이 값에 따라 게이트를 통해 셀로 유입되는 이전 상태 c_{t-1}을 조절한다.

$$f_t = \sigma(w_{xf}x_t + w_{hf}h_{t-1} + w_{cf}c_{t-1}) \tag{12.16}$$

여기서, $\sigma(\cdot)$는 시그모이드 함수, w_{xf}는 입력층과 망각 게이트 간의 연결 강도, w_{hf}는 은닉층과 망각 게이트 간의 연결 강도, w_{cf}는 셀과 망각 게이트 간의 연결 강도이다.

셀의 상태 c_t는 다음과 같이 나타낼 수 있다.

$$\begin{aligned} c_t &= f_t c_{t-1} + i_t \bullet \tanh(z_t) \\ &= f_t c_{t-1} + i_t \bullet \tanh(w_{xh}x_t + w_{hh}h_{t-1}) \end{aligned} \tag{12.17}$$

여기서, w_{xh}는 입력층과 은닉층 간의 연결 강도, w_{hh}는 은닉층 간의 연결 강도이다.

출력 게이트의 출력 o_t는 다음과 같이 구할 수 있으며, 이 값에 따라 게이트를 통해 셀의 외부로 나가는 셀 상태를 조절한다.

$$o_t = \sigma(w_{xo}x_t + w_{ho}h_{t-1} + w_{co}c_t) \tag{12.18}$$

여기서, w_{xo}는 입력층과 출력 게이트 간의 연결 강도, w_{ho}는 은닉층과 출력 게이트 간의 연결 강도, w_{co}는 셀과 출력 게이트 간의 연결 강도이다.

시간 t에서 출력되는 셀 상태 h_t는 다음과 같이 구할 수 있다.

$$h_t = o_t \cdot f(c_t) \tag{12.19}$$

여기서, $f(\cdot)$는 tanh 함수이다.

따라서, 최종적으로 출력층의 출력 y_t는 다음과 같이 구할 수 있다.

$$y_t = f(w_{hy}h_t) \tag{12.20}$$

여기서, $f(\cdot)$는 활성화 함수이고, w_{hy}는 은닉층과 출력층 간의 연결 강도이다.

RNN의 구성 형태

순환 신경망 RNN은 언어 번역, 음성 인식, 자연 언어 처리, 감정 분류, 이미지 캡션, 이미지 분류, 이미지 생성, 음악 생성 등 다양한 분야에서 활발하게 연구되고 있다. 여기서는 RNN를 구성하는 형태에 대하여 알아본다.

그림 12.44(a)는 RNN의 가장 단순한 형태이다. 일대다 구조는 그림 12.44(b)와 같이 하나의 입력이 여러 개의 출력으로 매핑되는 형태이며, 이미지 캡션과 같이 하나의 영상을 입력하여 해당하는 단어들의 시퀀스를 출력하는 경우에 사용될 수 있다.

다대일 구조는 그림 12.44(c)와 같이 시퀀스 형태의 입력이 주어지고 하나의 출력이 나오는 형태이며, 감정 분류와 같이 단어들의 시퀀스나 문장을 입력하여 내용이 긍정적일 확률을 출력하는 경우에 사용될 수 있다.

다대다 구조는 그림 12.44(d)와 같이 여러 입력에 대하여 여러 출력이 나오는 형태이다. 그림 12.44(d)의 왼편 그림과 같이 입력이 순서적으로 들어가고 해당 출력이 순서적으로 나오는 형태는 언어 번역과 같이 어떤 나라의 말로 된 단어들의 시퀀스를 입력받아 다른 나라의 말로 된 단어들의 시퀀스를 출력하는 경우에 사용될 수 있다.

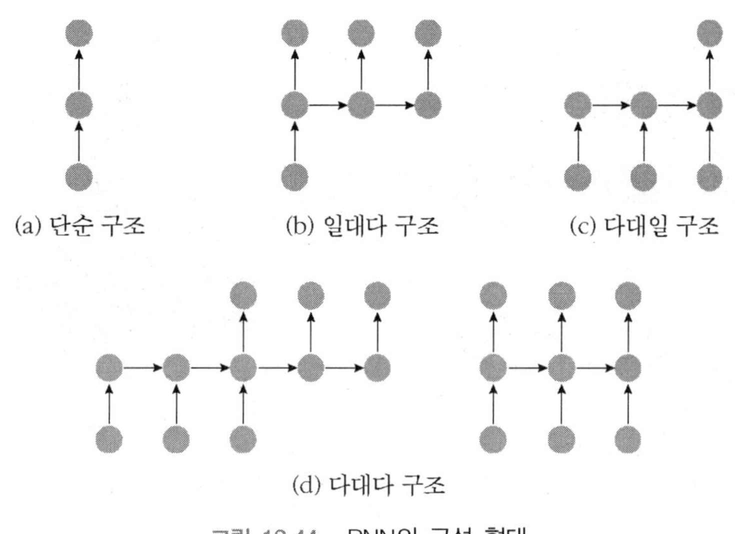

그림 12.44 _ RNN의 구성 형태

그림 12.44(d)의 오른편 그림과 같이 각각의 입력에 따라 출력이 나오는 형태는 비디오 분류와 같이 각각의 프레임을 분류하거나 레이블링 하는 경우에 사용될 수 있다.

CNN과 RNN을 혼합한 구조

이러한 다양한 구조 이외에도 이미지 캡션이나 비디오 캡션 분야 등에서는 성능을 향상시키기 위해 컨볼루션 신경망과 순환 신경망을 혼합하여 사용하는 방법이 많이 연구되고 있다. 여기서는 컨볼루션 신경망과 순환 신경망을 혼합 사용한 사례를 살펴본다.

K. Xu[11] 등은 그림 12.45와 같이 컨볼루션 신경망을 인코더로 이용하여 이미지의 특

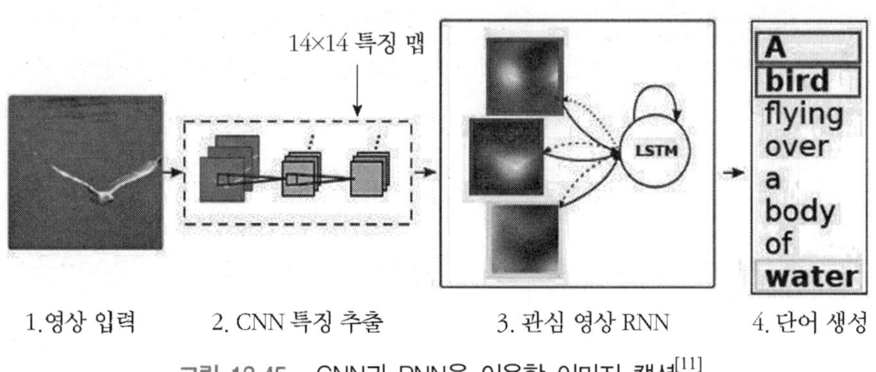

그림 12.45 _ CNN과 RNN을 이용한 이미지 캡션[11]

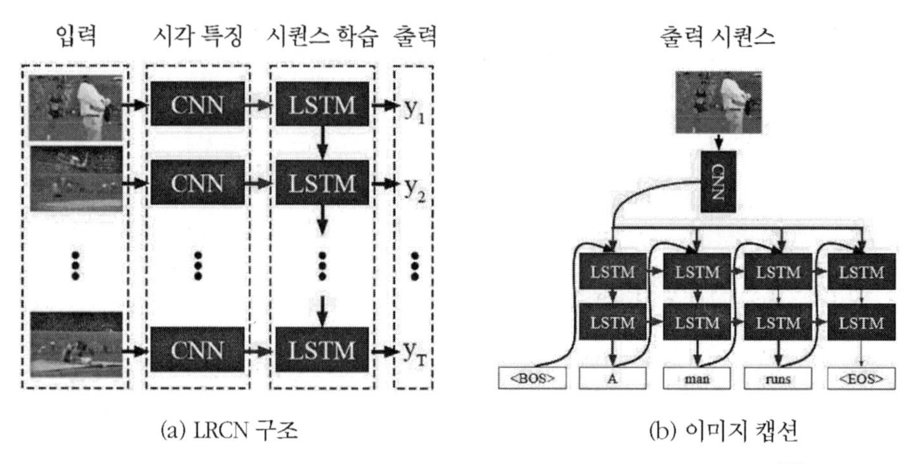

(a) LRCN 구조 (b) 이미지 캡션

그림 12.46 _ CNN과 RNN을 혼합한 LRCN을 이용한 이미지 캡션[12]

징을 추출하고, 후단의 LSTM을 디코더로 이용하여 각각의 시간 간격마다 해당하는 단어를 생성하는 방식으로 이미지 캡션을 수행하였다.

또한, J. Donahue[12] 등은 그림 12.46(a)와 같이 컨볼루션 신경망과 순환 신경망을 혼합한 구조를 LRCN(Long-term Recurrent Convolutional Network)이라고 정의하였다.

이들이 제안한 LRCN 구조에서도 역시 이미지 캡션이나 비디오 분류 등을 하기 위해 먼저 CNN을 이용하여 비디오와 같은 시퀀스 데이터의 특징을 추출하고, 특징을 후단의 LSTM에 입력하여 원하는 응용 목적에 맞게 출력이 나오도록 학습하였다.

예를 들어, 그림 12.44(b)의 일대다 구조와 같은 LRCN에 비디오의 한 프레임만을 입력하면 그림 12.46(b)와 같이 해당하는 단어들의 시퀀스가 출력되는 이미지 캡션의 용도로 활용할 수 있다.

또한, 그림 12.44(c)의 다대일 구조와 같은 LRCN에 비디오 프레임들의 시퀀스를 입력하여 하나의 출력을 생성하게 한다면 행위 인지(action recognition)로 사용할 수도 있고, 그림 12.44(d)의 다대다 구조와 같은 LRCN에 비디오 프레임들의 시퀀스를 입력하여 해당하는 단어들의 시퀀스가 출력되게 한다면 비디오 묘사(video description)과 같은 용도로도 사용할 수가 있다.

이외에도 CNN과 RNN을 혼합한 심층 신경망에 대한 연구가 다양한 분야에서 매우 활발히 진행되고 있다.

연습문제

12.1 컨볼루션 신경망을 이용한 패턴 분류와 기존 신경망 방법의 기본적인 차이점은 무엇인가?

12.2 시각피질의 기능을 모방한 컨볼루션 신경망에서는 어떤 방식으로 사물을 인식하는가?

12.3 컨볼루션 신경망은 특징 추출 신경망과 분류 신경망으로 구성된다. 이들의 기능에 대하여 간략히 기술하라.

12.4 컨볼루션 계층에서는 특징을 추출하기 위해 필터를 사용한다. 컨볼루션 필터의 마스크 값은 어떻게 결정되는가?

12.5 영상에 3×3 필터를 이용하면 스트라이드를 1로 하더라도 컨볼루션 연산을 하면 특징 맵의 크기가 축소된다. 특징 맵의 크기를 원래의 영상과 동일하게 유지하려면 어떻게 하여야 하는가?

12.6 다음과 같은 5×5 화소 크기의 영상과 3×3 필터로 얻어지는 특징 맵의 생성 과정을 보여라. 단, 스트라이드는 2이다.

입력 영상

7	2	5	4	3
5	0	3	8	1
6	1	7	3	4
8	0	9	8	2
9	5	6	1	3

필터

1	0	1
0	1	0
1	0	1

12.7 다음과 같은 4×4 화소 크기의 영상과 3×3 필터로 얻어지는 특징 맵은? 단, 스트라이드는 1이다.

입력 영상

1	3	5	7
2	4	6	8
0	1	2	3
9	8	7	6

필터

1	0	1
0	1	0
1	0	1

12.8 28×28 영상을 3×3 필터로 컨볼루션 연산을 하여 생성되는 특징 맵의 크기는? 단, 스트라이드는 1이다.

① 14×14　② 26×26　③ 28×28　④ 32×32

12.9 필터에 의한 컨볼루션 연산 결과, 다음과 같은 특징 맵이 얻어졌다. 컨볼루션 계층 뉴런의 출력은? 단, 활성화 함수로 ReLU 함수를 사용한다.

-1	-3	4	2
7	5	3	1
-8	4	6	9
5	-6	7	-2

12.10 컨볼루션 계층에서 다음과 같은 특징 맵이 풀링 계층에 입력되었다. 다음과 같은 경우의 출력을 구하라.

(a) 평균 풀링 :

(b) 최대 풀링 :

1	4	3	7
2	5	4	6
4	1	5	6
9	2	8	5

12.11 원래의 입력 영상은 28×28 크기이고, 컨볼루션 계층과 풀링 계층을 연속 3번 반복하는 특징 추출 신경망의 구조는 어떤 형태가 되는가? 단, 첫 번째 컨볼루션 계층에서는 4개의 3×3 필터를 사용하고, 두 번째 컨볼루션 계층에서는 8개의 3×3 필터를 사용하며, 스트라이드는 1이다.

12.12 컨볼루션 신경망의 최종 출력단에서 주로 사용되는 활성화 함수는 무엇인가?
① 시그모이드 ② 계단 함수 ③ ReLU ④ softmax

12.13 컨볼루션 계층에서 주로 사용되는 활성화 함수는 무엇인가?
① 시그모이드 ② 계단 함수 ③ ReLU ④ softmax

12.14 문자 인식에 사용하여 컨볼루션 신경망의 우수성을 입증한 LeNet-5의 구조에 대하여 간략하게 기술하라.

12.15 ILSVRC12 영상 분류 분야에서 우승을 차지함으로써 심층 신경망에 대한 반향을 일으킨 AlexNet의 구조와 특징에 대하여 간략하게 기술하라.

12.16 GoogLeNet은 인셉션 모듈이라는 개념을 이용하여 망이 매우 깊고 넓어 졌다. 인셉션 모듈에 대하여 기술하라.

12.17 컨볼루션 신경망의 좋은 모델로 인정되어 널리 활용되는 VGG의 11계층 구조를 나타내어라. 또한, 이를 이용하여 13계층, 16계층, 19계층으로 확장하는 방법에 대하여 기술하라.

12.18 ILSVRC2015에서 오류율 3.6%로 우승한 ResNet은 잔여 학습 블록을 이용하여 152계층으로 설계하였다. ResNet의 잔여 학습에 대하여 기술하라.

12.19 오토 인코더는 컨볼루션 신경망의 선행 학습용으로 매우 유용하게 사용되고 있다. 오토 인코더의 구조와 특징에 대하여 기술하라.

12.20 오늘날 순환 신경망인 RNN이 활발히 연구되고 있는 이유는 무엇인가?

12.21 순환 구조의 RNN을 시간에 따라 펼친 구조로 표현해보라.

12.22 순환 신경망에서 사용하는 학습법은 무엇인가?
① 델타 학습법 ② BP 학습법 ③ BPTT 학습법 ④ 경쟁식 학습법

12.23 대표적인 순환 신경망인 LSTM의 메모리 셀 블록은 하나의 셀과 3개의 게이트로 구성되어 있다. 셀 블록의 구조를 그림으로 표현해보라.

12.24 LSTM 셀의 게이트에서 사용하는 활성화 함수는 무엇인가?
① 시그모이드 ② 계단 함수 ③ ReLU ④ softmax

12.25 감정 분류와 같이 단어들의 시퀀스나 문장을 입력하여 내용이 긍정적일 확률을 출력하는 경우에 사용할 수 있는 RNN의 구조는?
① 일대일 구조 ② 일대다 구조 ③ 다대일 구조 ④ 다대다 구조

12.26 이미지 캡션과 같이 영상을 입력하여 해당하는 단어들의 시퀀스를 출력하는 경우에 사용할 수 있는 RNN의 구조는?

① 일대일 구조 ② 일대다 구조 ③ 다대일 구조 ④ 다대다 구조

12.27 언어 번역과 같이 어떤 나라의 말로 된 단어들의 시퀀스를 입력받아 다른 나라의 말로 된 단어들의 시퀀스를 출력하는 경우에 사용될 수 있는 RNN의 구조는?

① 일대일 구조 ② 일대다 구조 ③ 다대일 구조 ④ 다대다 구조

12.28 비디오 분류와 같이 각각의 프레임을 분류하거나 레이블링 하는 경우에 사용될 수 있는 RNN의 구조는?

① 일대일 구조 ② 일대다 구조 ③ 다대일 구조 ④ 다대다 구조

참고문헌

[1] Y. LeCun, L. Bottou, Y. Benjio, P. Haffner, "Gradient-Based Learning Applied to Document Recognition," Proc. of the IEEE, 1998년

[2] A. Krizhevsky, I. Sutskever, G. Hinton, "ImageNet Classification with Deep Convolutional Neural Networks," NIPS2012 : Advances in Neural Information Processing Systems, 2012년

[3] C. Szegedy, W. Liu, "Going Deeper with the Convolutions," Proc. of the IEEE Conference on Computer Vision and Pattern, 2015년

[4] K. Simonyan, A. Zisserman, "Very Deep Convolutional Networks for Large Scale Image Recognition," ICLR2015 International Conference on Learning Representation, 2015년

[5] K. He, X. Zhang, S. Ren, J. Sun, "Deep Residual Learning for Image Recognition," CVPR2015 Conference on Computer Vision and Pattern Recognition, 2015년

[6] R. Girshick, "fast R-CNN," IEEE International Conference on Computer Vision, 2015년

[7] R. Girshick, Donahue, T. Darrell, J. Malik, "Rich Feature Hierarchies for Accurate Object Detection and Semantic Segmentation," CVPR14 Proc. of the IEEE Conference on Com- puter Vision and Pattern Recognition, 2014년

[8] V. Badrinarayanan, A. Kendall, R. Cipolla, "SegNet : A Deep Convolutional Encoder -Decoder Architecture for Image Segmentation," IEEE Trans. on Pattern Analysis and Machine Intelligence, 2017년

[9] L. Gatys, A. Ecker, M. Bethge, "A Neural Algorithm of Artistic Style," CVPR14 Proc. of the IEEE Conference on Computer Vision and Pattern Recognition, 2014년

[10] S. Hochreiter, J. Schmidhuber, "Long Short-Term Memory," Neural Computation, Vol.9, No.8, 1997년

[11] K. Xu, J. Ba, R. Kiros, K. Cho, A. Courville, R. Salakhutdinov, R. Zemel, Y. Bengio, "Show, Attention and Tell: Neural Image Caption Generation with Visual Attention," Proc. of the International Conference on Machine Learning, 2015년

[12] J. Donahue, L. Hendrick, M. Rohrbach, S. Venugopalan, S. Guadarrama, K. Saenko, T. Darrell, "Long-term Recurrent Convolutional Networks for Visual Recognition and Description," Proc. of the IEEE Conference on Computer Vision and Pattern Recognition, 2015년

INDEX

저자 약력

■ **오창석(吳昌錫)**

충북대학교 컴퓨터공학과 교수
연세대학교 전자공학과(공학박사)
한국전자통신연구원 연구원 역임
미국 Stanford University 객원교수 역임
한국엔터테인먼트산업학회 회장 역임

■ **저서** : <데이터 통신과 컴퓨터 네트워크>, <생동하는 TCP/IP 인터넷>, <뉴로 컴퓨터 개론>, <뉴로 컴퓨터>, <데이터 통신>, <정보통신과 TCP/IP 인터넷>, <TCP/IP 네트워킹>, <인터넷 활용>, <컴퓨터 프로그래밍>

딥러닝을 위한 인공 신경망

Artificial Neural Networks for Deep Learning

발행일 | 2018년 2월 26일

발행인 | 모흥숙
발행처 | 내하출판사

저자 | 오창석

주소 | 서울 용산구 한강대로 104 라길 3
전화 | 02) 775-3241~5
팩스 | 02) 775-3246

E-mail | naeha@naeha.co.kr
Homepage | www.naeha.co.kr

ISBN | 978-89-5717-477-7 93560
정가 | 25,000원

이 도서의 국립중앙도서관 출판예정도서목록(CIP)은 서지정보유통지원시스템 홈페이지(http://seoji.nl.go.kr)와 국가자료공동목록시스템(http://www.nl.go.kr/kolisnet)에서 이용하실 수 있습니다.(CIP제어번호: CIP2018004795)